Die Untersuchungen über die Natur und die Beschaffenheit der kohligen Substanzen, welche im Schooße der Erde niedergelegt sind, und von deren Benutzung der Flor und der Wohlstand ganzer Staaten abhängt, führt nothwendig auf die nähere Prüfung des Verhaltens desjenigen Körpers zurück, von welchem sie unbezweifelt ihren Ursprung ableiten. Mag auch das Pflanzenleben in der Vorzeit sich in ganz andern Formen gefallen haben als diejenigen sind, unter denen die jetzt lebenden Pflanzen, bei ganz veränderten tellurischen Verhältnissen erscheinen; so zeigen doch die natürlichen Veränderungen, welche die des Lebens beraubte Pflanzenfaser derjenigen Pflanzen erlitten hat, die vor vielen Jahrtausenden den Boden der damaligen Erde bedeckten, eine so große Uebereinstimmung mit den Veränderungen, welche sich durch die Kunst bei der unveränderten vegetabilischen Faser unserer jetzt lebenden Pflanzen hervorbringen lassen; daß es kaum vermuthet werden kann, es habe zwischen der vegetabilischen Faser der vorzeitigen und der jetzt lebenden Pflanzen, eine größere Verschiedenheit statt gefunden, als diejenige ist, welche sich zwischen der Faser der verschiedenen Pflanzenarten zeigt, denen die jetzige Erdrinde ihren Schmuck und ihre Anmuth verdankt. In der veränderten Faser der untergangenen Pflanzenwelt, finden sich dieselben Bestandtheile wie in der todten Faser der jetzigen Vegetation, nur sind die Verhältnisse verschieden, in Folge der Veränderungen welchen sie unterworfen gewesen ist. Zwar hat die Kunst die Pflanzenfaser bis jetzt noch nicht in Steinkohle umändern können; allein der Torf, der sich täglich vor unseren Augen bildet, ist unbestritten das Produkt einer veränderten Pflanzenfaser und doch ist es noch Niemand gelungen, Torf aus Pflanzenfasern künstlich zu erzeugen.

Auch die Abstammung des sogenannten bituminösen Holzes und der Braunkohle von untergegangenen Pflanzen, wird im Ernst Niemand mehr bezweifeln wollen. Dennoch unterscheidet sich die Pflanzenfaser von der Braunkohle ungleich mehr, als diese von der Steinkohle. Die Uebergänge der Braunkohle in Steinkohle sind so unmerklich, daß es bei einzelnen Kabinetsstücken häufig eines sehr geübten Auges, zuweilen sogar eines besonders anzustellenden Versuches bedarf, um beide von einander zu unterscheiden. Noch niemals hat aber der unkundigste Beobachter Braunkohle und Holz mit einander verwechselt. Die Natur hat, in der Steinkohlenmasse selbst, zwar keine Spuren hinterlassen, aus denen sich auf einen vegetabilischen Ursprung schließen ließe, weil die Pflanzenfaser in der Steinkohle eine größere Veränderung als in der Braunkohle erlitten hat; allein die Schichten welche die Steinkohlen unmittelbar bedecken, bewahren fast immer die Eindrücke von Pflanzen, deren die Natur sich als Material zur Bildung der Steinkohle bediente. Diese Umgebungen als zufällig, oder ihre Entstehung als unabhängig von der Bildung der Steinkohlenmasse selbst zu betrachten, würde höchstens nur dann erlaubt seyn, wenn die Steinkohlensubstanz ein so eigenthümliches, und ein von veränderter Pflanzenfaser so wesentlich verschiedenes Verhalten zeigte, daß sich ihre vegetabilische Abkunft mit Wahrscheinlichkeit nicht nachweisen ließe.

Die Steinkohle für eine Bildung eigenthümlicher Art zu halten, oder wohl gar ihren vegetabilischen Ursprung zu bezweifeln, dazu haben die Geognosten weniger als die Chemiker Veranlassung gegeben. Eine richtigere Erkenntniß von der Natur der organischen Verbindungen, welche man der neuern Chemie verdankt, gestattet es aber nicht mehr, die Steinkohle als eine Verbindung von Kohle mit Bitumen anzusehen, wenn gleich das Verhalten der Steinkohle in der Glühhitze, und die Veränderungen welche sie durch die Einwirkung von Säuren, oder durch das Verpuffen mit Salpeter erleidet; leicht zu der irrigen Vorstellung führen können, daß sich die Bestandtheile der Steinkohle nicht so wie die der Pflanzenfaser, im Zustande der gegenseitigen Bindung und Verbindung befinden, sondern daß sie aus abgeleiteten Verbindungen zusammengesetzt sey. Und in der That, ganz allein dieses Verhalten, oder vielmehr die unrichtige Deutung und Auslegung desselben, hat lange die Zweifel über die vegetabilische Abkunft der Steinkohlen zu unterhalten vermogt, und diese irrige Ansicht ist es, welche noch jetzt die unrichtigen Ausdrücke: bituminöses Holz, oder Steinkohle mit mehr und weniger Bitumen, zu mehr als zu einem gewöhnlichen Sprachgebrauch erhoben hat.

Der Uebergang aus Holz in bituminöses, oder richtiger in fossiles Holz ist so deutlich, daß es oft scheint, als könne man mit Zuverlässigkeit die Art des Holzes bestimmen, welches zur Entstehung des letztern Veranlassung gab. Je mehr aber die Veränderung der Pflanzenfaser vorschreitet, desto undeutlicher und schwieriger zu erkennen werden die Uebergänge. Das unter dem Namen Surturbrand bekannte fossile Holz von Island erscheint, wenigstens in den Kabinetsstücken, kaum mehr als solches, sondern als Braunkohle, und die letztere läßt sich von der wirklichen Steinkohle oft nur durch ihre Umgebung mit weniger vollkommen veränderter Braunkohle unterscheiden.

Unter dem Namen von Pechkohle oder Gagat wird bald wirkliche Steinkohle, bald Braunkohle verstanden, und die Stangenkohle vom Meißner hat sich in allen mineralogischen Systemen als eine Steinkohle einführen lassen, obgleich sie nichts weiter ist als eine durch die Wirkung des Basaltes veränderte Braunkohle. *)

*) Die Stangenkohle kann also in den oryktognostischen Systemen eben so wenig aufgeführt werden, als etwa eine durch die Einwirkung des Porphyrs oder des Basaltes veränderte Steinkohle, oder als eine Steinkohle welche durch die Wirkung eines Erdbrandes eine Veränderung in ihrer Zusammensetzung erlitten hat. Stangenkohle vom Meißner welche ich untersuchte, hatte ein spec. Gew. von 1,32125, und hinterließ bei der trocknen Destillation 85,9 Prozent Kohle, die nach dem Einäschern einen Rückstand von 10,2 Prozent weißer Asche (Kieselthon) gab. Der Verlust bei der trocknen Destillation bestand zum Theil in Wasser welches die Stangenkohle aus der Atmosphäre aufgenommen hatte, denn sie verlor beim Trocknen in der Wassersiedhitze 2,8 Prozent; zum Theil waren es die gewöhnlichen Produkte die bei der Destillation der Braunkohlen erhalten werden. Es ist sehr wahrscheinlich, daß die Stangenkohle in ihrer Zusammensetzung um so mehr verändert und dem Zustande der reinen (nur mit Erdarten verunreinigten) Kohle näher gebracht seyn wird, je mehr sie der Einwirkung des Basaltes ausgesetzt war, und daß daher die Zusammensetzung der Stangenkohle ungemein verschieden seyn muß.

So unmerklich aber auch die Unterschiede zwischen Steinkohle und Braunkohle da seyn mögen, wo die scheinbaren Uebergänge das Erkennen erschweren; so wenig hat die Natur, wenigstens so weit die jetzigen Erfahrungen reichen, die Gränzen zwischen beiden Bildungen irgendwo wirklich überschritten. Noch nie ist Braunkohle in einer Ablagerung von Steinkohlen, oder wirkliche Steinkohle in einem Braunkohlenlager gefunden worden. Dies Verhalten zweier Bildungen, die sich, wenn man so sagen darf, in dem Zustande ihrer vollkommensten Entwickelung und in dem ihrer unvollständigen Ausbildung, so nahe stehen, daß für das sinnliche Erkenntnißvermögen fast die Erkennungszeichen fehlen, dies Verhalteu kann einen Aufschluß über die Natur der kohligen Substanzen geben, welche von einem vegetabilischen Ursprunge so weit entfernt zu sein scheinen, daß es gewagt seyn mögte, sie davon ebenfalls abzuleiten.

Die Uebergänge aus der Steinkohle in den Anthracit sind aber nicht weniger unmerklich, als die der Braunkohle in Steinkohle, und man darf wohl fragen, mit welchem Recht das kohlige Fossil von Lischwitz bei Gera, oder das von Schönfeld, oder das holzartig fasrige Fossil, welches fast alle Steinkohlenflötze ohne Ausnahme begleitet und welches unter dem Namen des fasrigen Anthracites, oder der mineralischen Holzkohle bekannt ist, als Anthracite uud nicht als Steinkohlen betrachtet werden. Die Uebergänge sind auch hier nur Annäherungen, und die Natur hat auch hier die Gränze nicht überschritten, durch welche sie die verschiedenen Perioden der Bildung und die Eigenthümlichkeit des Gebildeten bezeichnete. Der wirkliche Anthracit ist, so wie der Graphit, eine sehr selten vorkommende Bildung und es dürfte schwerlich gelingen, das Vorkommen des einen oder des andern dieser Körper, in einem Steinkohlenflötze nachzuweisen. Dies kann indeß nicht Anlaß geben, der Vermuthung: daß auch Anthracit und Graphit ihr Entstehen der veränderten Pflanzenfaser verdanken, jede Wahrscheinlichkeit abzusprechen, wenn die innere Natur dieser Körper jener Annahme nicht entgegen steht.

Der geringere Gehalt an Kohlenstoff und das größere Verhältniß des Sauerstoffs und des Wasserstoffes in der unveränderten Pflanzenfaser, erklären es nicht allein, sondern machen es auch nothwendig, daß das Verhalten derselben zu anderen Körpern und in der Glühhitze, von dem der veränderten Pflanzenfaser um so abweichender erscheint, je weiter die Veränderung vorgeschritten, d. h. je größer das Verhältniß des Kohlenstoffes zu dem der andern Bestandtheile geworden ist. Im Anthracit und im Graphit scheint dies Verhältniß das Maximum so sehr erreicht zu haben, daß beide Substanzen, oder wenigstens doch der Graphit, für Kohle gehalten werden die alles Sauer- und Wasserstoffes völlig beraubt ist.

Der Graphit würde nach der bisherigen Ansicht eine Kohle seyn, deren abweichendes Verhalten von der Kohle dadurch erklärt wird, daß man ihn als eine chemische Verbindung von Kohle mit Eisen, und zwar als ein, in dem Verhältniß von 95 Kohle zu 5 Eisen in 100 Theilen zusammengesetztes Supercarburet betrachtet.

Wodurch sich der Anthracit von reiner Kohle unterscheidet, darüber ist weniger eine bestimmte Meinung ausgesprochen, und wirklich scheint es eine durch die Chemie nicht zu lösende Aufgabe zu seyn, den Unterschied zwischen Diamant, Graphit, Anthracit und reiner Kohle zu erklären.

Der Torf, die Braunkohle und die Steinkohle geben bei der trocknen Destillation fast immer mehr oder weniger starke Spuren von Ammoniack, welches bei der Destillation der unveränderten Pflanzenfaser nicht erhalten wird. Der Stickstoff scheint daher als ein neuer Bestandtheil der veränderten Pflanzenfaser aufzutreten. Das Verhältniß desselben ist indeß in allen Braun- und Steinkohlenarten, welche ich zu untersuchen Gelegenheit hatte, so geringe, daß er kein durchaus wesentlicher Bestandtheil derselben zu seyn scheint. Bei denjenigen Braun- und Steinkohlen die bei der Destillation zugleich ein saures Wasser geben, muß die Säure vorsichtig durch Kali gesättigt werden, um den geringen Ammoniackgehalt durch den schwachen Geruch beim Erwärmen der Flüssigkeit erkennen zu können. Die mehrsten Steinkohlen geben aber kein saures Wasser und dann zeigt sich der Ammoniackgehalt durch das Bläuen der gerötheten Lackmustinktur unmittelbar.

Der Torf giebt ein so überwiegendes Verhältniß von saurem Wasser bei der trocknen Destillation, daß es schwer ist, die darin befindliche ammoniackalische Basis, selbst durch Sättigung der Säure mit Kali, deutlich zu erkennen.

Die saure Flüssigkeit welche durch die trockne Destillation der unveränderten Pflanzenfaser erhalten wird, giebt durch Sättigung mit Kali keine bemerkbare Spur von Ammoniack. Wenn man aber Holzspäne, Torf, Braunkohle oder Steinkohle, mit ätzendem Kali in einem bedeckten Silbertiegel stark rothglühet, die geglühete Masse in Wasser auflößt, mit Salzsäure sättigt und die Flüssigkeit zu einer salzsauren Eisenoxyd-Auflösung tröpfelt, so setzt sich nach einiger Zeit etwas Berlinerblau zu Boden, zum Beweise daß auch die unveränderte Pflanzenfaser nicht frei von Stickstoff ist. Wird dieser Versuch mit Holzspänen, mit Torf, mit fossilem Holz und mit Braunkohle angestellt, die sich entweder ganz oder theilweise in dem Alkali auflösen, so muß die Rothglühhitze lange genug fortgesetzt werden, um alles Ulmin, welches sich in einem niedrigeren Grade der Temperatur gebildet hatte, zu zerstöhren. Die geringe Menge des Stickstoffs, die sich, — mit Ausnahme von manchen Torfarten, — in der veränderten Pflanzenfaser bei der analytischen Untersuchung auffinden läßt, macht es nicht wahrscheinlich, daß der Stickstoff als ein wesentlicher Bestandtheil derselben betrachtet werden muß. Faraday hat kürzlich die Ammoniakentwickelung aus Substanzen nachgewiesen, die gar kein Ammoniak enthalten; es wäre daher wohl möglich, daß der Stickstoffgehalt nicht jeder veränderten oder unveränderten Pflanzenfaser eigenthümlich ist.

Aus der frischen Holzfaser sowohl, als aus dem Torf und der Braunkohle zieht das Wasser etwas Extraktivstoff, übt aber sonst keine Wirkung darauf aus. Aus der Steinkohle nimmt reines Wasser nichts auf. Werden Holzspäne anhaltend mit reinem Wasser gesotten, so erhält man in dem Rückstand der abgedampften Flüssigkeit, außer dem extraktivstoffartigen Wesen, ein an einer Pflanzensäure gebundenes kalisches Salz, woraus das Kali durch Glühen dargestellt werden kann.

Torf, Braunkohle und Steinkohle geben niemals ein alkalisches Salz durch diese Behandlung, wohl aber nimmt das Wasser aus dem Torf und aus der Braunkohle etwas Gips auf.

Alkohol zieht aus einigen Holzarten etwas Harz, aus dem Torf und aus der Braunkohle etwas bitteren Extraktivstoff, aus manchem fossilen Holz etwas wohlriechendes Harz, färbt sich mit Asphalt schwach gelb, ohne jedoch eine eigentliche auflösende Kraft darauf auszuüben, und ist auf alle Steinkohlenarten ohne Wirkung.

Schwefeläther löst den Asphalt völlig auf, erhält mit dem mehrsten Steinkohlen einen balsamartigen Geruch und eine schwach gelbliche Färbung. Wird der Aether in schwacher Wärme verflüchtigt, so bleibt ein sehr angenehm riechendes Harz in nicht bestimmbarer Menge zurück.

Braunkohle die schon ausgebildetes Harz enthält, giebt dasselbe an den Aether ab, wie dies auch bei mancher unveränderten Pflanzenfaser der Fall ist.

Aetzendes Ammoniak äußert auf die mehrsten Steinkohlen durchaus keine Wirkung. Nur diejenigen

Steinkohlen die einen geringen Gehalt an Kohlenstoff haben und bei denen zugleich der Gehalt an Wasserstoff geringe ist, geben dem Ammoniak eine schwache bräunliche Färbung.

Asphalt ist im Aetzammoniak völlig unauflöslich. Die Braunkohle verhält sich eben so wie die Art der Steinkohlen deren so eben gedacht ist. Fossiles Holz ertheilt dem Aetzammoniak eine dunkele Färbung. Aus der Auflösung schlägt sich beim Sättigen mit einer Säure etwas Ulmin nieder. Unveränderte Pflanzenfaser erfordert ein lange anhaltendes Digeriren mit Aetzammoniak, um dasselbe gelb zu färben. Die Faser scheint dabei keine große Veränderung zu erleiden.

Wässeriges ätzendes Kali löst die Holzfaser in lange fortgesetzter Siedhitze völlig auf. Von welcher Beschaffenheit der gelblichbraune Körper ist, der sich bei der Sättigung der Auflösung mit einer Säure niederschlägt, bedarf noch einer nähern Untersuchung. Erhitzt man die unveränderte Holzfaser mit Kalihydrat, ohne es bis zum Glühen kommen zu lassen, so nimmt die vollständig erfolgende wäßrige Auflösung eine dunkelbraune Farbe an und Säuren schlagen dann einen braunen Körper nieder, der beim Trocknen glänzend schwarz und für Ulmin gehalten wird. Einiges fossiles Holz (Surturbrand) löst sich schon in gewöhnlicher Temperatur, aber leichter in der Siedhitze, in wäßrigem Aetzkali auf, und bildet eine schwarzbraune, fast zähe Flüssigkeit, aus welcher Säuren einen dunkelbraunen, beim Trocknen glänzend schwarz werdenden Körper niederschlagen, der in seinen Eigenschaften ganz mit der schwarzen Substanz übereinzustimmen scheint, die durch die Einwirkung des Kalihydrat auf die Holzfaser in der erhöheten Temperatur erhalten wird.

Anderes fossiles Holz erfordert ein lange anhaltendes

Sieden um sich theilweise aufzulösen. Eben so verhält sich auch der Torf.

Die Braunkohle färbt das wässrige ätzende Kali beim anhaltenden Sieden mehr oder weniger dunkelbraun. Die Flüssigkeit läßt beim Zusatz von Säuren ebenfalls Ulmin fallen. Die unter dem Namen der Pechkohle bekannte Braunkohle verhält sich eben so, indeß ist die Färbung der Kalilauge nicht dunkel sondern nur lichtbraun, und es bedarf der Beihülfe einer etwas über dem Wassersiedepunkt erhöheten Temperatur, um durch die Einwirkung des Kalihydrats auf die Pechkohle eine sehr dunkele Auflösung zu erhalten. Der größte Theil der Braunkohle bleibt indeß unaufgelößt. Alle Steinkohlen mit einem großen Kohlenstoffgehalt, so wie diejenigen Steinkohlen, welche bei einem nicht großen Kohlenstoffgehalt verhältnißmäßig viel Wasserstoff enthalten (einige Arten von Kannelkohle) werden von dem wäßrigen Aetzkali in der Digerirwärme gar nicht verändert, auch erhält man nur eine sehr schwach gelblich gefärbte Lauge, wenn man diese Steinkohlen mit Kalihydrat in erhöheter Temperatur erhitzt und das erhitzte Gemenge mit Wasser übergießt. Dagegen werden die an Kohlenstoff armen Kohlen, wenn sie zugleich wenig Wasserstoff enthalten, eben so stark wie die Braunkohlen von dem wäßrigen Aetzkali in der Digerirwärme angegriffen. Die mehr oder weniger dunkelbraun gefärbte Lauge läßt beim Sättigen mit Salzsäure Ulmin fallen, welches sich von dem mit bituminösem Holz und mit Braunkohle erhaltenen, nicht unterscheiden läßt.

Einige von diesen Steinkohlenarten (Leopoldinen-Theodor-Josepha-Grube u. s. w. Oberschlesien, ferner eine Steinkohle aus Brasilien) geben Laugen die vollkommen so dunkel gefärbt sind, wie die dunkelsten Laugen, welche sich nur aus der Braunkohle darstellen lassen; andere geben eine weniger stark gefärbte Auflösung, gerade so wie die Braunkohle, bei welcher der Gehalt an Kohlenstoff schon so sehr zugenommen hat, daß man sie von der Steinkohle nur schwer unterscheiden kann. Der größte Theil der Kohle bleibt indeß unverändert.

Auf den Asphalt hat das wässrige ätzende Kali in der Digerirhitze keine Wirkung.

Die Salpetersäure wird schon in der gewöhnlichen Temperatur von der Holzfaser zersetzt. Es entwickelt sich Salpetergas und die vegetabilische Faser löst sich gänzlich auf, indem sie eine fast farbenlose Flüssigkeit bildet. Schneller finden Zersetzung und Auflösung unter Beihülfe von Wärme statt. Bricht man den Prozeß ab, ehe die Auflösung vollständig erfolgt ist, so befindet sich die unaufgelößt gebliebene Faser in einem breiartig erweichten Zustande, wird aber beim Trocknen wieder hart, scheint indeß schon einige Veränderung erlitten zu haben. Die Salpetersäure hat den ganzen Kaligehalt des Holzes aufgenommen, so daß der unaufgelößt gebliebene Rückstand, — auch wenn der Prozeß sehr bald unterbrochen wird, so daß sich kaum der zehnte Theil der Faser aufgelößt hat, — beim Einäschern keine Spur von Kali mehr zeigt. Die Veränderung welche die von der Salpetersäure aufgenommene Holzfaser erlitten hat, scheint zum großen Theil von der Temperatur abzuhängen, in welcher die Auflösung bewirkt ward. In der Siedhitze scheint der größte Theil des Holzes in Sauerkleesäure verwandelt zu werden. Bei der Anwendung von schwacher Digerirwärme und in der gewöhnlichen Temperatur, giebt die saure Flüssigkeit beim Abdampfen eine zähe, gelblich gefärbte, im Wasser größtentheils auflösliche Substanz, deren Natur noch näher zu bestimmen ist.

Torf und fossiles Holz lösen sich mit dunkelbrauner Farbe in Salpetersäure größtentheils auf und verhalten sich fast wie die unveränderte Holzfaser. Hatchett hat schon gezeigt,*) daß die saure Flüssigkeit zuweilen Gerbestoff enthält. Wird die Auflösung unterbrochen und der unaufgelößte Rückstand eingeäschert, so besteht die Asche fast nur aus Kieselerde, indem die Säure den größten Theil des Gehalts an Thonerde, Kalkerde, Bittererde und oxydirtem Eisen aufgenommen hat. Der Rückstand selbst hat eine schwarze Farbe und ganz das Ansehen von reiner Kohle, allein er verpufft beim Verkohlen und liefert keine ölartige Flüssigkeit mehr bei der trocknen Destillation.

Braunkohle und Steinkohle verhalten sich zur Salpetersäure auf gleiche Weise. In der gewöhnlichen Temperatur entwickelt sich sehr sparsam Salpetergas; schneller erfolgt die Zersetzung der Säure in der Hitze. Wenn man nach lange anhaltendem Kochen den Prozeß abbricht und filtrirt, so geht eine dunkel braunrothe Flüssigkeit durch das Filtrum, und die Kohle auf dem Filtrum färbt die Aussüßwasser fast unaufhörlich braun. Die dunkel braunrothe Flüssigkeit wird durch Wasser zersetzt und giebt eine orleanfarbene Gerinnung. Die mehrsten Kohlen nehmen bei dieser Behandlung am Gewicht zu, obgleich die Salpetersäure einen ansehnlichen Theil der zersetzten Kohle aufgenommen hat. Der völlig ausgesüßte und in der Wassersiedhitze getrocknete Rückstand wiegt nämlich einige Prozente mehr als die zum Versuch genommene Braun- oder Steinkohle. Dieser Rückstand hat ganz das Ansehen der Kohle, verpufft aber bei der trocknen Destillation und giebt kein Oel mehr, sondern Wasser, welches stark ammoniakalisch ist, und sehr viel kohlensaures Gas. Die Gewichtszunahme ist sehr verschieden und richtet sich theils nach der angewendeten Temperatur, theils nach der Dauer des Versuches. Es tritt indeß ein Zeitpunkt ein, wo diese Gewichtszunahme ihr Ma-

*) Gehlen's Journal für Chemie und Physik, Bd. I. 543—613.

ximum erreicht und das Gewicht des Rückstandes wieder geringer wird als das der angewendeten Kohle. Ob die Salpetersäure, durch viele Tage lang fortgesetztes Sieden, eine völlige Auflösung der Braun- und Steinkohle bewirken würde, ist nicht unwahrscheinlich; indeß habe ich darüber keinen Versuch angestellt. Der größte Theil des Erdengehalts der Kohle, mit Ausnahme der Kieselerde und eines Theils Thonerde, wird dabei von der Salpetersäure aufgenommen und die verpuffende Kohle giebt beim Einäschern oft ungleich weniger Asche als der Erdengehalt beträgt, den die Salpetersäure aufnimmt. Aber auch die durch die trockne Destillation aus der Braun- und Steinkohle dargestellte Kohle, so wie die gewöhnliche Holzkohle, zersetzen die Salpetersäure, nehmen zuerst am Gewicht zu, verbrennen unter starkem Verpuffen und hinterlassen beim Einäschern weder die in Salpetersäure auflöslichen Erden, noch Alkali. Werden diese Kohlen anhaltend mit Salpetersäure gesotten, so nehmen sie am Gewicht wieder ab, und geben mit der Säure dunkel braunrothe Auflösungen. Bei der Anwendung von Koaks ist dazu jedoch ein sehr lange anhaltendes Sieden erforderlich. — Einige Steinkohlen, nämlich diejenigen welche einen sehr großen Kohlengehalt haben und gewöhnlich für Anthracit gehalten werden (von Lischwitz und Schönfeld) erfordern ein sehr lange fortgesetztes Sieden um die Säure zu zersetzen, ohne daß sie dabei eine bemerkbare Veränderung erleiden. — Der in der Salpetersäure auflösliche Theil ihres Erdengehalts wird von der Säure aufgenommen und die mit Salpetersäure behandelten Kohlen geben daher beim Einäschern nur wenig Asche. Anthracit (von Rhode Island) und Graphit (von Borrowdale) äußern gar keine zersetzende Wirkung auf die Salpetersäure, sondern diese nimmt bloß die darin auflöslichen Erden und Metalloxyde auf. Warum die reine Holzkohle die Salpetersäure so leicht zu zersetzen vermag, während Graphit,

Kohlenblende und Diamant gar keine Einwirkung hervorbringen, von dieser Erscheinung läßt sich der Grund nicht angeben. — Asphalt zersetzt die Salpetersäure ebenfalls und giebt eine dunkelbraune, durch Wasser zersetzbare Flüssigkeit, ohne daß jedoch die zurückbleibende kohlenartige Substanz am Gewicht zunimmt.

Auch die Salzsäure zersetzt die Holzfaser und verwandelt sie durch anhaltendes Digeriren in eine braune Substanz, welche 60 bis 65 Prozent von der angewendeten Holzfaser beträgt. Die Flüssigkeit färbt sich röthlichbraun, wird aber durch Wasser nicht zersetzt, auch schlagen Alkalien nichts daraus nieder, so daß es scheint als ob die Wirkung der Salzsäure sich größtentheils nur darauf beschränke, der Holzfaser Wasser zu entziehen. Die braune Substanz brennt noch mit Flamme und verhält sich wie unvollkommen verkohltes Holz.

Fossiles Holz ertheilt der Salzsäure ebenfalls eine dunkelrothe Färbung, ohne dabei aber eine wesentliche Veränderung zu erleiden.

Auf Braunkohle und Steinkohle ist die Salzsäure ohne Wirkung.

Die mit Salzsäure behandelten Pflanzenfasern, sowohl die in ihren Mischungsverhältnissen schon veränderten (Torf, Braunkohle, Steinkohle) als die noch nicht veränderten, (Holzfaser) geben beim Einäschern weniger Asche und die letztern in der Asche kein Alkali. Eine solche Aufnahme des in der Säure auflöslichen Erdengehalts, ist auch die einzige Wirkung welche die Salzsäure auf den Anthracit und auf den Graphit hervorbringt.

Concentrirte Schwefelsäure färbt die unveränderte Pflanzenfaser augenblicklich schwarz. In der gewöhnlichen Temperatur geht die wechselseitige Zersetzung, unter Entwickelung von unterschwefligter Säure, nur langsam

sam vor sich. Wendet man Siedhitze an, so entweicht schwefligtsaures Gas in starken Strömen und es geht dabei viel Wasser in die Vorlage über. Verdünnte Schwefelsäure wirkt sehr langsam und die Gasentwickelung tritt erst wieder ein, wenn sich die Säure, bei Anwendung von Digerirwärme, durch Wasserverdampfung mehr concentrirt hat. Die Menge der zurückbleibenden kohlenartigen Substanz richtet sich ganz nach der Dauer des Prozesses. Läßt man Holzspäne in einer Temperatur von 16 Gr. Reaum. mehrere Tage lang mit vollkommen concentrirter Schwefelsäure stehen, so erhält man als Rückstand eine schwarze Kohle, die nach dem Aussüßen 36 bis 45 Prozent von der angewendeten Holzfaser beträgt und beim Trocknen den Glanz der Steinkohle erhält. Die saure Flüssigkeit geht farbenlos durchs Filtrum und besteht aus wäßriger Schwefelsäure, unterschwefligter Säure und aus einer gummiartigen Substanz, die sich erhalten läßt, wenn man die Säure mit Kalkerde sättigt, den Niederschlag durch Filtriren absondert und die durchgegangene Flüssigkeit eindickt. Behandelt man Holzspäne in der Siedhitze mit Schwefelsäure, so bleibt die Flüssigkeit ebenfalls ungefärbt und besteht aus concentrirter Schwefelsäure, welche eine gummiartige Substanz aufgelößt enthält. Der schwarze kohlenartige Rückstand, der beim Eintrocknen auf dem Filtrum ebenfalls glänzend wird und das Ansehen von Steinkohlen bekommt; beträgt mehr oder weniger am Gewicht, je nachdem die Säure kürzere oder längere Zeit eingewirkt hat. Wird der Prozeß bald abgebrochen, so erhält man 50 bis 65 Prozent; wird er einige Tage lang fortgesetzt, so kann man das Ausbringen bis auf 22 Prozent herunterbringen, allein die Entwickelung von schwefligtsaurem Gas hat dann noch nicht aufgehört und es bleibt noch zu untersuchen, ob sich die Holzfaser durch ununterbrochene Behandlung mit concentrirter Schwefelsäure nicht vollständig und ohne Hinterlassung eines kohlenartigen

Rückstandes in Gummi und zuletzt in Zucker verwandeln läßt. Die zurückbleibende kohlenartige Substanz, — der Prozeß mag früh oder spät beendigt werden, — ist keine reine Kohle, sondern sie enthält noch immer etwas Sauerstoff und Wasserstoff, verbrennt aber ohne Flamme, und die daraus durch trockne Destillation dargestellte reine Kohle, äschert sich ungleich schwerer ein wie die gewöhnliche Holzkohle.

Nur die kohlenartige Substanz welche durch mehrere Tage lang fortgesetztes Sieden mit Schwefelsäure aus der Holzfaser erhalten wird, scheint sich dem Zustande der reinen Kohle sehr zu nähern. Nach dem völligen Eintrocknen ist sie äußerlich von der Steinkohle kaum zu unterscheiden.

Die durch Schwefelsäure aus der Holzfaser dargestellte Kohle hinterläßt beim Einäschern nur eine Spur von Kieselerde, indem das Alkali, die Thonerde, Kalkerde u. s. w. von der Schwefelsäure aufgenommen worden sind.

Der Torf, das fossile Holz, die Braunkohle und die Steinkohle geben in der Digerirhitze ebenfalls ungefärbte Auflösungen mit der concentrirten Schwefelsäure, wobei sich sehr viel schwefligtsaures Gas entbindet, aber mehr kohlenartige Substanz als bei der unveränderten Pflanzenfaser zurück bleibt. Diese kohlenartige Substanz verbrennt, wenn der Prozeß lange genug fortgesetzt worden ist, ebenfalls ohne Flamme, ohne reine Kohle zu sein. Oelartige Flüssigkeiten entbinden sich daraus bei der trocknen Destillation nicht mehr, sondern nur Wasser, kohlensaures Gas und Kohlenoxydgas. —

Die sogenannten Anthracite von Lischwitz und Schönfeld, so wie der sogenannte fasrige Anthracit, entwickeln beim Sieden mit concentrirter Schwefelsäure ebenfalls schwefligtsaures Gas, ohne dadurch eine bemerkbare Veränderung zu erleiden. Dies ist auch der Fall mit der, aus dem Holz und aus der Steinkohle, durch die gewöhnliche

Verkohlung erhaltenen Kohle, welche zwar ebenfalls schwefligsaures Gas entwickelt, ohne daß sie eine andere Veränderung zu erleiden **scheint**, als daß die Säure das Alkali und die in derselben auflöslichen Erden und das Eisenoxyd aufnimmt.

Der wirkliche **Anthracit** und der **Graphit** entwickeln kein schwefligtsaures Gas und die Wirkung der Säure beschränkt sich nur darauf, die in ihr auflöslichen Erden und Metalloxyde auszuziehen.

Die Erfolge bei der Einwirkung der Säuren auf die veränderte und unveränderte Pflanzenfaser sind also dem Verhalten der Säure und der Beschaffenheit des Körpers auf welchen sie wirken, völlig angemessen. Die leichter zersetzbare und daher stärker oxydirende Salpetersäure, bewirkt schneller und in einem höhern Grade, die Oxydation der Pflanzenfaser, indem sie dieselbe in eine gerbestoffartige Substanz oder wohl gar in Säure umändert, wogegen die Schwefelsäure nur eine Umwandelung der Faser in Gummi und zuletzt in Zucker bewirken kann. Die noch nicht veränderte Faser erleidet diese Veränderungen schneller und vollständiger, weil das größere Verhältniß des Sauerstoffs und Wasserstoffs zum Kohlenstoff, die Wirkung der Säuren erleichtert.

Mit der Zunahme des Kohlenstoffs wird die chemische Einwirkung der Säure immer mehr geschwächt, und die ganz reine Kohle scheint nur dann noch einer Veränderung durch die Säuren zu unterliegen, wenn sie sich, wie dies bei der Holzkohle der Fall ist, in einem mechanisch aufgelockerten Zustande befindet. Der Anthracit, der Graphit und der Diamant widerstehen der Einwirkung der Säuren vielleicht nur wegen ihrer großen Verdichtung, wenigstens läßt sich bis jetzt noch kein anderer Grund dieses sonderbaren Verhaltens angeben. Der Diamant, die dichteste bis jetzt bekannte Kohle, läßt sich nur bei einem sehr erhöheten

Grade der Temperatur, in reinem Sauerstoff verbrennen; ungleich leichter zerstöhrbar sind der Anthracit und der Graphit, und die, durch trockne Destillation aus der Steinkohle, der Braunkohle und der unveränderten Pflanzenfaser dargestellte Kohle, nimmt in demselben Grade an Entzündlichkeit zu, in welchem sie sich bei ihrer Darstellung mehr aufzulockern Gelegenheit hatte, oder auch je ärmer an Kohlenstoff der Körper war, aus welchem sie bereitet ward. Steinkohle die in Oefen, oder in geschlossenen Räumen verkohlt wird, giebt eine ungleich dichtere und schwerer entzündliche Kohle, als die Kohle ist, welche sich aus derselben Steinkohle durch Verkohlung in offenen Meilern gewinnen läßt.

Wie alle organischen Substanzen, so ist auch die Pflanzenfaser einer Zerstörung unterworfen, wenn sie ohne Einwirkung des Sauerstoffes, oder irgend eines andern Körpers, für sich allein einer erhöheten Temperatur ausgesetzt wird. Ihre Bestandtheile folgen nun anderen Verbindungsgesetzen und es entstehen neue Verbindungen, deren Beschaffenheit theils von der des Körpers selbst, theils von dem Grade der Temperatur abhängig sein wird, in welche derselbe gebracht ward. Reine Kohle ist bekanntlich eine höchst feuerbeständige und ohne Zutritt des Sauerstoffs oder eines andern Körpers unzerstöhrbare Substanz, die bis jetzt auch in den stärksten Graden der Hitze nicht einmal hat zum Schmelzen gebracht werden können. Anders ist das Verhalten in der Verbindung mit Sauerstoff und Wasserstoff. Eine solche Verbindung kann nur bei einem gewissen Grade der Temperatur von Bestand sein. Erhöhete Temperatur bewirkt eine Entmischung, oder eine Bildung von neuen Verbindungen, und diese Zersetzung durch Erhöhung der Temperatur, ist der Prozeß, den man die Verkohlung nennt, weil der feuerbeständige Rückstand bei der Operation aus reiner Kohle besteht. Wenn Wasserstoff, Sauerstoff und

Kohlenstoff bei verschiedenen Graden der Temperatur auch verschiedenen Verbindungsgesetzen gehorchen, so muß sich die Menge der zurückbleibenden reinen Kohle nicht bloß nach der Beschaffenheit des zu verkohlenden Körpers, sondern auch zugleich nach den Graden der Temperatur richten, welche beim Verkohlen angewendet ward.

Und so ist es auch in der That. Manche Harze und Fette, die ungleich mehr Kohlenstoff enthalten als die Pflanzenfaser; hinterlassen bei der freiwilligen Entmischung in der erhöheten Temperatur nicht eine Spur von Kohle, und bei einer und derselben Pflanzenfaser ist die Menge der zurückbleibenden Kohle ganz von dem Grade der Hitze beim Verkohlen abhängig. Die Angaben über den darstellbaren Kohlengehalt des Holzes, die so ungemein von einander abweichen, indem z. B. das Eichenholz nach Proust 19 Prozent, nach Hjelm 30½ Prozent Kohle hinterlassen soll, enthalten daher an sich keinen Widerspruch; allein man hat dabei den Einfluß übersehen, den die Verschiedenheit der beim Verkohlen angewendeten Temperatur ausübt.

Noch mehr als die Menge der zurückbleibenden Kohle, muß die Menge und Beschaffenheit der übrigen bei der trockenen Destillation, oder beim Verkohlen sich bildenden Verbindungen, nach den Graden der angewendeten Temperatur verschieden seyn, eben weil die Quantität der zurückbleibenden Kohle nur eine Folge von der Natur und Beschaffenheit der gasartigen und tropfbar flüssigen Verbindungen ist, die bei diesem Prozeß gebildet werden. Dies verschiedene Verhalten der organischen Verbindungen in den verschiedenen Graden einer erhöheten Temperatur, ist auch für die praktische Anwendung nicht ohne Wichtigkeit. Aus einer und derselben Steinkohle läßt sich mehr und schlechtes, oder weniger und zur Gaserleuchtung ungleich besser geeignetes Gas darstellen, je nachdem die Verkohlung in schwächerer oder in stärkerer Hitze bewirkt wird.

Wäre die Darstellung der Kohle der Hauptzweck des Prozesses, so würde man eine möglichst niedrige und nur gegen das Ende des Prozesses gesteigerte Hitze anwenden müssen, um so wenig Kohle als möglich in den sich bildenden gasartigen und tropfbar flüssigen Verbindungen zu verlieren. Dies Verhalten zeigt aber auch zugleich, daß die Produckte der trocknen Destillation von einem und demselben organischen Körper, sowohl in der Menge als in der Art verschieden ausfallen müssen, je nachdem die angewendeten Temperaturen verschieden waren, ein Umstand worauf in sehr vielen Fällen unbezweifelt mehr Rücksicht genommen werden müßte, als es bisher geschehen ist.

Die Produkte bei der Destillation der vollkommen luft trocknen unveränderten Pflanzenfaser sind bekanntlich brenzlichte Säure, Wasser, Oel, sehr wenig alkoholartige Substanz und ein Gemenge von Gasarten, zusammengesetzt aus kohlensaurem Gas, Kohlenoxydgas, Kohlenwasserstoffgas und ölzeugendem Gas. Das Verhältniß aller dieser Verbindungen unter einander und die Menge der zurückbleibenden Kohle, richten sich nach der Temperatur. Wenn man Holzspäne einer Temperatur von höchstens 120 Gr. Reaum. längere Zeit aussetzt, so tritt ein Zeitpunkt ein, wo keine Gewichtsveränderung weiter statt findet. Das völlig lufttrockne (aber nicht in der Wassersiedhitze getrocknete) Holz verliert dabei zwischen 66 bis 69 Prozent. Der Rückstand, welcher, außer einem etwas matteren Ansehen, ganz der gewöhnlichen Holzkohle ähnlich ist, wiegt also zwischen 41 bis 44 Prozent von der angewendeten Holzmenge. Diese kohlenartige Substanz ist es, welche Rumford das Pflanzengerüst, oder das Skelett der Pflanzen genannt und von welcher er behauptet hat, daß sie reine Kohle und in allen Pflanzen in gleicher Menge vorhanden sey.*) Sechs Holz-

*) Untersuchungen über verschiedene Holzarten und die Kohle. Schweigger's Journal für Chemie und Physik, Bd. VIII. S. 160 — 202.

arten gaben ihm im Durchschnitt ziemlich genau und mit höchst geringen Abweichungen, 43 Prozent von dieser kohlenartigen Substanz. Nach seiner Ansicht sollte die Holzsubstanz aus 43 Theilen von diesem Gerüst, — welches für die Pflanzen etwa das wäre, was das Knochengerüst für die Thiere ist, — und aus 57 Theilen Pflanzenfleisch bestehen, welches jenes Gerüst überzogen hat. Das Pflanzenfleisch würde dann, nach den Resultaten der Analyse der Holzsubstanz von Gay-Lussac und Thenard aus 9 Theilen Kohlenstoff und aus 48 Theilen Sauerstoff und Wasserstoff in jenen 57 Theilen zusammengesetzt seyn. Die allerdings sehr merkwürdige und nicht zu erklärende Erscheinung, daß die entmischte Pflanzenfaser die äußere Gestalt der unzersetzten Faser behält, und in der Form keine andere Veränderung als die Verminderung des Volumens erleidet, mag zu diesem raschen Schluß wohl Veranlassung gegeben haben. Der Grund dieses Erfolges liegt aber bloß darin, daß die Entmischung der Pflanzenfaser, in einer Temperatur von etwa 120 Gr. Reaum., nicht weiter als bis zu einem Verlust von 66 bis 69 Prozent gebracht werden kann. Wird daher die Temperatur erhöht, so tritt ein neuer Gewichtsverlust ein, welcher für diesen Grad der Temperatur abermals constant bleibt, bis endlich in der Rothglühhitze die Entmischung der Faser vollständig erfolgt ist und nun keine Gewichtsverminderung weiter statt findet. Das von Rumford sogenannte Pflanzengerüst ist folglich eine unvollkommen zersetzte Pflanzenfaser und keinesweges reine Kohle. Die Produkte dieser langsamen Zersetzung weichen übrigens von denen der durch schnell verstärkte Hitze bewirkten Zersetzung ungemein ab. Weißbuchenholz, welches beim schnellen Verkohlen die gewöhnlichen Produkte der Holzdestillation giebt, und dabei 13,3 Prozent Kohle hinterläßt, entwickelt bei einer sehr langsamen Temperaturerhöhung ungleich mehr Wasser, Kohlenwasserstoffgas und kohlensaures

Gas und hinterläßt 26,1 Prozent, folglich fast noch einmal so viel Kohle. Die Zersetzung der unveränderten Pflanzenfaser beginnt also schon in einer ziemlich niedrigen Temperatur, welches Verhalten ohne Zweifel darin seinen Grund hat, daß der Gehalt an Sauerstoff und Wasserstoff in der Holzfaser, wie aus Gay-Lussacs und Thenards Analyse hervorgeht, ziemlich genau in dem zur Wasserbildung erforderlichen Verhältniß vorhanden ist.*)

Die durch die trockne Destillation aus der Pflazenfaser erhaltene Kohle, hat den ganzen Gehalt an Alkalien und

---

*) Vor kurzer Zeit hat Hr. Cheuvreusse (Recherches physico-chimiques sur le charbon, in den Annales de Chimie et de Physique. T. XXIX. p. 426. etc.) wieder auf das sehr verschiedenartige Verhalten der Kohle, welche in schwacher Hitze erzeugt ist, von derjenigen Kohle, die bei der Anwendung von Rothglühhitze aus einer und derselben Holzart dargestellt wird, aufmerksam gemacht. Die erstere hat ein geringeres specifisches Gewicht, leitet die Elektricität und die Wärme ungleich schlechter, ist weit leichter verbrennlich und absorbirt die Feuchtigkeit aus der Atmosphäre schneller, als die Kohle zu deren Darstellung Rothglühhitze angewendet worden ist. Obgleich es von großem Interesse ist, dies auffallend verschiedene Verhalten beider Kohlenarten aus einer und derselben Pflanzenfaser genauer zu kennen; so findet sich in der Abhandlung des Hrn. Cheuvreusse doch nirgends der Beweis, daß die bei der Anwendung einer niedrigen Temperatur erhaltene Kohle, wirklich reine Kohle, und nicht eine unvollständig zersetzte Pflanzenfaser gewesen ist. Letzteres wird sogar wahrscheinlich, indem Hr. C. bemerkt, daß die Kohle der ersten Art, durch Destillation des Holzes aus einer irdenen oder porzellanenen Retorte, bis sich keine Dämpfe mehr entwickeln, bereitet, zur Darstellung der Kohle der zweiten Art aber Rothglühhitze angewendet werden soll.

Erden welcher sich in dem Holz befand aufgenommen und dieser Gehalt läßt sich durch Säuren, — in sofern die Erden nicht an sich darin unauflöslich sind, — ausziehen. Daß die Erden und Alkalien im metallischen Zustande in der Kohle vorhanden wären, ist nicht wahrscheinlich, und wären sie es zum Theil wirklich, so würde die Annahme ungleich wahrscheinlicher seyn, daß sie ihren metallischen Zustand erst in der Glühhitze, bei der Darstellung der Kohle selbst, erlangt, als daß sie sich schon im metallischen Zustande in der Pflanzenfaser befunden hätten. Der Beweis gegen den metallischen Zustand des Alkali und der Erden in der Kohle, läßt sich nur sehr schwer führen, weil der Aschengehalt der Holzkohle sehr unbedeutend ist. Wenn man aber gut ausgeglühete Kohle aus Weißbuchenholz, welches unter unseren Holzarten am mehrsten Kali haltende Asche liefert, im pneumatischen Apparat mit Salzsäure behandelt, so entwickelt sich keine Spur von Wasserstoffgas, sondern nur etwas kohlensaures Gas, obgleich die Salzsäure den geringen Kaligehalt größtentheils aufgenommen hat. Kieselerde, Thonerde, Kalkerde und Eisenoxyd sind, außer dem Kali, die gewöhnlichen Bestandtheile der Asche welche die Holzkohle beim Verbrennen zurückläßt.

Die Menge der durch die trockene Destillation, oder durch das Verkohlen, aus der Pflanzenfaser darstellbaren Kohle, scheint bei unseren Holzarten nicht sehr abweichend zu seyn. In der hier folgenden Nachweisung ist das Ausbringen an Kohle für jede Holzart doppelt angegeben, einmal wenn die Verkohlung sehr schnell erfolgt, oder wenn sogleich Glühhitze bei der Destillation gegeben, und dann, wenn nur eine sehr langsam bis zum Glühen gesteigerte Temperatur angewendet wird. Der Aschengehalt ward durch sehr sorgfältiges Einäschern der Kohle unter der Muffel eines Probierofens bestimmt und das Gewicht der Asche ist von dem der Kohle in Abzug gebracht.

100 Theile von folgenden Holzarten geben:	bei rascher Verkohlung		bei langsamer Verkohlung.	
	Kohle	Asche	Kohle	Asche
Junges Eichenholz . .	16,39	0,15	25,45	0,15
Altes Eichenholz . .	15,80	0,11	25,60	0,11
Junges Rothbuchenholz (Fagus sylvatica) . . .	14,50	0,375	25,50	0,375
Altes Rothbuchenholz .	13,75	0,4	25,75	0,4
Junges Weißbuchenholz (Carpinus Betulus) . .	12,80	0,32	24,90	0,32
Altes Weißbuchenholz .	13,30	0,35	26,10	0,35
Junges Erlenholz . .	14,10	0,35	25,30	0,35
Altes Erlenholz . .	14,90	0,40	25,25	0,40
Junges Birkenholz . .	12,80	0,25	24,80	0,25
Altes Birkenholz . .	11,90	0,30	24,40	0,30
Junges Fichtenholz (Pinus picea)	14,10	0,15	25,10	0,15
Altes Fichtenholz . .	13,90	0,15	24,85	0,15
Junges Tannenholz (Pinus abies)	16,00	0,225	27,50	0,225
Altes Tannenholz . .	15,10	0,25	24,50	0'25
Junges Kiefernholz (Pinus sylvestris) . . .	15,40	0,12	25,95	0,12
Altes Kiefernholz . .	13,60	0,15	25,80	0,15
Lindenholz . . .	12,90	0,40	24,20	0,40
Roggenstroh . . .	13,10	0,30	24,30	0,30
Stroh von Farrenkraut .	14,25	2,75	25,20	2,75
Rohrstengel . . .	12,95	1,70	24,75	1,70
Birkenholz, welches über 100 Jahre in einer Grube als Stempel gestanden, aber sich gut erhalten hatte . .	12,15		25,10	

Das Holz ward im Zustande von Hobelspänen angewendet, welche mehrere Tage lang in einer Temperatur von 12 bis 15 Gr. Reaum. vollkommen lufttrocken geworden waren. So verschieden die Pflanzenfaser der Gräser, Farrenkräuter und der Holzarten auch erscheinen mag, so geben doch alle fast gleiche Quantitäten Kohle bei der trockenen Destillation. Die einzelnen Abweichungen können vielleicht darin ihren Grund haben, daß es ganz unmöglich ist, die Temperatur des Sandbades stets in gleicher Höhe zu erhalten. Noch abweichender mußten die Resultate bei der raschen Verkohlung ausfallen, weil sich die Temperatur dann noch weniger genau abmessen läßt.

Mit der unveränderten Pflanzenfaser zeigt das fossile Holz beim Verkohlen die Uebereinstimmung, daß es wie jene, durchaus seine äußere Gestalt behält und sich nur im Volumen vermindert. Wird das fossile Holz im gepulverten Zustande der trocknen Destillation unterworfen, so erscheint die zurückbleibende Kohle in der Gestalt eines staubigen, durchaus nicht zusammenhängenden Pulvers, gerade so wie beim Verkohlen der Sägespäne von der frischen Holzfaser, jedes einzelne Spänchen, nur mit einer bedeutenden Verminderung des Volumens, nach dem Verkohlen wieder zum Vorschein kommt. Daß ein Körper vollkommen zersetzt wird ohne dabei seine äußere Gestalt zu verändern, davon giebt es in der anorganischen Natur kein Beispiel. Aber außer diesem allgemeinen, hat jene Erscheinung noch das besondere Interesse, daß die Beibehaltung der äußeren Form nach der Verkohlung, nur der unveränderten Pflanzenfaser, dem fossilen Holze, der Braunkohle und einigen Arten der Steinkohle eigenthümlich ist, indem andere Steinkohlenarten ihre Form beim Zersetzungsprozeß in der Glühhitze mehr oder weniger verlieren und durch dieses verschiedenartige Verhalten schon einen ziemlich sicheren Schluß auf die Art ihrer Zusammensetzung gestatten.

Die Behauptung ist wohl nicht zu gewagt, daß das fossile Holz und die Braunkohle noch in der Entwickelung begriffen sind, denn nicht selten kommen in den Braunkohlengruben Stücken vor, die einen deutlichen Uebergang aus dem fossilen Holz in Braunkohle zeigen, so daß ein und dasselbe Stück an einem Ende schon völlig zur Braunkohle geworden, an dem andern Ende aber noch fossiles Holz geblieben ist. Von den Steinkohlen läßt sich eine ähnliche noch jetzt fortschreitende Fortbildung, oder eine noch fortdaurende Veränderung ihres Mischungsverhältnisses, nicht mit gleichem Rechte voraussetzen, obgleich sie an sich keinesweges unwahrscheinlich ist.

Die große Verschiedenartigkeit des fossilen Holzes in seinen Uebergängen in Braunkohle, läßt es schon erwarten, daß sich bei demselben die Uebereinstimmung hinsichtlich der Menge der beim Verkohlen zurück bleibenden Kohle nicht finden werde, wie sie bei der unveränderten Pflanzenfaser statt fand. Je nachdem sich das fossile Holz der Braunkohle mehr oder weniger nähert, hinterläßt es auch mehr oder weniger Kohle. Aber auch beim Verkohlen des fossilen Holzes, hängt die Menge und die Art der entstehenden Produkte, von dem Grade der Temperatur ab, wenn gleich die Gränzen bei denjenigen Arten welche sich der Braunkohle nähern, schon ungleich enger gezogen sind. Im allgemeinen giebt das fossile Holz bei der trocknen Destillation dieselben Quantitäten Gas wie die unveränderte Holzfaser, aber weniger Wasser und noch weniger Oel von einem eigenthümlichen widrigen Geruch, an welchem alle Braunkohlen sich sogleich erkennen lassen. Brenzliche Säure wird nur in sehr geringer Menge gebildet, wogegen aber die Alkoholbildung ungleich stärker wie bei der frischen Pflanzenfaser hervortritt.

Die Wernersche Gemeine Braunkohle und die Moorkohle verhalten sich auf ganz gleiche Weise. Diejenigen Abänderungen welche sich durch schwarze Farbe, durch Fettglanz und durch theils ebenen, theils muschlichen Bruch auszeichnen und scheinbar einen Uebergang zur Steinkohle machen, geben bei der trocknen Destillation Wasser und sehr wenig übel riechendes Oel, und hinterlassen oft über 70 Prozent reine Kohle, übertreffen also sehr viele Steinkohlen in der Menge der darstellbaren Kohle. Dabei ist das specifische Gewicht dieser Braunkohle sehr bedeutend und steigt bis 1,2881, welches nicht etwa von der Menge von Erde und Eisenoxyd herrührt, indem deren Gehalt oft noch nicht 1 Prozent beträgt.

Der Aschengehalt des fossilen Holzes und der Braunkohle ist äußerst veränderlich und differirt in den verschiedenen von mir untersuchten Arten von $\frac{3}{4}$ bis über 50 Prozent. Dieser große Aschengehalt kommt indeß vorzüglich nur der sogenannten Erdigen-Braunkohle zu und ist eine Folge der Umstände unter welchen sie gebildet ward. Manches fossiles Holz, bei welchem man nach dem äußern Ansehen auf einen großen Aschengehalt nicht schließen sollte, enthält davon eine sehr bedeutende Menge. So hinterläßt z. B. der Surturbrand von Island 27,5 Prozent Asche. Für den Gebrauch dieser Brennmaterialien, ist der starke Aschengehalt ein großes Hinderniß, weil die Asche die brennbare Substanz überzieht und dem Verbrennen in einem so hohen Grade hinderlich wird, daß man genöthigt ist, stärkeren Luftzug anzuwenden als die Natur des Brennmaterials es eigentlich fordert, so daß die zweckmäßige Benutzung desselben dadurch sehr erschwert wird.

Die Asche des fossilen Holzes und der Braunkohle enthält keine Spur mehr von einem feuerbeständigen Alkali. Das Wasser welches bei der Bildung der Kohle thätig gewesen zu seyn scheint, hat ohne Zweifel das Alkali aufgelößt und fortgeführt. Kieselerde, Thonerde, Eisenoxyd, Gips, etwas Kalkerde und Bittererde, in sehr verschiedenen und abweichenden Verhältnissen, die von den örtlichen Umständen abhängig sind unter welchen die Ablagerung des Materials zu dem fossilen Holze und zu der Braunkohle erfolgte, werden in den Rückständen vom Verbrennen dieser Substanz angetroffen.

Noch mehr als bei den verschiedenen Arten der Braunkohle, mit Einschluß des fossilen Holzes, weicht der durch die trockne Destillation darstellbare Gehalt an Kohle bei den Steinkohlen ab. Steinkohle die bei der trocknen Destillation weniger als 48 Prozent Kohle zurück ließe, habe ich nicht angetroffen. Von da an steigt die Menge der zurückbleibenden Kohle bis zu mehreren 90 Prozenten, und es giebt zwischen beiden Gränzen kaum eine Zahl, zu welcher sich nicht eine Steinkohle auffinden ließe, die so viel Kohle zurück läßt. Es zeigt sich dabei indeß eine auffallende Verschiedenheit in der äußern Gestalt der Koaks. Einige behalten die Form der Steinkohle ungeändert bei, und vermindern nur, wie die Kohlen aus der frischen Pflanzenfaser, aus dem fossilen Holz und aus der Braunkohle, ihr Volumen. Andere behalten die äußere Gestalt der Steinkohle ohne alle Volumenveränderung, und noch andere schwellen auf, dehnen sich mehr oder weniger aus und bilden eine mehr oder weniger lockere aufgequollene Masse. Um dies verschiedene Verhalten recht deutlich zu erkennen, ist es nothwendig, die der trocknen Destillation zu unterwerfende Steinkohle in Gestalt eines fein zerriebenen Pulvers anzuwenden. Die Kohlen der ersten Art hinterlassen die Koaks in einem staubig-pulvrigen Zustande, ohne den mindesten Zusammenhang, gerade so wie die Braunkohlen. Bei den Kohlen der zweiten Art ist das Pulver, jedoch ohne alle Ausdehnung der Masse, zu einem Kuchen zusammen gefrittet, der zuweilen eine so große Festigkeit zeigt, daß er nur mit Mühe zerstoßen werden kann. Bei den Kohlen der dritten Art schmelzt das feine Pulver wirklich zusammen und bildet eine ganz homogene Masse, die sich nach der äußern Gestalt des Destillations-Apparats formt und sich dabei mehr oder weniger, oft in dem Grade aufbläht, daß die Retorte die Masse nicht fassen kann. Eine scharfe Gränze findet dabei nicht statt, sondern man trifft häufig Uebergänge aus der ersten in die zweite, und aus dieser in die dritte Art. Das staubartige Pulver der Kohlen von der ersten Art gewinnt nämlich zuweilen schon einen lockeren Zusammenhang, so wie die gefrittete Koaksmasse von den Steinkohlen der zweiten Art, in manchen Fällen schon eine Neigung zum wirklichen Schmelzen und zur Ausdehnung zeigt. Dies Verhalten der Kohle hängt mit ihrer chemischen Zusammensetzung sehr genau zusammen, weshalb es zur Beurtheilung der Beschaffenheit der Steinkohlen sehr nützlich ist, sie nach Maaßgabe dieses Verhaltens durch besondere Benennungen zu unterscheiden. Ich nenne in der Folge die Steinkohlen der ersten Art Sandkohlen,*) die der zweiten Art Sinterkohlen, und die der dritten Art Backkohlen.

Auch bei den Steinkohlen differirt die Menge der zurückbleibenden Kohle nach Maaßgabe der langsamen oder der schnellen Hitze, die bei der Destillation angewendet wird. Im allgemeinen ist diese Differenz bei den Steinkohlen mit geringerem Kohlengehalt größer, jedoch machen die Backkohlen davon eine Ausnahme, indem die Backkohlen mit einem größern Kohlengehalt oft größere Differenzen zeigen, als die Sandkohlen und besondets als die Sinterkohlen mit einem geringeren Kohlengehalt. Diese Differenzen übersteigen indeß, bei allen von mir untersuchten Steinkohlen, nicht die Zahl 6, und selbst diese große Differenz findet nur bei Backkohlen mit einem mittleren Kohlengehalt statt (z. B. die Kohle II. 1. *a.* A. No. 6. aus Niederschlesien, Gnade Gottes Grube). Backkohlen mit größerem Kohlengehalt differiren im Ausbringen nicht über 4. (Backkohlen aus der Grafschaft Mark)

Besonders verdient es noch bemerkt zu werden, daß die Anwendung einer schwachen und ganz langsam bis zum stärksten Rothglühen verstärkten Hitze, die sinternde und die backende Eigenschaft der Steinkohle vermindert. Eine Kohle

---

*) Der Name: Sandkohle, mag wohl unpassend erscheinen, indeß durfte ich den, das Verhalten bei der trocknen Destillation besser bezeichnenden Ausdruck: Staubkohle, deshalb nicht wählen, weil man unter Staubkohlen in Deutschland allgemein die zerkleinerten Steinkohlen versteht, welche bei der Kohlengewinnung aus den Gruben erhalten werden.

die sich bei schneller Glühhitze als Sinterkohle zeigt, kann bei sehr langsam gesteigerter Hitze als Sandkohle erscheinen, welches besonders bei den Kohlen der Fall ist, die den Uebergang von der einen zur andern Art machen. Eben so erscheint die Backkohle dann als Sinterkohle, besonders wenn sie an sich nur von schwach backender Art ist. In jedem Fall wird aber bei langsamer Erhitzung das Aufblähen der Backkohlen vermindert, die nun eine weit weniger lockere und ausgedehnte Masse bilden, als die bei der Anwendung von rascher Glühhitze.

Einen Unterschied zwischen backenden und nicht backenden Steinkohlen haben die Techniker längst gemacht. Die Verschiedenheit im Verhalten beider Steinkohlenarten ist zu groß, als daß sie hätte unbeachtet bleiben können. Auch fand man bald, daß dies Verhalten einen großen Einfluß auf die Anwendbarkeit der Steinkohlen äußere, und daß sich backende Steinkohlen durch nicht backende, oder umgekehrt, nicht immer füglich ersetzen lassen.

Ganz allgemein hält man dafür, daß die backenden Steinkohlen sich von den nicht backenden nur durch die größere Menge von Bestandtheilen die nicht Kohlenstoff sind und die man mit dem Namen Bitumen bezeichnete, unterscheiden, oder daß es auf die Menge des Kohlengehalts ankomme, ob eine Steinkohle backend sey oder nicht. Diese Meinung ist aber so wenig begründet, daß vielmehr der Kohlengehalt bei den backenden Kohlen in den mehrsten Fällen größer ist, als bei den nicht backenden. Es giebt Sand und Sinterkohlen die nur einige 50 Prozent Koaks beim Verkohlen hinterlassen; so wenig Kohle geben nur sehr wenige Backkohlen. Dagegen erhält man aus vielen Backkohlen über 80 Prozent höchst lockere, aufgeblähte Kohle. Eine solche Steinkohle kann nicht so viel Bestandtheile, die nicht Kohle wären, enthalten, als eine Sand- oder Sinterkohle die nur einige 50 Prozent Koaks hinterläßt.

Die Produkte welche bei der trocknen Destillation der Steinkohle erhalten werden, sind bekannt. Je mehr der Kohlengehalt der Steinkohlen zunimmt, eine desto dickere Consistenz erhält das sich bildende Steinkohlenöl. Alle Steinkohlen ohne Ausnahme geben bei der trocknen Destillation schwache Spuren von Ammoniak. Die Sandkohlen liefern, wenn sie einen geringen Kohlengehalt besitzen, Spuren von Säure, deren Beschaffenheit ich nicht anzugeben weiß. Das Verhältniß der wäßrigen zur ölartigen Flüssigkeit ist bei allen Sandkohlen größer als bei den Sinterkohlen, und bei diesen größer als bei den Backkohlen. Die Menge der sich erzeugenden gasartigen und tropfbar flüssigen Substanzen überhaupt, steht mit dem Kohlengehalt der Steinkohlen im umgekehrten Verhältniß. Gasarten entbinden sich aus den Steinkohlen in geringerer Menge als aus den mehrsten Braunkohlen, aber die Kohlenwasserstoffverbindungen sind mehr vorwaltend. Hydrothiongas entsteht nur dann, wenn die Steinkohle Einmengungen von Schwefelkies enthält, der nur höchst selten fehlt. Bei der Anwendung einer sehr schwachen und langsam bis zum Glühen verstärkten Hitze, wird mehr Wasser und weniger Oel, aber mehr Gas erzeugt, als bei plötzlicher und starker Hitze. Dies Gas enthält aber mehr kohlensaures Gas und Kohlenwasserstoffgas, und dagegen weniger Kohlenoxydgas und ölzeugendes Gas als die geringere Quantität Gas, die sich bei starker und schneller Hitze entwickelt. Ist die Vorrichtung im letzten Fall so getroffen, daß das entstehende Oel nicht sogleich überdestillirt, sondern der Glühhitze ausgesetzt bleibt; so wird es ebenfalls zersetzt und das Ausbringen an Gas dadurch bedeutend verstärkt. Diese stärkere Gasentbindung bei schneller Hitze ist indeß ein abgeleiteter Erfolg des Prozesses und muß nicht mit dem eigentlichen Erfolge bei der Zersetzung der Steinkohle selbst verwechselt werden. Je backender die Kohle ist, desto mehr nimmt das Verhältniß des oelzeugenden Gases in dem Gasgemenge zu. Eine Zersetzung der Steinkohlen vor dem Rothglühen, findet nur bei den Sand- und Sinterkohlen statt, bei denen der Gehalt an Kohlenstoff geringe ist, und auch bei diesen Kohlen schreitet die Zersetzung in dieser niedrigen Temperatur nicht bedeutend vor. Oelartige Substanz entwickelt sich immer erst, wenn die Hitze den Grad des dunkelen Rothglühens erreicht hat. Bei den Sand- und Sinterkohlen sowohl, als bei den Backkohlen die viel Kohlenstoff enthalten, wird immer schwache Rothglühhitze zur beginnenden Zersetzung erfordert, und zur gänzlichen Beendigung derselben ist sehr starke Rothglühhitze nöthig. Es giebt keine Steinkohle aus welcher sich, bei der trocknen Destillation, außer dem Oel und den Gasarten, nicht auch Wasser entwickelte. Die Sandkohlen, welche über 95 Prozent Koaks zurücklassen, geben noch gegen 1 Prozent Wasser und etwa 0,1 bis 0,2 Prozent Oel. Auch die Faserkohle, oder die mineralische Holzkohle giebt bei starkem Glühen noch 0,15 Prozent Wasser und eine Spur von Oel. Bei den sogenannten Anthraciten von Lischwitz und Schönfeld, ist das Wasser noch als ein schwacher Thau in der Vorlage bemerkbar, wenn sie mit aller Sorgfalt in der Wassersiedhitze vorher getrocknet worden sind. Nur bei dem wirklichen Anthracit und bei dem Graphit läßt sich, wenn sie vorher in der Wassersiedhitze getrocknet waren, keine Wasserbildung mehr bemerken.

Bei der gewöhnlichen Untersuchung der Steinkohlen, d. h. bei der Ausmittelung der Menge und allenfalls auch der Art der Koaks welche sie bei der trocknen Destillation hinterlassen, und bei der Bestimmung der Quantität Asche die beim Einäschern der Steinkohle oder der daraus erhaltenen Koaks zurückbleibt, pflegt man die Steinkohlen im lufttrocknen Zustande anzuwenden, weil dies der Zustand ist, in welchem sie bei dem gewöhnlichen technischen Gebrauch in

Anwendung kommen. Bei der wirklichen chemischen Analyse würde dies Verfahren fehlerhaft seyn und nicht zur richtigen Kenntniß der eigentlichen Bestandtheile der Steinkohle führen können, weil es bekannt ist, daß die mehrsten Körper, theils Wasser, theils andere Bestandtheile aus der Luft anziehen, die nicht zu ihrer Zusammensetzung gehören und welche sie wieder entlassen, wenn sie anhaltend der Wassersiedhitze ausgesetzt werden. So bekannt diese Erfahrung ist, so wenig hat man doch bis jetzt auf die Verschiedenheit des Verhaltens Rücksicht genommen, welches die Steinkohlen dabei zeigen, indem man die genaue Bestimmung des Gewichtes des zu analysirenden Körpers erst dann vornahm, wenn man ihn in der Wassersiedhitze sorgfältig getrocknet hatte, so daß man den Umstand, wie groß der Gewichtsverlust vom lufttrocknen Zustande bis zur Temperatur der Wassersiedhitze sey, als unbedeutend übersah. Bei den Analysen welche ich mit verschiedenen Braun- und Steinkohlenarten vornahm, befolgte ich dasselbe Verfahren, konnte aber demnächst die Resultate der Analyse mit den Erfolgen, die sich bei der trocknen Destillation ergaben, nicht in Uebereinstimmung bringen, indem ich voraussetzte, daß alle Steinkohlenarten, in dem gewöhnlichen lufttrocknen Zustande, wie sie beim Verkohlen angewendet wurden, bis zur Temperatur der Wassersiedhitze, nicht bedeutend am Gewicht verlieren würden, oder daß dieser Gewichtsverlust bei allen Steinkohlen, bis auf unbedeutende Differenzen, wenigstens gleich seyn werde. Der große Mangel an Uebereinstimmung einiger, und das Zusammentreffen anderer Analysen mit dem Erfolge, welcher sich aus dem Verhalten derselben Steinkohle bei der trocknen Destillation, mit Wahrscheinlichkeit schließen ließ; nöthigte mich, den Gewichtsverlust aufzusuchen, den die Steinkohlen bei der Behandlung in der Wassersiedhitze erleiden. Es ergaben sich dabei so sehr bedeutende Unterschiede, daß es nöthig ist, die Resultate hier folgen zu lassen. Die Untersuchungen wurden vergleichungsweise auch auf einige andere Körper ausgedehnt. Alle wurden im Zustande eines feinen Pulvers angewendet, und die fein zerpulverten Körper, sämmtlich unter gleichen Umständen, 5 Tage lang einer Temperatur von 11 bis 12 Gr. Reaum. ausgesetzt. Nachdem sie auf diese Weise einen gleichen Grad der Trockenheit erlangt hatten, ward von jedem Körper eine gleiche Quantität abgewogen, diese in der Wassersiedhitze getrocknet, noch warm wieder gewogen und die Gewichtsdifferenz bemerkt. Daß in der angewendeten höheren Temperatur noch keine Zersetzung des einen oder des andern Körpers vorgegangen sey, ging daraus hervor, daß alle, nachdem sie etwa 36 Stunden an der Luft gelegen, das frühere Gewicht wieder erhielten.

100 Theile von folgenden Substanzen	wogen nach dem Trocknen in der Wassersiedhitze
Sägespäne von Weißbuchenholz	90,7
Holzkohle	91,6
Fossiles Holz, in Braunkohle übergehend, von der Rodbergrube im Dürenschen Bergdistrikt . . .	80,2
Stangenkohle vom Meißner	97,2
Braunkohle von Uttweiler mit muschlichem Bruch und Pechglanz	95,05
Mineralische Holzkohle vom Amalienschacht der Grube Glücksburg bei Ibbenbühren	99,1
Surturbrand von Island	86,95
Kennelkohle aus Lancashire (sehr backend) . .	98,4
— — — (wenig backend) .	97,6
— — — (Sandkohle) . .	94,4
Steinkohle von Newcastle (Backkohle) . . .	98,7
— — Mons (Sinterkohle) . . .	99,3

100 Theile von folgenden Substanzen	wogen nach dem Trocknen in der Wassersiedhitze
Steinkohle von dem Flötz Röttgersbank der vereinigten Sälzer und Neuacker Zechen im Essen Werdenschen (Backkohle)	98,75
Steinkohle von dem Flötz Dickebank der Zeche Rottekampsbank in Essen Werdenschen (Sinterkohle) .	99,05
Steinkohle von dem Flötz Alte Werthsbank der Zeche Hundsnocken im Essen Werdenschen (Sandkohle)	99,3
Steinkohle von der Karls Seegen Grube in Oberschlesien (Sandkohle)	91,15
Steinkohle von der Leopoldinen Grube in Oberschlesien, Mittelbank (Sandkohle)	87,3
Steinkohle von dem Flötz Fürth der Grube Hoheneich aus dem Bardenbergischen (Sandkohle) . .	98,2
Steinkohle von dem Flötz Dennewitz der Sulzbach-Duttweiler Grube (Backkohle)	98
Steinkohle von dem Flötz Heinrich der Gerhardgrube in Saarbrücken (Sinterkohle)	94
Steinkohle von dem Hoffnunger Felde der Löbejüner Grube (Sandkohle)	99
Steinkohle von Planitz in Sachsen (sogenannte Pechkohle, Sinterkohle)	94,3
Steinkohle von Pottschapl bei Dresden (Backkohle)	94,4
Steinkohle von der Zeche Buchholz im Tecklenburg-Lingenschen (Sandkohle)	98,3
Sogenannter Anthracit (Glanzkohle) von Schönfeld (Sandkohle)	95,95
Sogenannter Anthracit (Glanzkohle) von Lischwitz (Sandkohle)	94,8
Muschlicher Anthracit von Rhode Island . .	94,9
Sogenannter Anthracit von der Grube de la motte, 6 Stunden von Grenoble (Sandkohle)	95,5

100 Theile von folgenden Substanzen	wogen nach dem Trocknen in der Wassersiedhitze
Steinkohle von der Grube Friedens Hoffnung bei Waldenburg in Niederschlesien (Backkohle) . .	97,8
Steinkohle von der Grube Schwarze Junge in Westphalen (Sandkohle)	99,0
Steinkohle aus Brasilien (Sandkohle) . . .	89,4
— von der Zeche Ferdinand in Oberschlesien, Oberbank (Sandkohle)	93,2
Steinkohle von der Königin Luisengrube in Oberschlesien, Flötz Pochhammer, Niederbank (Backkohle) .	97,1
Steinkohle von der Glückhilfgrube bei Waldenburg (Uebergang von Backkohle in Sinterkohle) . .	98,5
Steinkohle von der Sackgrube in Oberschlesien (Backkohle)	97,1
Steinkohle von dem fünften Flötz der Laura Grube bei Waldenburg (Sandkohle)	96,4
Steinkohle von der Königsgrube in Oberschlesien; Gerhardflötz Mittelbank (Sinterkohle) . . .	95,9
Steinkohle von der Grube Charlotte bei Beuthen in Oberschlesien, Niederbank (Sandkohle) . .	93,1
Steinkohle von der Grube Friedrichsthal in Saarbrücken (Backkohle)	95,1
Steinkohle von dem Flötze Große Hupp bei Eschweiler (Backkohle)	99,1
Steinkohle von dem Flötze Gyr bei Eschweiler (Backkohle)	99,1
Steinkohle von dem Flötze Koch der Grube Wellesweiler im Saarbrückischen (Backkohle)	97,85
Steinkohle von der Grube kombinirte Abendröthe bei Waldenburg (Backkohle)	97,8
Koaks aus Backkohlen	95,55
— — Sinterkohlen	95,6

100 Theile von folgenden Substanzen	wogen nach dem Trocknen in der Wassersiedhitze
Koaks aus Sandkohlen	95,5
Graphit von Borrowdale	100
Zucker	100
Salpeter	100
Schwefelsaures Kali	100

Diese Gewichtsverluste, so sehr abweichend sie sind, scheinen mit den Eigenschaften der Steinkohlen und der untersuchten Körper in gar keiner Beziehung zu stehen. Den größten Verlust erleiden das fossile Holz und die Sinterkohle mit geringem Kohlengehalt. Je der mehr der Kohlengehalt zunimmt, desto geringer scheint dieser Gewichtsverlust auszufallen, obgleich es höchst auffallend ist, daß die anthracitartige Steinkohle und der Anthracit selbst, einen so sehr bedeutenden Gewichtsverlust erleiden, welches sich bei ihrer Härte und bei dem halbmetallischen Glanze nicht erwarten ließ. Ueberhaupt scheint die Lockerheit des Körpers, wenigstens nicht immer, einen Einfluß auf diesen Gewichtsverlust zu haben, denn sonst müßte die höchst lockere mineralische Holzkohle, — welche von allen hier aufgeführten Körpern, die Holzkohle selbst vielleicht nicht ausgenommen, die lockerste ist, — den größten Gewichtsverlust erleiden. Er beträgt aber noch nicht einmal ein Prozent, während der feste, harte und glänzende Anthracit von Rhode Island über 5 Prozent am Gewicht verliert. Der nach dem Zerstampfen und Zerpulvern sehr aufgelockerte Graphit, behält sein Gewicht dagegen ungeändert bei.

Ob der Gewichtsverlust, also das was die Kohlen aus der Atmosphäre aufnehmen, atmosphärische Luft und Feuchtigkeit, oder nur die letztere allein sey, habe ich nicht näher untersucht. Gewiß würde es aber zu interessanten Aufschlüssen über die Ursache dieses sehr abweichenden Verhaltens der Kohle führen können, wenn Versuche ähnlicher Art, mit Kohlen unmittelbar aus der Grube, angestellt würden, besonders mit solchen, die ihr Gewicht an der Luft bedeutend vermehren. Bei denjenigen Steinkohlen, welche in der Wassersiedhitze einen sehr bedeutenden Gewichtsverlust erleiden, muß daher das Ausbringen an Koaks beim Verkohlen, zu geringe, und mit den Resultaten der chemischen Analyse nicht übereinstimmend erscheinen, wenn die Steinkohlen im ersten Fall, wie es gewöhnlich geschieht, im lufttrocknen Zustande, und im letzten Fall in der Wassersiedhitze ausgetrocknet, angewendet werden.

Bei der Bestimmung des durch die Verkohlung darstellbaren Koaksgehaltes der verschiedenen Steinkohlenarten, werden diese, aus einleuchtenden Gründen, in dem gewöhnlichen lufttrockenen Zustande angewendet. Genau genommen müßte also auch für jede Steinkohle der Gewichtsverlust bis zur Temperatur der Wassersiedhitze bekannt seyn, indeß hat diese Kenntniß für den Techniker wenig Interesse, und auf die eigentliche chemische Zusammensetzung der Steinkohle, läßt sich, aus den Resultaten des Verkohlungsprozesses, nur dann mit einiger Wahrscheinlichkeit schließen, wenn das Gewicht und die Beschaffenheit der Koaks, mit den Gewichten und Zuständen der Koaks aus solchen Steinkohlen verglichen werden, deren Zusammensetzung durch eine chemische Analyse bereits ermittelt ist. In diesem Fall wird sich die Zusammensetzung einer Steinkohle aus den Resultaten der Verkohlung mit ziemlicher Zuverlässigkeit bestimmen lassen.

Salzsäure habe ich in keiner Steinkohle gefunden. Die Asche von mehreren 50 verschiedenen Steinkohlenarten aus allen Provinzen der Preußischen Monarchie, enthielt davon keine Spur. In der Meinung, daß die Salzsäure an einer Base gebunden seyn könne, welche dieselbe beim Einäschern nicht zurück zu halten vermöge, wurden die Steinkohlen selbst in Wasser, (in sofern die Verbindung der Säure mit der Basis darin auflöslich seyn mogte) und die Koaks aus den Steinkohlen in Salpetersäure gekocht; allein weder in dem Wasser noch in der Salpetersäure war eine Spur von Salzsäure aufzufinden. Auch durch lange fortgesetztes Sieden der feingepulverten Steinkohlenmasse mit kohlensaurem Ammoniak oder auch mit kohlensaurem Kali, wollte sich keine Spur von Salzsäure in den kohlensauren Alkalien, nach deren Sättigung mit Salpetersäure, durch Zusatz von salpetersaurem Silber auffinden lassen. Eben so wenig ist es mir gelungen, Jode in der Steinkohle, oder in der Steinkohlenasche aufzufinden, wenigstens ließen sich durch die gewöhnlichen und bekannten Reagentien keine Spuren davon entdecken. Auch Phosphorsäure habe ich in der Steinkohlenasche vergeblich gesucht. Zwar lassen sich Spuren davon in derjenigen Steinkohlenasche wirklich erhalten, welche beim Verkoaken im Großen von den Meilern genommen wird; allein ich bin geneigt, diese, ohnedies sehr geringen Spuren, mehr den zufälligen Beimengungen der Kohle zuzuschreiben, als sie für einen wesentlichen Bestandtheil der Steinkohlenasche anzusehen. Eben dies ist der Fall mit dem Chromoxyd, welches sich in der Asche aus den mit Sorgfalt ausgesuchten Steinkohlen niemals, aber nicht selten in schwachen Spuren in derjenigen Steinkohlenasche findet, welche beim Verkohlen der Steinkohlen in großen Massen, vom Koaksplatz genommen wird.

Die Menge von Erden und Eisenoxyd, welche beim Einäschern der Steinkohle zurück bleibt, oder der Aschengehalt derselben, ist bei den verschiedenen Steinkohlen sehr verschieden.*) Berücksichtigt man die Umstände unter welchen sich die Steinkohlen, nach aller Wahrscheinlichkeit gebildet haben, so muß man mehr über ihren in der Regel geringen, als über den großen Aschengehalt verwundert seyn. Es giebt Steinkohle die nur 0,1 Prozent, also weniger

*) In den Mémoires de la Soc. d'émul. de Cambrai 1824. p. 371. (ausgezogen in Férussac Bulletin des sciences technologiques Sept. 1825. T. IV. p. 161.) findet sich eine Analyse der Asche von den Steinkohlen von Anzin. Die von dem Herrn Feneulle analysirte Asche, war von einer Steinkohle aus der Grube Fosse du poirier zu Anzin; sie wird im Departement du Nord mit Erfolg znm Düngen der Felder angewendet. Sie enthielt in 100 Theilen:

Schwefelkalcium	0,0225
Gips	1,1960
Schwefelsaures Natron, schwefelsaure Thonerde, schwefelsaures Eisenoxydul, schwefelsaure Bittererde.	0,5000
Kieselerde	43,9200
Thonerde	29,8800
Eisenoxydul	17,3800
Manganoxyd	1,8600
Kohlensaure Kalkerde	3,1800
Bittererde	0,9000
	98,8385

Der gefundene Gehalt an Schwefelkalcium, an schwefelsaurem Eisenoxydul und an Eisenoxydul würden darauf hindeuten, daß die Asche nur sehr unvollständig kalcinirt worden sey, so wie sich überhaupt der Zustand in welchem die Basen in der Asche angetroffen werden, nach der mehr oder weniger vollständig erfolgten Zersetzung des Schwefelkieses und der daraus entstandenen abgeleiteten Verbindungen richten muß. Der Gehalt an Natron würde aber besondere Aufmerksamkeit verdienen, wenn sich das Vorhandenseyn desselben in jener kaum bestimmbaren Menge bestätigen sollte.

Asche hinterlassen als irgend eine Holzart, und andere bei denen der Aschengehalt über 20 Prozent steigt. Bei dieser großen Veränderlichkeit des Aschengehalts konnte wohl nicht leicht die Meinung aufkommen, daß die Erden und das Eisenoxyd, welche beim Verbrennen der Steinkohlen zurückbleiben, mit der Steinkohlenmasse in chemischer Verbindung vorhanden, folglich im metallischen Zustande mit derselben vereinigt gewesen wären.

Die Säuren ziehen auch aus den Steinkohlen den ganzen in ihnen auflöslichen Erdengehalt, ohne dabei eine Spur von Wasserstoffgas zu entwickeln.

Ueber die Beschaffenheit der Asche werde ich bei der speciellen Untersuchung der Steinkohlen von den verschiedenen Ablagerungen zurückkommen.

Bei der Untersuchung von mehr als drittehalbhundert Steinkohlenarten aus den verschiedensten Gegenden des Reiches, habe ich nicht gefunden, daß der Aschengehalt der Steinkohlen mit ihrer backenden oder nicht backenden Beschaffenheit in irgend einer Beziehung stände. Eben so wenig hat die Größe des Kohlengehalts der Steinkohlen auf den Erdengehalt irgend einen Einfluß. Auch die Mächtigkeit der Flötze steht in gar keinem Verhältniß zum Erdengehalt; denn Steinkohlen von schmalen Flötzen können eben sowohl viel und wenig Asche zurück lassen, als Steinkohlen die auf den mächtigsten Flötzen gewonnen werden. Eben so wenig richtet sich, bei sehr mächtigen Flötzen, der Erdengehalt nach den verschiedenen natürlichen Ablosungen, oder nach den sogenannten Bänken, welche das Flötz zusammen setzen, die Abtheilungen mögen durch Lettenschmitze, oder durch schwache Lagen von Schieferthon, oder durch eine Schicht von Faserkohle veranlaßt werden. Die Kohlen von der Oberbank hinterlassen bald mehr, bald weniger Asche als die von der Mittelbank, und diese bald mehr bald weniger als die Steinkohlen von der Niederbank, wenn das Flötz in drei Bänke getheilt ist. Die Lage der Flötze unter einander ist ebenfalls ohne Einfluß, indem die Steinkohlen von den hangendsten Flötzen oft mehr, oft weniger Asche als die Steinkohlen von den liegendsten Flötzen desselben Flötzzuges zurück lassen. Daß sich eine Verschiedenheit des Erdengehaltes der Steinkohle aus den verschiedenen Seigerteufen eines und desselben Flötzes zeigen werde, scheint hiernach gar nicht wahrscheinlich zu seyn, obgleich ich dies mit Bestimmtheit nicht behaupten kann, weil ich darüber zu wenig vergleichende Untersuchungen anzustellen Gelegenheit hatte.

Um die Menge der Asche zu bestimmen, welche eine Steinkohle zurück läßt, muß natürlich eine reine Kohlenmasse ausgesucht werden. Bei solchen Bestimmungen des Aschengehalts einer Kohle läßt sich also nur behaupten, daß eine ausgesucht reine Steinkohle von diesem oder jenem Flötz, nicht mehr als die aufgefundene Menge von Asche gegeben hat, aber keinesweges, daß der Aschengehalt der ganzen Steinkohlenmasse nicht größer seyn werde. Betrachtet man die Erden und das Eisenoxyd welche die Asche zusammensetzen, so wie sie es wirklich sind, als reine mechanische Beimengungen der Kohlenmasse, und als in diese, wie sie sich noch in einem erweichten Zustande befand, aus den sie umgebenden Gebirgsmassen mechanisch hineingepreßt, so kann es nicht weiter auffallen, daß der Aschengehalt eines und desselben Handstückes, an den verschiedenen Stellen desselben verschieden ausfällt. Als Beispiel führe ich eine Steinkohle von der Grube Besser Glück in Westphalen an. Das Stück welches ich zur Untersuchung erhielt, hatte etwa die Größe von 20 Kubikzollen und ein specifisches Gewicht von 1,3225. Beim Zerschlagen zerfiel es zufällig in 8 Stücken, die ganz gleichartig zu seyn schienen. Die specifischen Gewichte verhielten sich aber wie 1,3058, 1,30921, 1,3137, 1,3236, 1,37121, 1,378, 1,3989, und 1,4309, und der Aschengehalt wie 0,87, 0,87, 0,93, 1,07, 1,96, 1,97, 2,15, und 2,46 Prozent. Die Differenz im specifischen Gewicht zwischen dem ersten und dem letzten Stück war also 0,1251, und im Aschengehalt 1,59 Prozent, oder das letzte Stück enthielt fast dreimal so viel Erden als das erste. Aus diesem Beispiel geht hervor, wie unzuverlässig und schwankend die Bestimmung des Aschengehalts einer Steinkohle, selbst in ausgesucht reinen Stücken seyn muß, und wie wenig sich behaupten läßt, daß der in dem Probestück aufgefundene Aschengehalt mit dem der Steinkohle, woraus das Flötz besteht, überhaupt übereinstimmt. Dennoch findet aber eine wesentliche Verschiedenheit in dem Erdengehalt der Steinkohlen von den verschiedenen Flötzen und Kohlenablagerungen statt, und die Größe des gefundenen Aschengehaltes, besonders wenn derselbe bei mehreren Stücken einer und derselben Kohle ausgemittelt ward, kann immer als ein der Wahrheit sich nähernder Durchschnittsgehalt betrachtet werden.

Wird die Bestimmung des Aschengehaltes einer Steinkohle, selbst der anscheinend ganz reinen Steinkohlenmasse, durch den angegebenen Umstand schon sehr schwankend, so wird sie es noch mehr, wenn man die auf den Kluftflächen der Steinkohle fast immer vorhandenen fremdartigen Beimengungen unberücksichtigt läßt und diese nicht sorgfältig absondert. Diese Beimengungen sind mehrentheils Schwefelkies und Kalkspath, zuweilen Dolomit, Bleiglanz, Blende, Schwerspath, Kohlensaures Eisenoxydul, Gips und Kieselthon. Die Untersuchungen im Kleinen werden aber aus diesem Grunde und weil sie sich nur auf die reine Steinkohlenmasse selbst beschränken können, den Aschengehalt jederzeit ungleich geringer ergeben, als er sich im Großen findet. Um die Beschaffenheit einer Kohle zum technischen Gebrauch beurtheilen zu können, genügt es also nicht, die Menge und Beschaffenheit der Koaks welche sie zurück läßt und ihren Aschengehalt zu erfahren, sondern es wird auch zugleich der Zerklüftungszustand der Kohle angegeben und bemerkt werden müssen, ob die Kluftflächen rein, oder ob sie mit fremdartigen Körpern angefüllt sind.

Ein Begleiter der Steinkohlen welcher vielleicht niemals fehlt, ist der Schwefelkies. Beim Verkohlen der Steinkohle behält das Eisen einen Antheil Schwefel zurück, der weder durch die Hitze, noch durch die Kohle in der hohen Temperatur ausgetrieben werden kann. Der sich daraus entbindende Antheil Schwefel geht eine neue Verbindung mit dem Wasserstoff der Steinkohle zu Schwefelwasserstoff ein, vereinigt sich aber zum Theil mit der Kohle zu einem Schwefel Supercarburet und läßt sich nun durch die Glühhitze nicht mehr verflüchtigen. Die Koaks aus Steinkohlen welche Schwefelkies enthalten, sind daher niemals frei vom Schwefel, dessen geringe Menge sich durch Verpuffen der Koaks mit Salpeter, oder durch anhaltendes Sieden mit Königswasser bestimmen läßt. Dies Verhalten des Schwefels im Schwefelkies ist für die Praxis wichtig, und der Anwendung von Koaks aus sehr Schwefelkiesreichen Steinkohlen zum Eisenschmelzen, leider nicht sehr günstig.

Warum einige Steinkohlen einen sehr geringen, andere einen ungemein großen Aschengehalt zeigen, davon läßt sich der Grund nur in den zufälligen Verhältnissen finden, unter denen die ursprüngliche Ablagerung erfolgte. Dies gilt indeß nur von der ruhigen und ungestöhrten Bildung des Flötzes. Traten spätere Veränderungen und dadurch herbeigeführte mechanische Einwirkungen auf die Kohlenmasse ein, und befand sich diese zu jener Zeit noch in einem nicht ganz erhärteten Zustande, so überladete sie sich mit den Trümmern der sie umgebenden Gebirsart, weshalb auch die ganz in der Nähe des Porphyrs vorkommenden

Steinkohlen jederzeit eine große Menge von Asche hinterlassen, welche der Steinkohlenmasse ursprünglich nicht zukommt, wie sich daraus ergiebt, daß die Kohle auf demselben Flötz, aber in größererer Entfernung vom Porphyr, wieder den gewöhnlichen Aschengehalt zeigt.

Ueber die eigentliche Natur der Steinkohlen nnd über die Ursache des verschiedenen Verhaltens, welches nicht bloß die Braunkohle und die Steinkohle, sondern noch mehr die verschiedenen Steinkohlenarten unter sich zeigen, läßt sich erst urtheilen, wenn die Verhältnisse des Kohlenstoffs, des Wasserstoffs, des Sauerstoffs und des Stickstoffs bekannt sind. Die große Schwierigkeit mit welcher analytische Untersuchungen dieser Art verbunden sind, würde es fast unmöglich machen, von einer großen Anzahl von Steinkohlen solche Analysen zu unternehmen. Ich habe daher eine Auswahl von solchen Braun- und Steinkohlen getroffen, die in ihrem Verhalten bei der trocknen Destillation am meisten von einander abweichen, und hege die Ueberzeugung, daß sich von jeder Steinkohle, deren Verhalten beim Verkohlen genau bekannt ist, mit großer Zuverlässigkeit angeben lassen wird, welcher von den untersuchten Steinkohlenarten sie am nächsten kommt, wodurch dann auch das Verhältniß ihrer Bestandtheile mit sehr großer Wahrscheinlichkeit beurtheilt werden kann.

Der Apparat zu solchen Untersuchungen ist bekannt. Auch der meinige bestand aus 3 Röhren, von denen die eine, wie gewöhnlich, mit dem Gemenge des zu untersuchenden Körpers mit Kupferoxyd, bereitet aus salpetersaurem Kupferoxyd,*) angefüllt, und nach der vortreflichen

*) Das schwefelsaure Kupferoxyd, dessen ich mich ebenfalls zum Theil zur Bereitung des Kupferoxyds bedient habe, erfordert eine starke und anhaltende Hitze, um die letzten Antheile von Schwefelsäure zu verflüchtigen. Das salpetersaure Kupfer-

Anleitung von Berzelius durch eine Kautschuckröhre mit der zweiten Röhre, in welcher sich der geglühete salzsaure Kalk befand, in Verbindung gesetzt ward, um nach beendigter Operation die Zunahme des Gewichts dieser Röhre, auf einer sehr empfindlichen Waage sogleich bestimmen zu können. Die zweite Röhre stand dann ebenfalls vermittelst einer Kautschuckröhre mit dem abwärts gehenden, möglichst engen Gasleitungsrohr in Verbindung, und dieses führte die sich entwickelnden Gasarten in den Quecksilbergasapparat. Die Glasröhre welche das Gas aufnahm, war in Zehntheile eines rheinländischen Kubikzolles eingetheilt, so daß der Beobachtungsfehler für die ganze sich entwickelnde Luftmasse höchstens zwischen $\frac{1}{30}$ und $\frac{1}{40}$ Kubikzoll fallen konnte. Die Gasmenge ward in gewöhnlicher Art auf 0 Grad Temperatur und 28 Zoll Barometerstand reducirt und das Volumen derselben unter diesen Bedingungen bestimmt. Zur Absorbtion des kohlensauren Gases diente Aetzammoniak. Den Gasrückstand welcher nicht absorbirt und dessen Volumen, nach vorheriger Reduction auf 0 Grad Temperatur und 28 Zoll Druck, von der ganzen Gasmenge abgezogen ward, um durch die Differenz das wirkliche Volumen des kohlensauren Gases zu erfahren, habe ich nicht untersucht, kann daher auch nicht behaupten, ob er, wie wohl nicht zu erwarten, reines Stickgas, oder ein Gemenge desselben mit atmosphärischer Luft und von Kohlenoxydgas oder auch von Kohlenwasserstoffgas gewesen sey. Um indeß die Entbindung von Kohlenoxydgas möglichst zu verhindern, füllte ich die Zersetzungsröhre nicht in gewöhnlicher Art, sondern wendete die folgende Vorsichtsmaaßregel an. Die Röhre hatte 2,5 bis 2,55 Linien im Durchmesser und war etwa

oxyd ist daher dem schwefelsauren nicht allein aus dem angegebenen Grunde, sondern auch deshalb vorzuziehen, weil es schneller bereitet werden kann.

etwa 9 Zoll lang. Die Erfahrung hatte mich belehrt, daß die Zersetzung unvollkommen erfolgt, d. h. daß sich außer dem kohlensauren Gase auch Kohlenoxydgas in bedeutender Menge entbindet, wenn die Zersetzungsröhre, wie es durch Erhitzung derselben vermittelst einer Glühlampe nicht anders geschehen kann, nur theilweise von vorne nach hinten zum Glühen gebracht wird. Die ganze Röhre durch Kohlenfeuer zu erhitzen, ist nicht wohl ausführbar, weil sie zu leicht wegschmelzt. Die Anwendung eines Blechschirms bei der Erhitzung durch die Lampe, hilft der unvollständigen Zersetzung nicht ab. Deshalb ward zuerst in den verschlossenen untern, oder in den hinteren Theil der Zersetzungsröhre, eine Quantität Kupferoxyd in gewöhnlicher Art gebracht, worauf ich eine Schicht von dem Gemenge des zu zersetzenden Körpers mit Kupferoxyd, dann abermals eine Schicht von reinem Kupferoxyd, dann wieder eine Schicht von dem Gemenge, demnächst wieder Kupferoxyd folgen ließ, und mit diesen beiden Schichten so oft abwechselte, daß das Gemenge in der Röhre sechs Schichten bildete. Der obere oder der vordere Theil der Röhre ward sodann in gewöhnlicher Art mit Kupferoxyd angefüllt, welches die ganze Zeit der Prozesses hindurch, vermittelst einer zweiten Lampe, glühend erhalten ward. Diese Einrichtung gewährte den Vortheil, daß der zu zersetzende Körper immer dem vollen Wirkungskreise der Flamme ausgesetzt war, und daß sich die schwächere Wirkung derselben, nicht bis zu den angränzenden Schichten des Gemenges verbreiten konnte. Die Länge der Zersetzungsröhre war dabei kein Hinderniß, gestattete vielmehr, daß sich eine einfache, verschiebbare Trägervorrichtung anbringen ließ, welche die Röhre umspannte und festhielt.

Nach **Biot** wiegt 1 Liter atmosphärische Luft, bei 0 Grad Temperatur und bei 28 Zoll Barometerstand 1,3 Gramm. Weil nun 100 rheinl. Kubikzoll = 1,789 Liter, so wiegt 1 rheinl. Kubikzoll atmosphärische Luft 0,023257 Gramm. Weil ferner, nach Berzelius, das specifische Gewicht des kohlensauren Gases = 1,524, so wiegt 1 rheinl. Kubikzoll kohlensaures Gas 0,035443668 Gramm und darin befinden sich 0,009797952 Kohle. Der Wasserstoffgehalt des Wassers ward nach Berzelius zu 11,06 Prozent in Rechnung gebracht.

Von dem zu zersetzenden Körper wurden jedesmal 0,1 Gramm, in einem möglichst fein zerriebenen Zustande, und in der Wassersiedhitze getrocknet, angewendet. Die 0,1 Gramm wurden mit 4 Gramm ausgeglühetem Kupferoxyd zusammengerieben und möglichst genau gemengt. Alle übrigen Vorsichtsmaaßregeln sind bekannt.

I. Fossiles Holz, von der Roddergrube in der Burgermeisterei Brühl des Kreises Cölln. Die Braunkohlenlage worauf diese Grube baut, ist 21 bis 22 Fuß mächtig. Sie liefert nur Erdige - Braunkohle, in welcher die Gemeine dichte Braunkohle in einzelnen Schnüren, und so auch das bituminöse oder das fossile Holz in abgesonderten Massen, vorkommen. Das untersuchte Exemplar konnte nicht eigentlich als fossiles Holz betrachtet werden, sondern es hatte auf dem Querbruch schon eine schwarze Farbe und Pechglanz, so daß es einen Uebergang in Braunkohle bildet. Es gab im lufttrocknen Zustande, bei der trocknen Destillation 49,7 Prozent Sandkohle, worin sich 11,4 Prozent Kieselthon und etwas Eisenoxyd befinden. In der Wassersiedhitze verminderte sich das Gewicht genau um 20 Prozent. Der durch das Verkohlen darstellbare Kohlengehalt des völlig trocknen fossilen Holzes ist folglich 62,13 worin sich aber 14,25 Asche befinden, so daß nur 47,88 Prozent reine Kohle übrig bleiben.

Resultate der Zersetzung von 0,1 Gr. in der Wassersiedhitze ausgetrocknet. 5,65 Kubikzoll kohlensaures Gas, worin 0,05497 Gr. Kohle. 0,455 Kubikzoll Gas wurden nicht absorbirt. Die mit dem salzsauren Kalk gefüllte Röhre hatte 0,039 Gramm am Gewicht zugenommen, welche Gewichtszunahme also 0,004313 Gr. Wasserstoff andeutet. In den 0,1 Gramm befinden sich 0,01425 Asche. Es fehlen also 0,1 — (0,05497 + 0,004313 + 0,01425) = 0,026467 Gramm, welche ich für den Sauerstoffgehalt des fossilen Holzes ansehe. Zufolge dieser Untersuchung würde also das fossile Holz von der Roddergrube, welches sich der Braunkohle nähert, zusammen gesetzt seyn, aus:

54,97	Kohlenstoff	oder ohne Rücksicht auf den Aschengehalt, aus:	
4,313	Wasserstoff	64,10	Kohlenstoff
26,467	Sauerstoff	5 03	Wasserstoff
14,25	Erdigen Bestandtheilen	30,87	Sauerstoff
100.		100.	

II. Gemeine Braunkohle, von Uttweiler, nördlich vom Siebengebirge. Sie ist so fest, daß sie sich drehen und zu Leuchtern, Dosen, Knöpfen u. s. w. verarbeiten läßt. Zur Untersuchung ward ein Stück ausgewählt, bei welchem das fasrige Gefüge verschwunden war. Die Kohle ist pechschwarz, hat einen Fettglanz und muschlichen Bruch, so daß sie sich, abgesondert von den Stücken die ein fasriges Gefüge zeigen, kaum von der unter dem Namen der Pechkohle bekannten Steinkohle unterscheiden läßt. Das specificische Gewicht = 1,2081. Sie hinterläßt, im lufttrocknen Zustande, bei der trocknen Destillation 68,2 Prozent Sandkohle und giebt beim Einäschern 0,9 Prozent weiße Asche. Der Verlust beim Trocknen in der Wassersiedhitze beträgt 5 Prozent, so daß 100 Theile ganz trockne Kohle 0,947 Asche beim Verbrennen hinterlassen.

Resultate der Zersetzung von 0,1 Gr. in der Wassersiedhitze ausgetrocknet. 7,86 Kubikzoll kohlensaures Gas, worin 0,0771 Gr. Kohle. Nicht absorbirter Gas Rückstand 0,46. Die mit salzsaurem Kalk angefüllte Röhre hatte 0,023 Gr. am Gewicht zugenommen, welche Gewichtszunahme einem Wasserstoffgehalt von 0,002546 entspricht. In den 0,1 Gr. Uttweiler Kohle befinden sich 0,001 Erde. Es fehlen also 0,1 — (0,0771 + 0,002546 + 0,001) = 0,019354, welche ich als Sauerstoffgas in Rechnung bringe. Es würde hiernach die Gemeine Braunkohle von Uttweiler zusammengesetzt seyn, aus:

77,100 Kohlenstoff	oder, ohne Rücksicht auf den Aschengehalt aus:
2,546 Wasserstoff	77,879 Kohlenstoff
19,354 Sauerstoff	2,571 Wasserstoff
1,000 Erdigen Bestandtheilen	19,550 Sauerstoff
100.	100.

III. Steinkohle von der Zeche Leopoldine bei Brzenskowitz in Oberschlesien. Das Flötz ist in drei Bänken gelagert. Das untersuchte Stück war von der Mittelbank und würde nach der gewöhnlichen Benennung Schieferkohle seyn. Die Kohle besteht aus abwechselnden matten und glänzenden Schichten, hat ein dichtes Gefüge und einen ebenen Bruch. Farbe schwarzbraun. Spec. Gewicht = 1,3098. Im lufttrocknen Zustande hinterläßt sie, bei der trocknen Destillation 53,5 Prozent Sandkohle, worin sich nach dem Einäschern 2,5 Prozent erdige, fast nur aus Kieselthon zusammengesetzte Bestandtheile finden. Der Verlust beim Trocknen in der Wassersiedhitze beträgt 13,1 Prozent, so daß 100 Theile ganz trockene Steinkohle bei der trocknen Destillation 61,5 Prozent Kohle geben, welche 2,88 Asche beim Verbrennen hinterlassen.

Resultate der Zersetzuug von 0,1 Gr. in der Wassersiedhitze getrocknet. 7,54 Kubikzoll kohlensaures Gas, worin 0,07388 Gr. Kohle. Nicht absorbirter Gasrückstand 0,5.

Die Gewichtszunahme der mit salzsaurem Kalk gefüllten Röhre betrug 0,024, welche Gewichtszunahme einem Wasserstoffgehalt von 0,002765 entspricht. In den 0,1 Gr. Leopoldinen Steinkohle befinden sich 0,00288 Erden. Es fehlen also 0,1 — (0,07388 + 0,002765 + 0,00288) = 20,475, welche als Sauerstoff in Rechnung zu bringen sind. Es ergiebt sich hieraus folgende Zusammensetzung der Sandkohle von der Leopoldinen Grube.

73,880 Kohlenstoff	oder, ohne Rücksicht auf den Aschengeholt aus:
2,765 Wasserstoff	76,070 Kohlenstoff
20,475 Sauerstoff	2,847 Wasserstoff
2,880 Erdigen Bestandtheilen	21,083 Sauerstoff
100.	100.

IV. Steinkohle von der Steinkohlen Zeche Königsgrube bei Beuthen in Oberschlesien. Das Flötz ist ebenfalls in drei Bänken gelagert. Das zur Analyse ausgewählte Stück war von der Mittelbank des Flötzes Gerhard, welches das hangende von beiden Flötzen ist, worauf die Königsgrube baut. Die Kohle ist eine dichte Schieferkohle, von dunkel bräunlich schwarzer Farbe. Der Bruch uneben, jedoch ohne bestimmte splittrige oder muschliche Absonderung. Spec. Gewicht = 1,2846. Im lufttrockenen Zustande hinterläßt sie bei der trocknen Destillation 65,3 Sinterkohle, und giebt beim Einäschern 0,6 Prozent erdigen Rückstand. In der Wassersiedhitze getrocknet, verliert sie 4 Prozent, enthält folglich 0,63 Prozent erdige Bestandtheile.

Resultate der Zersetzung von 0,1 Gramm in der Wassersiedhitze getrocknet. 8 Kubikzoll kohlensaures Gas, worin sich 0,07839 Kohle befinden. Nicht absorbirt wurden 0,465 Kubikzoll. Die Röhre mit dem salzsauren Kalk hatte am Gewicht 0,029 Gramm zugenommen, durch welche Gewichtsvermehrung sich ein Wasserstoffgehalt von 0,003207 ergiebt. In dem 0,1 Gr. Königsgrubener Steinkohle befinden sich 0,00063 erdige Bestandtheile. Es fehlen also 0,1 — (0,07839 + 0,003207 + 0,00063) = 0,017773, welche als Sauerstoff in Rechnung zu bringen sind. Hiernach ergiebt sich folgende Zusammensetzung der Sinterkohle von der Königsgrube.

	oder, ohne Rückstand auf den Aschengehalt aus:
78,390 Kohlenstoff	78,887 Kohlenstoff
3,207 Wasserstoff	3,227 Wasserstoff
17,773 Sauerstoff	17,886 Sauerstoff
0,630 Erdigen Bestandtheilen	
100.	100.

V. Steinkohle von der Grube Wellesweiler in Saarbrücken. Es sind auf dieser Grube wenigstens 7 Flötze in gemeinschaftlichen Betrieb genommen, obgleich sie nicht sämmtlich im Abbau stehen. Von dem liegendsten Flötze dieser Parthie, oder von dem Flötz Koch, ist das zur Analyse ausgewählte Stück genommen worden. Die Kohle hat eine pechschwarze Farbe, wirklichen Pechglanz, ist fest und spröde, aber nicht hart, zeigt muschlichen Bruch und würde nach der gewöhnlichen Terminologie einen Uebergang aus Schieferkohle in Pechkohle machen. Das spec. Gewicht = 1,2677. Im lufttrocknen Zustande hinterläßt sie bei der trocknen Destillation 65,6 Backkohle, die jedoch nicht sehr aufgebläht und nicht zu locker ist. Beim Einäschern giebt sie beinahe 1 Prozent erdigen Rückstand. In der Wassersiedhitze getrocknet verliert sie 2,2 Prozent.

Resultate der Zersetzung von 0,1 Gr. in der Wassersiedhitze getrocknet. 8,3 Kubikzoll kohlensaures Gas, worin sich 0,081323 Gr. Kohle befinden. Nicht absorbirt wurden 0,5 Kubikzoll. Die Röhre mit dem salzsauren Kalk hatte am Gewicht 0,029 Gramm zugenommen, durch welche Gewichtsvermehrung ein Wasserstoffgehalt von 0,003207 Gr. angezeigt wird. Es befinden sich in den 0,1 Gr. Steinkohlen vom Kochflötz 0,001 erdige Bestandtheile, folglich fehlen 0,1 — (0,081323 + 0,003207 + 0,001) = 0,01447, welche als Sauerstoff in Rechnung kommen. Es ergiebt sich also folgende Zusammensetzung der Backkohle von Wellesweiler.

81,323 Kohlenstoff	oder, ohne Rücksicht auf den Aschengehalt aus:
3,207 Wasserstoff	82,144 Kohlenstoff
14,470 Sauerstoff	3,233 Wasserstoff
1,000 Erdigen Bestandtheilen	14,623 Sauerstoff
100	100.

VI. Steinkohle von der Zeche Vereinigte Sälzer und Neuack, im Essen Werdenschen Berg-Amts Distrikt in Westphalen, und zwar von dem Flötze Röttgersbank, welches aus einer 54 Zoll mächtigen, reinen Kohle besteht. Das zur Untersuchung erhaltene Stück war aus einer Teufe von 35 Lachtern unter Tage, oder von etwa 10 Lachtern unter dem Wasserspiegel der Ruhr. Die Kohle ist dunkelschwarz, hat mehr Seiden- als Pechglanz und würde wegen der starken Zerklüftungen, welche auf die Schichtung fast senkrecht stehen, gewöhnlich für Blätterkohle gehalten werden; sie ist mürbe und weich. Das specifische Gewicht der ausgesuchten reinen Kohle = 1,2757, jedoch abwechselnd bis 1,28819, ohne dadurch an Erdengehalt zuzunehmen. Im lufttrocknen Zustande hinterläßt sie bei der trocknen Destillation 78,6 Prozent äußerst stark aufgeblähte Backkohle und giebt beim Einäschern kaum 0,1 Prozent erdige Gemengtheile. In der Wassersiedhitze verliert sie 1,5 Pr.

Resultate der Zersetzung von 0,1 Gr. in der Wassersiedhitze getrocknet. 9,05 Kubikzoll kohlensaures Gas, worin sich 0,08868 Kohle befinden. Nicht absorbirt wurden

0,49 Kubikzoll Gas. Die Röhre mit dem salzsauren Kalk hatte am Gewicht 0,029 Gr. zugenommen, aus welcher Gewichtsvermehrung ein Wasserstoffgehalt von 0,003207 Gr. zu berechnen ist. Es befinden sich in der Steinkohle 0,0001 erdige Gemengtheile, welche als zu unbedeutend ganz unberücksichtigt bleiben können. Folglich fehlen 0,1 — (0,08868 + 0,003207) = 0,008113, welche als Sauerstoff zu berechnen sind. Die Backkohle von der vereinigten Sälzer und Neuacker Zeche würde also zusammengesetzt seyn, aus:

88,680	Kohlenstoff
3,207	Wasserstoff
8,113	Sauerstoff
100.	

VII. Steinkohle von der Zeche Nottekampsbank, ebenfalls im Essen Werdenschen, und zwar von dem Flötz Dikebank, welches, mit Einschluß von 24 Zoll Bergmittel, wodurch das Flötz in 2 Bänke getheilt wird, 90 Zoll mächtig ist. Das zur Untersuchung erhaltene Stück ist von der 36 Zoll mächtigen Oberbank des Flötzes, in einer Teufe von $17\frac{1}{2}$ Lachtern unter dem Spiegel der Ruhr. Die Kohle ist dunkelschwarz, der vorigen sehr ähnlich, aber durch die Art des Glanzes, welcher sich mehr dem Glasglanz zu nähern scheint, ferner durch die etwas größere Festigkeit und Härte verschieden. Spec. Gewicht = 1,3065. Im lufttrocknen Zustande hinterläßt diese Kohle bei der trocknen Destillation 88,5 Prozent Sinterkohle und fast genau 1 Prozent Asche. In der Wassersiedhitze getrocknet, verliert sie 1,2 Prozent.

Resultate der Zersetzung von 0,1 G. in der Wassersiedhitze getrockne... 9,4 Kubikzoll kohlensaures Gas, worin sich 0,092101 Kohle befinden. Nicht absorbirt wurden 0,485 Kubikzoll Gas. Die mit salzsaurem Kalk gefüllte Röhre zeigte nur eine Gewichtsvermehrung von 0,01 Gramm, wodurch also ein Wasserstoffgehalt von 0,001106 Gr. angezeigt wird. Die 0,1 Gramm Steinkohle enthalten 0,001 erdige Gemengtheile, folglich fehlen 0,1 — (0,092101 + 0,001106 + 0,001) = 0,005793, welche als Sauerstoff zu berechnen sind. Die Sinterkohle von der Zeche Nottekampsbank würde folglich zusammengesetzt seyn, aus:

92,101 Kohlenstoff	oder, ohne Rücksicht auf den Aschengehalt aus:
1,106 Wasserstoff	93,030 Kohlenstoff
5,793 Sauerstoff	1,117 Wasserstoff
1,000 Erdigen Gemengtheilen	5,853 Sauerstoff
100	100.

VIII. Steinkohle von der Zeche Hundsnocken im Essen Werdenschen, und zwar von dem Flötz Alte Werthsbank, welches ohne Bankabtheilungen eine Mächtigkeit von 44 Zoll besitzt. Das Flötz Hundsnocken ist das Hauptflötz derjenigen Steinkohlenparthie im Essen Werdenschen, welche Sandkohle liefert und wegen der vielen Wendungen welche es macht, schon auf eine Längenerstrekung von 19 bis 20,000 Lachtern bekannt. Die Zeche Hundsnocken baut mit einem, im Niveau der Ruhr angesetzten Stollen.

Die zur Untersuchung erhaltene Kohle ist aus der mittleren Teufe, etwa 15 Lachter über dem Niveau der Ruhr und eben so viel unter Tage genommen. Sie würde Blätterkohle, wegen ihrer natürlichen, die Richtung der Schichtung durchschneidenden Zerklüftung genannt werden. Farbe dunkelschwarz, fast eisenschwarz; der Glanz mehr glas- als pechartig. Sie besitzt eine größere Härte als No. VII. Spec. Gewicht der reinen Kohle 1,3376. Im lufttrocknen Zustande hinterläßt sie bei der trocknen Destillation 92,8 Prozent Sandkohle und beim Einäschern 0,6 Prozent Kieselthon. In der Wassersiedhitze getrocknet, verliert diese

Kohle 0,8 Prozent; sie enthält also auch in diesem Zustande nur etwa 0,6 Prozent erdige Gemengtheile.

Resultate der Zersetzung von 0,1 Gr. in der Wassersiedhitze getrocknet. 9,8 Kubikzoll kohlensaures Gas, worin sich 0,09602 Kohle befinden. Nicht absorbirt wurden 0,49 Kubikzoll Gas. Die Gewichtszunahme der mit salzsaurem Kalk gefüllten Röhre ließ sich kaum mehr durch die Waage auffinden; sie mogte 0,004 Gramm betragen, ein Gewicht welches einem Wasserstoffgehalt von 0,00044 entsprechen würde. Die 0,1 Gr. Steinkohle enthalten 0,0006 erdige Bestandtheile. Von den 0,1 Gr. wären also nachgewiesen 0,09602 + 0,00044 + 0,0006 = 0,09706, so daß 0,00294 fehlen, welche als Sauerstoff zu betrachten sind.

Die Sandkohle von der Zeche Hundsnocken würde folglich zusammengesetzt seyn, aus:

96,02 Kohlenstoff	oder, ohne Rücksicht auf den Aschengehalt aus:
0,44 Wasserstoff	96,60 Kohlenstoff
2,94 Sauerstoff	0,44 Wasserstoff
0,60 Erdigen Gemengtheilen	2,95 Sauerstoff
100	100.

IX. Sogenannte Kennelkohle aus England. Der Geburtsort ist nicht näher angegeben. Das zur Analyse angewendete Stück ist von einem Exemplar genommen, welches sich in der Sammlung der Ober-Berghauptmannschaft im Ministerio des Innern zu Berlin befindet. Zwar bewahrt die große Königliche Mineralien Sammlung zu Berlin mehrere Exemplare von Kennelkohle, welche ausdrücklich mit der Etiquette: „Wigan in Lancashire" versehen sind, allein keines derselben giebt so ausgezeichnete Backkoaks bei der trocknen Destillation wie jene Kohle. Mehrere hinterlassen Sinterkohle, oder wohl sogar Sandkohle und nähern sich der Zusammensetzung der Steinkohlen

No. III., No. IV., oder No. V.*) Es kam mir darauf an, die Zusammensetzung einer sehr backenden Kennelkohle zu erfahren, welche bei der Gasbeleuchtung allen andern Steinkohlarten vorgezogen wird. Das untersuchte Exemplar besitzt alle Eigenschaften der Wernerschen Kennelkohle. Sie hat eine dunkel schwarzbraune Farbe; einen ebenen Bruch, ins flach muschliche übergehend, sie ist matt, ohne alles Glanzes beraubt zu seyn, fast wie Ebenholz. Dabei ist sie sehr fest, spröde und hart. Spec. Gewicht 1,1652. Bei der trocknen Destillation hinterläßt sie 51 Prozent stark aufgeblähte Backkoaks und giebt beim Einäschern 0,5 Prozent Asche, welche aus Kieselthon besteht. In der Wassersiedhitze getrocknet verliert sie 1,6 Prozent.

Resultate der Zersetzung von 0,1 Gr. in der Wassersiedhitze getrocknete Kennelkohle. 7,6 Kubikzoll kohlensaures Gas, worin sich 0,07447 Kohle befinden. Der nicht absorbirte Gasrückstand betrug 0,51 Kubikzoll. Die mit salzsaurem Kalk angefüllte Glasröhre hatte eine Gewichtsvermehrung von 0,049 erhalten, wodurch sich der Wasserstoffgehalt

---

*) Im Allgemeinen läßt sich annehmen, daß diejenige Steinkohle, welche in den oryktognostischen Systemen nach ihren äußeren Kennzeichen als Kennelkohle aufgeführt wird, eine Steinkohle von geringem, oder höchstens von mittlerem Kohlengehalt ist, welche eine ziemlich homogene, und durch Beimengung von Steinkohle mit bedeutend verschiedenem (größerem) Kohlengehalt, nicht ungleichartig gewordene Masse bildet. Wie ungleich verschieden dabei aber das Verhältniß des Sauerstoffs zum Wasserstoff seyn kann, geht aus dem Verhalten der zurück bleibenden Koaks hervor, und eine Kennelkohle kann von der anderen daher in ihren Eigenschaften und in ihrer technischen Anwendbarkeit viel mehr abweichen als von einer Schieferkohle oder Blätterkohle.

zu 0,00542 ergiebt. In den 0,1 Gramm Kennelkohle befinden sich 0,0005 erdige Gemengtheile; es fehlen also 0,1 — (0,07447 + 0,00542 + 0,0005) = 0,01961, welche als Sauerstoff zu betrachten sind. Die sehr backende Kennelkohle aus England ist daher zusammengesetzt aus:

74,47 Kohlenstoff	oder, ohne Rücksicht auf die erdigen Bestandtheile aus:
5,42 Wasserstoff	74,83 Kohlenstoff
19,61 Sauerstoff	5,45 Wasserstoff
0,50 Erdigen Bestandtheilen	19,72 Sauerstoff
100	100.

X. Steinkohle von Newcastle. Diese Kohle giebt zwar keine besonders stark aufgeblähte, aber doch lockere Backkoaks. Sie ist diejenige von den Newcastler Steinkohlen, welche als eine vorzüglichere Sorte nach Deutschland gebracht wird. Die näheren Umstände ihres Vorkommens sind mir nicht bekannt. Ihrem äußern Ansehen nach schien sie zwischen den Kohlen No. V. und VI. in der Mitte zu stehen, welches die Analyse auch bestätigt hat. Sie würde als eine Uebergangskohle zwischen Blätterkohle und Pechkohle zu betrachten seyn. Die Farbe ist fast dunkelschwarz, der Pechglanz ist vorwaltend. Die Kohle ist mehr mürbe als fest und dabei weich. Das spec. Gewicht = 1,2563. Sie hinterläßt beim Einäschern 0,85 Prozent Erden und giebt bei der trocknen Destillation 68,5 Prozent Backkohle. In der Wassersiedhitze verliert diese Kohle 1,5 Prozent am Gewicht und enthält in diesem Zustande 0,863 Prozent Erden.

Resultate der Zersetzung von 0,1 Gr. Newcastler Steinkohle, in der Wassersiedhitze getrocknet. 8,6 Kubikzoll kohlensaures Gas, worin sich 0,084263 Gr. Kohle befinden. Nicht absorbirt wurden 0,49 Kubikzoll Gas. Die mit salzsaurem Kalk angefüllte Glasröhre hatte ihr Gewicht um

0,029 Gr. vermehrt, welche Gewichtsvermehrung einem Wasserstoffgehalt von 0,003207 entspricht. In 0,1 Gr. befinden sich 0,000863 Erden. Es fehlen also 0,1 — (0,084263 + 0,003207 + 0,000863) = 0,011667, welche für Sauerstoff anzusehen sind. Die Newcastler backende Steinkohle ist folglich zusammen gesetzt aus:

84,263 Kohlenstoff	oder, ohne Rücksicht auf den Erdengehalt, aus:
3,207 Wasserstoff	84,99 Kohlenstoff
11,667 Sauerstoff	3,23 Wasserstoff
0,863 Erdigen Bestandtheilen	11,78 Sauerstoff
100	100.

XI. Steinkohle aus der Eschweiler Niederlage im Dürener Berg-Amts-Revier. Alle Steinkohlen aus der Eschweiler Mulde, welche auf mehreren Flötzen bebaut wird, zeichnen sich durch ihre starke backende Eigenschaft und dadurch aus, daß sie sich bei der trocknen Destillation sehr stark aufblähen. Diese Steinkohlen haben dabei die Eigenthümlichkeit, daß sie in der Wassersiedhitze nur 0,9 Prozent am Gewicht verlieren. Die liegenden Flötze der Mulde scheinen noch stärker backende Kohlen als die hangenden Flötze zu geben. Uebrigens kommen sie der Kohle No. VI. sehr gleich. Die Kohle vom liegendsten Flötz Gyr, welches eine Mächtigkeit von 24 — 30 Zoll besitzt, zeichnet sich besonders durch die stark aufgeblähten Backkoaks aus, welche bei der trocknen Destillation zurück bleiben. Das Probestück ist aus 50 Lachter Seigerteufe, östlich des Christinenschachtes genommen. Das spec. Gewicht = 1.3005. Im lufttrocknen Zustande giebt diese Kohle 81,5 Backkoaks und beim Einäschern 1,17 Prozent Asche. Weil die Kohle in der Wassersiedhitze 0,9 Prozent verliert, so enthält sie in diesem Zustande 1,18 Prozent Erden.

Resultate der Zersetzung von 0,1 Gr. Steinkohle vom Flötz Gyr, in der Wassersiedhitze getrocknet. 9,1 Kubikzoll kohlensaures Gas, worin sich 0,0891614 Kohle befinden. Nicht absorbirt wurden 0,53 Kubikzoll Gas. Die Gewichtszunahme der mit salzsaurem Kalk angefüllten Röhre betrug 0,029 Gr. welcher Gewichtsvermehrung ein Wasserstoffgehalt von 0,003207 entspricht. Es befinden sich in 0,1 Gr. von dieser Steinkohle 0,001988 erdige Gemengtheile, folglich fehlen 0,1—(0,0891614+0,003207+0,00118)=0 0064516, welche als Sauerstoff zu berechnen sind. Die Eschweiler Backkohle vom Flötz Gyr ist folglich zusammengesetzt, aus:

89,1614 Kohlenstoff	und ohne Rücksicht auf den Erdengehalt, aus:
3,2070 Wasserstoff	90,22 Kohlenstoff
6,4516 Sauerstoff	3,24 Wasserstoff
1,18 Erdigen Gemengtheilen	6,54 Sauerstoff
100	100.

Die Resultate der vorstehenden Analysen werden, wie ich hoffe, einen genügenden Aufschluß über die Natur der Braunkohle und der verschiedenen Steinkohlenarten gewähren, und eine Anweisung geben, worin der Grund ihres verschiedenen Verhaltens zu suchen ist. Es kann diesen Untersuchungen wohl der Vorwurf gemacht werden, daß die Natur des vom Aetzammoniak nicht absorbirten Gases nicht bestimmt worden ist. Die große Uebereinstimmung in der Quantität bei den verschiedenen Versuchen zeigt indeß, daß das Gas zum größten Theil nur atmosphärische Luft aus den Leitungsröhren, und daß der Stickstoffgehalt so unbedeutend gewesen ist, daß er wenigstens als ohne Einfluß auf die Beurtheilung der Zusammensetzung der verschiedenen Kohlenarten betrachtet werden kann.

Wichtiger noch ist aber die Frage, ob die aufgefundenen

Bestandtheile in einem solchen Verhältniß zu einander stehen, daß sie sich auf bestimmte Verhältnißgewichte zurück führen lassen. Es ist kein Grund vorhanden, die Nothwendigkeit eines solchen Verhaltens zu läugnen, denn die organischen Substanzen welche den Stoff zu den veränderten Bildungen hergaben, wurden durch ihren Untergang, bei allen später eintretenden Veränderungen, ganz den chemischen Gesetzen unterworfen und der Lebensprozeß konnte diese Gesetze nicht mehr modificiren. Versucht man aber, bestimmte Mischungsverhältnisse zwischen dem Kohlenstoff, Wasserstoff und Sauerstoff aus den gefundenen Quantitäten auszumitteln, so wird man, um die Ausdrücke in ganzen Zahlen zu erhalten, zu so großen und abweichenden Verhältnißzahlen geführt, daß keine Wahrscheinlichkeit zu dem Vorhandenseyn von chemischen Verbindungen nach solchen Verhältnissen vorhanden ist. Sollte aber der chemische Prozeß, bei Substanzen die einer solchen Mischungsveränderung unterlagen, wie die Pflanzenfaser bei ihrem Uebergange in Braun- und Steinkohle, nicht alle Augenblicke durch Umstände mancherlei Art haben gestöhrt werden können? und sollten daher die verschiedenen Kohlenarten nicht als Substanzen betrachtet werden müssen, welche die Natur uns in einem noch nicht vollendeten Zustande übergeben hat und au deren Bildung und Veränderung sie noch jetzt vielleicht arbeitet? Dann würden freilich alle Braun- und Steinkohlen nur als mehr oder weniger vorgeschrittene Uebergänge aus der unzersetzten Pflanzenfaser in reine Kohle erscheinen, und dann würden der Anthracit und der Graphit als Körper zu betrachten seyn, welche die Natur dem Ziele schon mehr oder weniger nahe gebracht hat.

Niemand wird aus einer solchen Ansicht die Folgerung ableiten, daß alle Braun- und Steinkohlen, nach einer Reihe von Jahrtausenden, in Graphit oder in Anthracit verändert seyn werden. Denn wenn der Ausbildungsproceß wirklich nicht so gestöhrt ist, daß man ihn sich als noch fortschreitend denken kann; so sind doch die Wege auf denen die Natur zum Ziel gelangt, in den verschiedenen Perioden der Bildung sehr verschieden. Die reine Kohle aus dem Braunkohlengebirge würde daher, wenn sie einmal vorkäme, wahrscheinlich in einem ganz andern Zustande erscheinen, als die reine Kohle aus dem Steinkohlengebirge, und diese wieder anders als die aus dem Urgebirge, in welchem die Kohle schon jetzt ihre Vollendung erlangt zu haben, oder derselben wenigstens sehr nahe gebracht worden zu seyn scheint.

Die Annahme, daß die Steinkohle wirklich ein in ihrer weiteren Ausbildung gestöhrter und daher möglicherweise noch jetzt im Biltungsprozeß fortschreitender Körper sey, ist wohl mehr als eine bloße Vermuthung. Veränderungen der Kohlensubstanz auf der unverritzten Lagerstätte der Steinkohlen selbst zu erfahren, dazu ist keine Hoffnung vorhanden. Dagegen ist es eine bekannte Erfahrung, die sich in jeder Steinkohlengrube stets und ohne Ausnahme wiederhohlt, daß die Steinkohlen an solchen Stellen in den Gruben, die durch Strecken und Oerter sehr aufgeschlossen werden, eine Veränderung erleidet, welche auffallender noch bemerkbar wird, wenn die aus der Grube geförderten Kohlen einige Zeit der Einwirkung der Atmosphäre ausgesetzt bleiben. Es wird sich später Gelegenheit finden, auf diese Veränderungen zurück zu kommen. Setzt man mit dieser einfachen Erfahrung die zweite in Verbindung, daß man die Veränderung des Mischungsverhältnisses der noch unzersetzten Pflanzenfaser sowohl, als die der Steinkohle, künstlich, und fast mögte man glauben nach Belieben, modificiren kann, je nachdem man sie einer mehr oder weniger erhöheten Temperatur aussetzt, indem sich alsdann Verbindungen bilden, die für diese Temperatur constant bleiben, Verbindungen also, die auf die Möglichkeit einer fast unendlichen Ver-

schieden-

schiedenheit der Mischungsverhältnisse schließen lassen; so kann es weiter nicht befremden, wenn sich in der Zusammensetzung der Steinkohlen das Gesetz der Bildung nach bestimmten Verhältnissen, welches in keinem vollkommen ausgebildeten unorganischen Körper bis jetzt vermißt worden ist, nicht mehr auffinden läßt. Es kann dies um so weniger befremden, als selbst bei den unorganischen Verbindungen, die durch Kohäsionsverhältnisse in ihrer Ausbildung gestöhrt worden sind, sehr häufig Beispiele von Vereinigungen nach unbestimmten Mischungsverhältnissen angetroffen werden.

Uebersehen wir indeß die Resultate der Analysen, so ergiebt sich sehr bald, daß das relative Verhältniß der Menge des Kohlenstoffes zu der des Sauer- und Wasserstoffes in den verschiedenen Kohlenarten, über die Beschaffenheit der bei der trocknen Destillation zurück bleibenden Kohle nicht entscheidet. Wir sehen den Gehalt an Kohlenstoff von 76 bis über 96 Prozent steigen. Die Bestandtheile der Steinkohle welche nicht Kohlenstoff sind, können also noch weniger als 4 Prozent betragen und die Kohle trägt noch immer die unverkennbaren Charaktere der Steinkohle an sich; ja man mögte sagen, sie nähert sich in ihrem äußeren Ansehen um so mehr der Braunkohle, je mehr ihr Kohlenstoffgehalt abnimmt. Es wird nicht ohne Interesse seyn, die Verhältnisse des Sauerstoffes und des Wasserstoffes zum Kohlenstoff in den verschiedenen Kohlenarten näher ins Auge zu fassen, und dabei, zur Erleichterung der Uebersicht, den Kohlenstoffgehalt als Einheit der Vergleichung zum Grunde zu legen. Nehmen wir, mit Berzelius das Mischungsgewicht des Sauerstoffs = 100, das des Kohlenstoffs = 75,33 und das des Wasserstoffs = 6,217 an, so finden sich:

1000 Mischungsgewichte Kohlenstoff in folgenden Körpern:	verbunden mit Mischungs-Gewichten Sauerstoff	Wasserstoff
Im Buchenholz, nach der Analyse von Gay-Lussac und Thenard 51,45 Kohlenstoff, 5,82 Wasserstoff, 42,73 Sauerstoff .	625	1376
In dem fossilen Holz welches in Braunkohle übergeht.	363	955
In der gemeinen Braunkohle von Uttweiler.	181	402
— — Sandkohle von der Leopoldinen-Grube.	209	455
In der Sinterkohle von der Königsgrube.	171	498
— — Backkohle von Wellesweiler.	146	479
— — Backkohle von der vereinigten Sälzer und Neuacker Zeche . .	69	441
In der Sinterkohle von der Zeche Rottekampsbank	47	146
In der Sandkohle von der Zeche Hundsnocken	23	55
In der backenden Kennelkohle aus England	199	886
In der Backkohle von Newcastle .	104	462
— — — — Eschweiler .	54	437

Diese Uebersicht zeigt auffallend das überwiegende Verhältniß des Sauerstoffes und des Wasserstoffes zum Kohlenstoff in der unveränderten Pflanzenfaser, und die Abnahme desselben in der Braun und Steinkohle; aber auch zugleich, daß diese Abnahme nicht in einem gleich bleibenden Verhältniß zwischen dem Sauerstoff und dem Wasserstoff statt gefunden hat. Deutlicher wird sich dies Verhältniß des Sauerstoffs zum Wasserstoff übersehen lassen, wenn man den einen oder den andern von beiden Körpern bei der Vergleichung zur Einheit annimmmt.

Es sind nämlich verbunden:

1000 Mischungsgewichte Sauerstoff, in folgenden Körpern	Mit Mischungsgew. Wasserstoff
Im Buchenholz	2190
In dem fossilen Holz welches in Braunkohle übergeht.	2620
— der Gemeinen Braunkohle	2114
— — Sandkohle von der Leopoldinengrube . .	2171
— — Sinterkohle von der Königsgrube . .	2901
— — Backkohle von Wellesweiler	3554
— — Backkohle von der vereinigten Sälzer und Neuacker Zeche	6356
In der Sinterkohle von der Zeche Nottekampsbank .	3070
— — Sandkohle von der Zeche Hundsnocken . .	2400
— — backenden Kennelkohle aus England . .	4444
— — Backkohle von Newcastle	4402
— — Backkohle von Eschweiler	7965

Aus der Vergleichung beider Uebersichten ergiebt sich, daß die mehr oder weniger backende Eigenschaft der Steinkohlen bloß durch das Verhältniß des Sauerstoffes zum Wasserstoff bedingt wird, und daß der Kohlengehalt sich ganz unthätig dabei verhält.

Die Beschaffenheit und die Menge der bei der trocknen Destillation der Steinkohlen zurück bleibenden Kohle, werden daher auch einen ziemlich sicheren Schluß auf die Zusammensetzung der Steinkohle gestatten. Und wenn wir nun die Erfahrung machen, daß die Menge und die Beschaffenheit der bei der trocknen Destillation zurück bleibenden Kohle so unendlich verschieden sind, daß bei der Anwendung eines möglichst gleichen Hitzgrades, bald einige 50, bald einige 90 Prozent Kohle, einmal in dem Zustande des feinsten Pulvers, und dann, durch alle Nuancirungen des gesinterten in den des zusammengebackenen und fast zu einem schwarzen Schaum veränderten Zustandes, zurück bleiben; so kann man es wohl als erwiesen ansehen, daß kaum eine Kohle mit der andern in der Zusammensetzung völlig übereinstimmt, und daß alle in ihren Mischungsverhältnissen den hier untersuchten sich nur mehr oder weniger nähern werden, ohne jemals eine gänzliche Uebereinstimmung der Bestandtheile erwarten zu können.

Fragt man nach dem chemischen Unterschied der Braunkohle und der Steinkohle, so fällt die Antwort sehr ungenügend aus. Die Braunkohle, in dem Zustande in welchem sie Gagat oder Pechkohle genannt wird, stimmt in dem äußern Ansehen so sehr mit einigen Pechkohlen, die wirklich Steinkohlen sind, überein, daß beide sich nur durch ihre Umgebungen unterscheiden lassen. Die chemische Zusammensetzung entspricht dieser äußern Uebereinstimmung, wenn man nicht etwa einen unbedeutend größern Wasserstoffgehalt der Steinkohle als einen chemischen Unterschied zwischen beiden gelten lassen will. Der Geruch beim Verbrennen, oder bei der trocknen Destillation, gewährt das sicherste Unterscheidungskennzeichen. Aber woher kommt es, daß zwei Körper, deren Bestandtheile fast gar nicht von einander verschieden sind, und die auch bei der trocknen Destillation fast ganz übereinstimmende Produkte geben, sich doch noch durch den eigenthümlichen Geruch der ölartigen Flüssigkeit unterscheiden lassen, welche bei ihrer Zerstöhrung erzeugt wird. Sind wirklich die höchst geringen Abweichungen in den Verhältnissen des Wasserstoffes zum Sauerstoff schon hinreichend, um die durch den Geruch so leicht bemerkbaren Verschiedenheiten der ölartigen Flüssigkeiten, die sich beim Verbrennungsprozeß entwickeln, hervorzubringen? Oder ist es die Verschiedenheit des Kohärenzzustandes, welche einmal eine andere Temperatur als das andere mal zur Zersetzung bedingt, so daß die Verschiedenartigkeit des Produkts, in der Verschiedenartigkeit der Temperatur, welche zu seiner Bildung erfordert wird, ihre Erklärung fände? Je mehr der Kohlengehalt der Braunkohle abnimmt und je mehr diese sich dem fossilen Holze nähert, desto mehr entspricht das äußere Ansehen der inneren Zusammensetzung, indem die Bestandtheile sich immer mehr den Verhältnissen nähern, welche in der unveränderten Pflanzenfaser angetroffen werden. Diese Uebereinstimmung des äußeren Ansehens mit der innern Zusammensetzung, oder mit den Verhältnissen der Bestandtheile, ist so groß, daß sie auch bei der Steinkohle sehr deutlich wahrgenommen werden kann.

Steinkohlen mit geringem Kohlengehalt haben eine mehr braune als schwarze Farbe; es fehlt ihnen der Glanz; sie sind in einem hohen Grade spröde und fest, man kann wohl sagen zähe, und es bedarf oft einer genaueren Prüfung, um sie von Braunkohle zu unterscheiden. So würde man manche Arten von Kennelkohle beim ersten Anblick eher für eine feste Holzart als für Steinkohle zu halten geneigt seyn. Mit der Zunahme des Kohlenstoffverhältnisses tritt die schwarze Farbe deutlicher hervor und der Glanz wird stärker, ist aber noch reiner Pechglanz; die Kohle ist zwar noch spröde, aber weniger fest und ihre Härte nicht viel größer als die der Kohle mit geringerem Kohlenstoffgehalt. Das Verhältniß des Kohlengehaltes nimmt noch mehr zu; die Kohle erscheint nun mit einer ausgezeichneten schwarzen Farbe; der Glanz ist bei einigen Arten mehr seidenartig, bei andern mehr glasartig als eigentlicher Pechglanz; die Kohle ist weniger fest, hat aber an Härte gewonnen und wird bei immer zunehmendem Kohlengehalt stets härter und in demselben Verhältniß auch spröder, glänzender und einer Kohle, durch die Art des Glanzes, so unähnlich, daß man sie für eine solche nicht mehr zu halten geneigt ist. Abermals muß ich hier an die sogenannten Anthracite von Schönfeld und Lischwitz erinnern, die nichts weiter sind als Steinkohle mit überwiegendem Kohlengehalt. Sie verlieren, in der Wassersiedhitze getrocknet, beim Glühen gegen 3 Prozent*). Will man sie vermittelst des Kupferoxyds zersetzen, so erfordern sie dazu eine so starke Hitze, daß die Glasröhre schmelzt. Aber ihr Wasserstoffgehalt läßt sich auf andere Weise darthun. Vermengt man die zerpulverten und in der Wassersiedhitze getrockneten Anthracite mit Schwefelpulver, das von aller Feuchtigkeit ebenfalls völlig frei ist, und setzt man dies Gemenge einer starken Glühhitze in einem gläsernen, mit einem Leitungsrohr versehenen Kolben aus; so entwickelt sich Schwefelwasserstoffgas, welches aus einer Auflösung des Kupfervitriols Schwefelkupfer niederschlägt. Das Schwefelwasserstoffgas kann einer zufällig mechanisch anhängenden Feuchtigkeit seine Entstehung nicht verdanken, denn in der starken Hitze in welcher die Gasentwickelung erst beginnt, würde sich die Feuchtigkeit schon längst verflüchtigt haben. Man wird daher genöthigt, zuzugeben, daß das Verhältniß des Sauerstoffs und des Wasserstoffes zum Kohlenstoff in den Steinkohlen zuletzt so abnehmen kann, daß Verbindungen mit Mischungsgewichtsverhältnissen entstehen, von denen bei den unorganischen Verbindungen bis jetzt noch keine Beispiele bekannt geworden sind.

Will man eine schwer verbrennliche Steinkohle mit halbmetallischem Glanz Anthracit nennen, so ist dagegen nichts weiter zu sagen, als daß es nöthig sein wird, dem

*) Ganz übereinstimmend mit den so genannten Anthraciten von Schönfeld und von Lischwitz, verhält sich der Anthracit aus dem Uebergangskalk bei Visé, nördlich von Lüttich an der Maaß, im Liegenden des dortigen Steinkohlengebirges. Auch dieser Anthracit ist nichts weiter als eine Steinkohle mit außerordentlich großem Kohlengehalt.

wirklichen Anthracit einen anderen Namen zu geben. Der Aschengehalt den die reine Kohle von Lischwitz und Schönfeld beim Verbrennen zurück lassen, beträgt selten mehr als 2 Prozent. Dieser Rückstand ist Kieselthon und etwas Eisenoxyd und kann den Kohlen zum Theil durch anhaltendes Sieden mit Salzsäure entzogen werden. Er ist, wie alle Steinkohlenasche, ein zufälliger Gemengtheil, und keineswegs ein wesentlicher Bestandtheil dieser Kohlen.

Eine Kohle, die so sehr ein nothwendiger Begleiter aller Steinkohlen zu seyn scheint, daß sie bei den Steinkohlenbildungen gewiß niemals fehlt, bei den Braunkohlenbildungen aber niemals angetroffen wird, ist die sogenannte Faserkohle, oder die mineralische Holzkohle, auch fasriger Anthracit genannt. Diese Kohle ist durch ihre fasrige Struktur und durch die Verhältnisse unter welchen sie in der Regel in der übrigen Steinkohlenmasse vorkommt, so ausgezeichnet, daß sie durch einen besondern Namen unterschieden zu werden verdiente. Gewöhnlich wird diese Kohle für höchst schwer zerstöhrbar im Feuer gehalten, weshalb sie auch als Anthracit betrachtet wird. Die nähere Untersuchung zeigt, daß der Kohlengehalt derjenigen Faserkohle, welche von der übrigen Steinkohlenmasse eines Flötzes ganz abgesondert, in, mit der Schichtung des Flötzes stets aufs genaueste parallelen, Schichten vorkommt, welche zuweilen kaum eine viertel Linie, zuweilen aber über einen Zoll stark sind, — daß der Kohlengehalt dieser Faserkohle, allerdings bedeutend größer ist, als der der übrigen Steinkohlenmasse, aus welchem das Flötz zusammen gesetzt ist. Es kann aber bei näherer Untersuchung nicht entgehen, daß die Faserkohle auch zur Bildung der Steinkohlenmasse selbst beigetragen hat, und daß ein großer Theil der letztern aus derselben Pflanzenfaser besteht, welche der Faserkohle, deren Abdrücke sich in der Kohlenmasse noch erhalten haben, ihre Entstehung gab. Die Faserkohle ist alsdann mit der ganzen Kohlenmasse zusammengewachsen, oder vielmehr mit derselben so genau eine und dieselbe Substanz, daß nur die zurück gebliebenen Abdrücke, das frühere Vorhandenseyn derjenigen Pflanzenfaser, welche im abgesonderten Zustande die Faserkohle bildete, zu erkennen geben. Es scheint, daß die Faserkohle aus besonderen Theilen der ursprünglichen Pflanzenfaser gebildet worden sey, welche früher als die übrigen Theile der Pflanze, eines Theils ihres Sauer- und Wasserstoffs beraubt ward. Möglich ist es aber auch, daß ganz andere Gewächse das Material zur Faserkohle, und wieder andere das zu der übrigen Steinkohlenmasse hergaben, und daß da, wo die ersteren sich stark anhäuften, keine Assimilation der ganzen Masse erfolgen konnte. Sehr merkwürdig ist es immer, daß die isolirt vorkommende, und nicht in die übrige Steinkohlenmasse mit eingegangene Faserkohle, in ihren Lagen und Schichten, welche die ganzen Steinkohlenflötze häufig in regelmäßige Bänke theilen, stets der Fallungsebene des Flötzes folgt und diesen Parallelismus so genau beobachtet, daß sich an jedem Kabinetsstück die Schichtungsebene des Flötzes, aus den Lagen der Faserkohle, deutlich erkennen läßt.

Die Faserkohle ist keinesweges so schwer verbrennlich als man allgemein annimmt. Unter der Muffel eines Probierofens verbrennt sie mit starker Flamme, zum Beweise daß sie von dem Zustande der reinen Kohle sehr weit entfernt ist. Die durch die trockne Destillation aus der Faserkohle dargestellte Kohle, ist ungleich leichter zerstöhrbar als es die Koaks aus backenden Kohlen sind. In dem Gestell eines Hohenofens widersteht sie freilich, bei starker Anhäufung, den Wirkungen des heftigsten Gebläses und kommt als feiner Kohlenstaub, — als sogenannte Lösche, — scheinbar unverändert wieder zum Vorschein; allein ein gleicher Erfolg würde statt finden, wenn sich das Gestell mit Holzkohlenstaub anfüllte. Das größere specifische Gewicht der

Faserkohle verursacht nur, daß der Windstrohm in eine Masse von Faserkohle noch weniger leicht als in zusammengehäuftes Holzkohlenpulver eindringen kann, und daher erfolgt eben so wenig ein Verbrennen, als sich z. B. dicht über einander liegende Lagen von Papier leicht verbrennen lassen. Faserkohle die den Schacht und das Gestell eines Hohenofens passirt hat, und mit den Schlaken ausgearbeitet wird, hat dieselbe Veränderung erlitten, welcher sie bei der trocknen Destillation unterworfen ist, d. h. sie ist verkohlt, konnte aber wegen Mangel an Sauerstoffgas, obgleich in der starken Hitze auf ihrer Oberfläche dem Windstrohm ausgesetzt, nicht verbrennen. Es ist also nur der staubartige und pulvrige Zustand, welcher sie scheinbar unverbrennlich und für den Hohenofenprozeß unter manchen Umständen gefährlich macht. Bringen doch sogar ganz kleine, und daher sehr dicht und fest über einander liegende Koaks einen ähnlichen, wenn gleich nicht bis zu einem so hohen Grade gesteigerten Erfolg hervor.

Dieselbe Verschiedenartigkeit welche sich in der Zusammensetzung der Steinkohlen zeigte, findet sich bei der Zusammensetzung der Faserkohle wieder. Weit entfernt daß in der Faserkohle stets dasselbe Verhältniß ihrer Bestandtheile gefunden würde, unterscheidet sie sich, wenn sie im isolirten Zustande zwischen der übrigen Steinkohlenmasse vorkommt, von dieser nur durch den ungleich größeren Kohlengehalt; allein in ihrer Zusammensetzung richtet sie sich nach dem Verhältniß der Bestandtheile der Kohlenmasse, zwischen welcher sie abgelagert ist. Dieser Umstand beweist, daß gleiche Umstände bei der Bildung der Steinkohle und der Faserkohle thätig waren, daß die letztere aber in der Ausbildung schnellere Fortschritte machte, wovon der Grund nur in der ursprünglichen Beschaffenheit der Pflanzenfaser gesucht werden kann. Ich habe ganz reine Faserkohle, von sehr verschiedenen Geburtsorten untersucht, und dies Verhalten immer bestätigt gefunden. Als Beispiele führe ich folgende sechs Punkte an:

100 Theile Faserkohle aus folgenden Gruben, hinterlassen bei der trocknen Destillation	Kohle	worin sich befinden		100 Theile Steinkohlen von eben diesen Punkten hinterlassen Kohle, nach Abzug der Asche.
		Asche	reine Kohle	
Von der Zeche Glücksburg bei Ibbenbühren, Maschinen-Schacht No. 2	96	2,8	93,2	87,9 Sandkohle
Eben daher, Amalien-Schacht No. 4 .	95,3	2,2	93,1	81,0 Backkohle
Von der Zeche Silberbank in Westphalen	97,4	1,66	95,74	91,4 Sandkohle
Vom 3ten Flötz der Glückhilf-Grube bei Waldenburg; Bülow-Schacht	91,9	3,95	37,95	59,8 Backkohle
Vom Heinzmann-Flötz der Königsgrube in Oberschlesien . .	89,85	7,55	82,30	63,2 Sinterkohle
Von Pottschapl bei Dresden	79,33	1,3	78,03	41,0 Backkohle

Wenn man berücksichtigt, daß die Backkohlen bei der trocknen Destillation, wegen des größern Wasserstoffgehaltes, verhältnißmäßig immer weniger Kohle hinterlassen als die Sinter- und Sandkohlen, welche mit ihnen auf einer Stufe des wirklichen Kohlenstoffgehaltes stehen; so wird es noch einleuchtender, daß der durch die trockne Destillation darstellbare Kohlengehalt der Faserkohle, sich ganz nach der Beschaffenheit der Steinkohle richtet, mit welcher sie zusammen vorkommt. Außerdem ergiebt sich aber aus dieser Zusammenstellung eine Differenz des durch die trockene Destillation aus der Faserkohle darstellbaren Kohlengehaltes von 78,03 bis zu 95,74 Prozent. Die Faserkohle enthält folglich oft ungleich weniger Kohlenstoff als manche Steinkohle, und aus der staubartigen Beschaffenheit der beim Verkohlen zurück bleibenden Kohle ist zu schließen, daß das Verhältniß des Sauerstoffes das des Wasserstoffes bedeutend überwiegen muß. Die mehrste Faserkohle scheint sich in ihrer Zusammensetzung der unter No. VIII. analysirten Steinkohle zu nähern, indeß ist mir unter allen Steinkohlen in der Preußischen Monarchie keine vorgekommen, die beim Verkohlen 78 Prozent Sandkohle hinterließe, sondern der darstellbare Kohlengehalt ist immer um mehrere Prozente größer oder geringer ausgefallen. Der Wasserstoffgehalt der Faserkohle giebt sich durch die starke Entwickelung von Schwefelwasserstoffgas, beim Glühen mit Schwefel, sehr leicht zu erkennen. Die Faserkohle zeigt in einem sehr auffallenden Grade, daß, bei der Steinkohlenbildung, einige Theile der Pflanzenfaser schneller als andere, in der Verkohlung vorgerückt sind. Aber bei der Steinkohlenmasse selbst findet sich ein ganz ähnliches abweichendes Verhalten in dem Verhältniß des Kohlenstoffs zu den anderen Bestandtheilen, welches um so deutlicher hervortritt, je weniger Sauerstoff und Kohlenstoff überhaupt abgeschieden worden sind, oder je mehr sich die Steinkohlenmasse ihrem ursprünglichen Zustande nähert. Daher ist auch nur bei den Steinkohlen die an Kohlenstoff sehr reich sind, eine ziemliche Gleichartigkeit der Masse zu bemerken. Alle Steinkohlen mit geringem Kohlenstoffgehalt bestehen aus einem Gemenge von Kohlen, die reicher und ärmer an Kohlenstoff sind. Die ersteren haben eine pechschwarze Farbe, Pechglanz, der gewöhnlich ausgezeichnet stark ist, einen muschlichen Bruch und sind sehr spröde, ohne fest zu seyn. Die Farbe der letzteren ist mehr bräunlich, der Glanz fehlt, der Bruch ist eben, und zuweilen flachmuschlich; die Kohle ist fest und spröde. Beide Kohlenarten sind zuweilen mit und in einander verwachsen, wenn der Kohlenstoffgehalt der Kohle überhaupt schon größer geworden ist; zuweilen sind sie in parallel über einander abgelagerten Schichten getrennt, wenn die Kohle arm an Kohlenstoff ist. Beide Arten, nämlich jene schwarze Kohle mit starkem Pechglanz, und diese bräunlich schwarze und matte Kohle, scheinen dabei immer dasselbe Verhältniß des Sauerstoffs zum Wasserstoff beizubehalten, und nur das dieser beiden Bestandtheile zum Kohlenstoff verändert zu haben; denn, wenn die eine derselben eine Sandkohle, Sinterkohle oder Backkohle ist, so ist es auch die andere. Die Härte dieser Kohlen ist besonders von dem Verhältniß des Wasserstoffs zum Sauerstoff abhängig. Je mehr der Wasserstoff hervortritt, desto mehr nimmt die Kohle an Härte ab, wobei sich die Festigkeit aber immer nach dem Verhältniß des Sauer- und Wasserstoffs zum Kohlenstoff richtet, und dann am größten zu seyn scheint, wenn das Verhältniß des Kohlenstoffs zu dem Sauer- und Wasserstoff das geringste ist. In den mehrsten Fällen sind die Schichten welche durch das Gemenge beider Kohlenarten gebildet worden, ziemlich dünne, und zuweilen so schwach, daß sie sich nur durch die Verschiedenheit des Glanzes unterscheiden lassen.

Es kommen aber Fälle vor, wo die Schichten der einen oder der anderen Kohlenart so stark werden, daß sie eine, oft mehrere Zoll dicke gleichartige Masse bilden, welche durch Lagen der anderen Kohlenart nicht unterbrochen, wenn gleich zuweilen, — und bei der glänzenden Art fast ohne Aüsnahme, — durch Kluftflächen zerspalten und zerrissen werden. Diese Zerklüftungs- oder Ablosungsflächen sind zuweilen so fein, daß sie sich nur beim Zerschlagen der Kohle auf der Bruchfläche erkennen lassen; zuweilen bilden sie aber weite Spalten, die theils leer, theils mit fremdartigen Substanzen gangartig ausgefüllt sind, und die Kohlensubstanz in rhomboedrische Massen zertheilen. Niemals sind diese Klüfte parallel der Schichtung des Flötzes, sondern sie durchschneiden die Richtung der Schichtung, sowohl streichend als fallend, unter Winkeln die sich dem rechten nähern. Dies Verhalten zeigt wohl sehr deutlich, daß die Klüfte nichts anderes sind, als Spalten die beim Trockenwerden einer teigartigen Substanz gebildet wurden. Bei den Steinkohlen mit sehr großem Kohlengehalt, sind es nur diese Kluftflächen, und die Schichten von Faserkohle, aber kaum mehr die Verschiedenartigkeit der Kohlenmasse selbst, — welche sich nun überall schon dem vollendeten Zustande nähert, — wodurch der Zusammenhang der Kohlensubstanz unterbrochen wird. Auch hier sind die Kluftflächen niemals parallel mit der Schichtung, sondern immer stehen sie auf der Fallungsebene des Flötzes, sowohl nach der Richtung des Streichens als des Fallens, beinahe senkrecht.

Auf eine noch andere Weise wird der Zusammenhang der Kohlenmasse, aber dann stets und ohne Ausnahme parallel mit der Schichtung, oder mit der Fallungsebene des Flötzes, durch Lagen von Faserkohlen aufgehoben, wodurch die Kohlenmasse in Bänke abgetheilt wird, deren Höhe von wenigen Linien bis zu mehreren Zollen abwechselt. Diese Lagen von Faserkohle werden (welches wohl Aufmerksamkeit verdient), durch die Ablosungsflächen der darüber oder darunter liegenden Kohlenmasse nicht durchsetzt.

Die Unterbrechung der Kohlenmasse, sey es durch mit einander wechselnde Schichten von kohlenstoffreicherer oder kohlenstoffärmerer Kohle, oder durch Kluftflächen, oder durch zwischen gelagerte Schichten von Faserkohle, entscheidet nicht selten über die größere oder geringere Anwendbarkeit der Steinkohle zu bestimmten Zwecken. Eine genauere Kenntniß des Verhaltens der Steinkohle in dieser Rücksicht, ist also nicht allein für den Techniker sehr wichtig, sondern sie bekommt auch noch dadurch Interesse, daß der oryktognostischen Eintheilung der Steinkohle in **Pechkohle**, **Schieferkohle**, **Kennelkohle**, **Blätterkohle**, **Stangenkohle** und **Grobkohle**, ganz allein dieses Verhalten der Kohlenmasse zum Grunde liegt. Ein Wechsel von Schichten von kohlenstoffreicherer und kohlenstoffärmerer Kohle, häufiges Durchsetzen von Ablosungsklüften oder von Trennungsflächen durch die Kohlenmasse, wohl sogar ein öfterer Wechsel von sehr dünnen Schichten von Faserkohle, die den Zusammenhang der übrigen Kohlenmasse aufhob, geben Veranlassung eine Kohle Schieferkohle oder Blätterkohle zu nennen, oder sie für in Schieferkohle übergehende Blätterkohle u. s. w. zu erklären, je nachdem jene Wechsel und Kluftflächen in geringerer oder größerer Menge vorhanden waren. Blieb sich die Beschaffenheit der Kohlensubstanz in stärkeren Lagen, dem äußeren Ansehen nach, gleich, so ward die kohlenstoffreichere Kohle mit Pechglanz und muschlichem Bruch Pechkohle, die kohlenstoffärmere, matte Kohle, Kennelkohle genannt. Beide Kohlenarten, nämlich die an Kohlenstoff ärmern und reichern, innig mit einander verwachsen, und nicht in übereinander liegenden Schichten getrennt, erscheinen in den oryktognostischen Systemen als Grobkohle.

Will man auf diese Absonderungen der Kohlenmasse einen solchen Werth legen, um darnach die Classifikation der Steinkohlenarten vorzunehmen, so mag es immerhin geschehen; nur ist nicht zu erwarten, daß der Name ein richtiges Bild von dem Körper, den er bezeichnen soll, vor die Augen führe. Eine Schieferkohle kann von der andern eben so sehr verschieden seyn, als zwei Pechkohlen, oder zwei Kennelkohlen, die nur in einigen Beziehungen eine Uebereinstimmung mit einander zeigen, in anderen aber sehr viel weiter von einander entfernt stehen, als eine Blätterkohle und eine Pechkohle, oder als eine Schieferkohle und eine Kennelkohle. Farbe, Glanz, Festigkeit und Härte sind freilich da, wo das specifische Gewicht, (wie es bei den Kohlenarten, wegen der zufälligen Beimengungen, der Fall ist) unzuverläßig wird, die einzigen Eigenschaften, von denen sich die äußeren Unterscheidungskennzeichen hernehmen lassen; allein auch diese scheinen bei den Steinkohlen dann nicht auszureichen, wenn die Forderung gemacht wird, daß mit der äußeren Charakteristik zugleich die innere Natur und die

Zusammensetzung der Kohle bestimmt sey. Die Schwierigkeit liegt jedoch vorzüglich nur darin, daß die Steinkohle fast immer ein Gemenge von wenigstens zwei verschiedenen Arten ist, die man als ein homogenes Ganzes betrachtet, keinesweges aber darin, daß die Steinkohle eine Ausnahme von dem allgemeinen Gesetz macht, daß sich die chemische Zusammensetzung eines unorganischen Körpers, durch seine äußeren Eigenschaften offenbart.

Ausgezeichnet schwarze Farbe, verbunden mit starkem Glanz und beträchtlicher Härte, lassen immer auf einen großen Kohlenstoffgehalt und auf das Vorwalten des Sauerstoffs über den Wasserstoff schließen. Die Art des Glanzes bestimmt das Verhältniß des Kohlenstoffs zu den beiden anderen Bestandtheilen. Pechglanz deutet auf einen geringeren, der Uebergang aus Pechglanz in Glasglanz auf einen größeren Kohlenstoffgehalt. Schwarze Farbe, starker Glanz, verbunden mit geringer Festigkeit und Härte, charakterisiren die kohlenstoffreichen Steinkohlen, bei denen das Verhältniß des Wasserstoffs zum Sauerstoff zugenommen hat. Schwarze Farbe, mattes Ansehen, bedeutende Festigkeit und nicht unbeträchtliche Härte, sind die Eigenschaft einer an Kohlenstoff weniger reichen Kohle, bei welcher das Verhältniß des Sauerstoffs das des Wasserstoffs beträchtlich überwiegt. Verändert sich die Farbe ins Schwarzbraune, so hat das Verhälniß des Wasserstoffs zum Sauerstoff zugenommen. Nimmt mit der abnehmenden schwarzen Farbe zugleich die Mattigkeit des Ansehens zu, und die Härte ab, ohne daß sich die Festigkeit verändert, so enthält die Kohle noch weniger Kohlenstoff, bei überwiegendem Verhältniß des Sauerstoffs zum Wasserstoff.

Will man daher die Beschaffenheit irgend einer Steinkohle näher bestimmen, so scheint nichts weiter erforderlich zu seyn, als anzugeben, ob die Masse homogen sey oder nicht, und wie sich Farbe, Glanz, Festigkeit und Härte verhalten. Die Menge und die Beschaffenheit der beim Verkohlen zurück bleibenden Kohle, würde in solchen Fällen, wo es erforderlich ist, einen völligen Aufschluß über die Zusammensetzung der Kohle ertheilen.

Das specifische Gewicht der Steinkohlen scheint sich nicht allein nach den zufälligen Beimengungen der Kohle, sondern zuweilen sogar nach den zufälligen Umständen zu richten, welche die Bildung der Steinkohlenmasse begleiteten. Wenigstens lassen sich die großen Verschiedenheiten im specifischen Gewicht der Kohlen, aus ihrer Zusammensetzung kaum erklären, und man ist genöthigt, auf Verschiedenheiten des Druckes, der Pressung u. s. w. welche eine größere oder geringere Ausdehnung der Masse gestatteten, zurückzugehen. Zwar besitzen die an Kohlenstoff sehr reichen Kohlen gewöhnlich ein großes spec. Gewicht, aber nur dann, wenn der Sauerstoff über den Wasserstoff vorwaltend ist. Nimmt das Verhältniß des letzteren zu, so haben die sehr kohlenstoffreichen Steinkohlen häufig ein weit geringeres spec. Gewicht, als diejenigen Kohlen bei denen der Kohlenstoffgehalt geringe ist. Im Allgemeinen läßt sich als Regel annehmen, daß, bei einerlei Kohlenstoffgehalt, die Kohlen jederzeit das geringste spec. Gewicht besitzen, bei denen das Verhältniß des Sauerstoffs zum Wasserstoff das Kleinste ist.

Bei der großen Verschiedenartigkeit in der Zusammensetzung der Steinkohlen, ist es leicht einzusehen, daß nicht alle Kohlen zu jedem Gebrauch eine gleiche Anwendbarkeit besitzen, und daß die eine vor der andern den Vorzug haben muß. Entsteht die Frage: welcher Kohle der Vorzug überhaupt gebühre? so läßt sich darauf eine bestimmte Antwort nicht geben. Aber zu welchem bestimmten Zwecke die eine Kohle anwendbarer ist als die andere, das muß sich allerdings aus ihren Bestandtheilen beurtheilen lassen.

Je reicher an Kohlenstoff die Steinkohle ist, desto mehr Hitze muß beim Verbrennen derselben entwickelt werden, weil sie im Verhältniß zu dem größeren Kohlenstoffgehalt mehr Sauerstoff zur Zersetzung erfordert. Die Entzündbarkeit nimmt dagegen aber in demselben Verhältniß ab, weshalb zum Verbrennen dieser Kohlen ein starker Luftstrohm erforderlich ist. Dadurch sowohl, als durch den Umstand, daß eine an Sauer- und Wasserstoff sehr arme Kohle nur wenig Flamme giebt, wird der erste Vortheil so sehr wieder aufgehoben, daß die Sandkohlen mit großem Kohlenstoffgehalt gegen die Sinterkohlen und Backkohlen mit großem Kohlenstoffgehalt, in allen den Fällen zurück stehen müssen, wo die Erwärmung durch brennende Luftarten, oder durch Flamme bewirkt werden soll. Dagegen leisten sie in solchen Fällen, wo die Kohle mit dem zu glühenden oder zu schmelzenden Körper unmittelbar in Berührung kommt, die vortrefflichsten Dienste, z. B. beim Kalk- und Ziegelbrennen, beim Rösten der Erze, beim Schweißen in Schmiedefeuern. Vermischt mit sehr backenden Kohlen mit großem Kohlenstoffgehalt, würden sie auch zu Flammenfeurungen sehr gut anwendbar seyn. Dazu eignen sich die Backkohlen allein, wenigstens die sehr stark backenden Kohlen, deshalb nicht, weil sie sich auf dem Rost zu stark aufblähen, und den Zutritt der Luft abhalten, oder vielmehr den Abzug der zersetzten Luft erschweren, und den Luftzug verhindern; und in solchen Fällen, wo eine sehr große Hitze hervorgebracht werden soll, vorzüglich deshalb nicht, weil sie zwar eine schnelle aber keine anhaltend starke Schmelzhitze geben würden. Eine ganz vorzügliche Kohle zu diesem Zweck würde die Sinterkohle seyn, gleich viel ob sie einen großen oder geringen Gehalt an Kohlenstoff besitzt. Aber noch weit anwendbarer für den Flammenofenbetrieb, ist die in Backkohle übergehende Sinterkohle. Zu gewöhnlichen häuslichen Feuerungen, auch zur Feuerung der Dampfmaschinenkessel, ferner zur Benutzung in den Brauereien und Brennereien, ist die Backkohle mit großem Kohlenstoffgehalt ganz besonders geeignet, weil keine starke Schmelzhitze erfordert wird. Man wendet sie auch in manchen Fällen zum Ausschweißen des Eisens und Stahls vorzugsweise deshalb an, weil sie ein natürliches Gewölbe bildet, unter welchem dem Eisen die Schweißhitze gegeben werden kann, ohne es dem Windstrohm des Gebläses auszusetzen.

Auch die Sinterkohle mit einem geringeren Kohlengehalt ist eine ganz vorzügliche Kohle, um schnelle und zugleich anhaltende Hitze zu entwickeln. Kommt es weniger auf starke Hitze, als auf vollständige Benutzung der Flamme an, so wird man sich auch der Backkohlen mit geringerem Kohlenstoffgehalt mit sehr großem Nutzen bedienen.

Die Sandkohle mit mittlerem Kohlenstoffgehalt ist nicht geeignet, eine starke Hitze zu erzeugen, und noch unanwendbarer zu diesem Zweck ist die Sandkohle mit dem geringsten Kohlenstoffgehalt, welche als die schlechteste von allen Steinkohlenarten zu betrachten ist, indem sie weder eine schnelle, noch eine anhaltende Hitze erzeugt.

Dies Verhalten der Kohlenarten im Allgemeinen kann jedoch durch andere Umstände sehr modificirt werden. Die Faserkohle, welche fast niemals fehlt und als eine Sandkohle mit überwiegend großem Kohlenstoffgehalt schon an sich sehr schwer entzündbar ist, wird es durch ihr Gefüge, welches den Luftzutritt verhindert, noch mehr. Bei guten Back- und Sinterkohlen wird das Hinderniß, welches aus einer Beimengung von vieler Faserkohle entspringt, weniger bemerkbar; eine Sandkohle kann dadurch aber völlig unbrauchbar werden, weil die Masse zu dicht und dadurch der Luftzug ganz gehindert wird.

Noch ein anderes Hinderniß entspringt aus dem Erdengehalt welcher der Kohlenmasse beigemengt ist. Eine Kohle die sehr viel Asche hinterläßt, wird unbrauchbar, oder entwickelt wenigstens nur langsame und schwache Hitze, weil die Asche den Zutritt der Luft abhält. Dies Hinderniß würde auch dann eintreten, wenn die Kohlenmasse selbst zwar wenig Asche hinterläßt, wenn aber das Kohlenflötz mit Lettenlagen oder mit dünnen Schichten von Schieferthon durchzogen ist. Selbst die durch viele Kluft- oder Absonderungsflächen stark zerstückelte Kohle, kann, wenn sie eine Sandkohle ist, bloß durch diesen Umstand unbrauchbar werden, weil sie beim Verbrennen in viele kleine Stücken zerfällt, die nicht aneinander backen, und sich dadurch auflockern, sondern so dicht übereinander liegen, daß der Luftstrohm keinen Durchgang findet.

Sollen die Steinkohlen zum Verkohlen, oder zur Bereitung von Koaks angewendet werden, so kommen ebenfalls mehrere Umstände in Betrachtung, welche den Koaks aus der einen Steinkohle den Vorzug vor denen aus der andern geben können, obgleich beide Koaks fast völlig reine Kohle, d. h. beide mit einem gleich geringen Aschengehalt verunreinigt seyn mögen. Zuerst ist der mehr oder weniger aufgelockerte Zustand zu berücksichtigen, in welchem die Koaks aus den verschiedenen Steinkohlen erhalten werden. Es tritt hier indeß nicht ganz dasselbe Verhältniß ein, wie bei den Holzkohlen die aus den festesten und aus den weichsten Holzarten dargestellt sind, oder wie bei den Kohlen aus Stroh oder aus anderen Pflanzenfasern, welche im unzerstöhrten Zustande sehr aufgelockert sind. Bei den Steinkohlen wird nämlich die Auflockerung der Kohle durch das Verhalten der Back und Sinterkohlen selbst herbeigeführt, bei der unveränderten Pflanzenfaser aber nur durch den ursprünglichen Dichtigkeitszustand der Faser bewirkt. Eine Vergleichung zwischen dem mehr oder weniger lockeren Zustand der Koaks aus den Steinkohlen, mit den durch das Verkohlen der noch unveränderten Faser erhaltenen Kohlen, würde daher nur bei den Sandkohlen angestellt werden können. Die Backkoaks sind aber wirklich Kohle in einem halbgeschmolzenen Zustande, worauf auch die fast silberderweiße Farbe mancher Koaks schon hindeutet. Der große Wasserstoffgehalt der Backkohlen, und zugleich das geringe Verhältniß des Sauerstoffs zum Wasserstoff, bewirken nämlich, daß die Steinkohle, in dem Augenblick wo die Zersetzung erfolgt, in einen halbgeschmolzenen Zustand übergeht, so daß die nun ganz erweichte und zum Theil teigartig gewordene Masse, durch die sich entwickelnden Dämpfe und Gasarten in die Höhe getrieben, nach allen Richtungen ausgedehnt und oft blasenartig aufgebläht wird. Steinkohlen bei denen das Verhältniß des Sauerstoffes das des Wasserstoffes bedeutend überwiegt, verhalten sich nicht so; sie erweichen sich nicht vor oder bei der Zersetzung, und was vor der Verkohlung nicht zusammenhängend mit einander verbunden, sondern durch fremde Beimengungen, oder auch nur durch feine Ablosungen getrennt war, bleibt es auch nach der Verkohlung, und jedes einzelne, mit der übrigen Masse nicht unmittelbar zusammenhängende Stück der Steinkohle wird für sich allein verkohlt. Nach dem Verhältniß des Wasserstoffs zum Sauerstoff wird folglich der Zustand der zurückbleibenden Koaks sehr verschieden seyn. Von den zu einer einzigen Schaumblase aufgetriebenen, bis zu den Koaks, die das äußere Ansehen der Steinkohle mit einer Verminderung des Volumens behalten, findet ein ununterbrochener Uebergang statt. Die guten Sinterkohlen enthalten noch ein so günstiges Verhältniß des Wasserstoffs zum Sauerstoff, daß bei der Verkohlung wenigstens die vorher nicht unmittelbar zusammenhängenden, sondern durch Ablosungsflächen u. s. f. getrennten Steinkohlenmassen, sich durch Erweichung an den Oberflächen vereinigen und an einander haften können. Wie schon früher bemerkt, läßt sich dies Verhalten am deutlichsten warnehmen, wenn man den Zusammenhang der Steinkohlenmasse absichtlich durch Zerpulvern aufhebt und das Steinkohlenpulver der Destillation unterwirft.

Eine Kohle die in einen mehr oder weniger vollkommen geschmolzenen Zustand übergegangen ist, muß aber, wegen der glatten und man mögte sagen halbverglaßten Beschaffenheit der Oberflächen, schwerer entzündbar seyn als eine nicht geschmolzene Kohle mit rauhen Flächen. Dies Verhalten zeigt sich auch deutlich beim Einäschern der Koaks, indem die Backkoaks, unter einer Muffel des Probierofens, eine höhere Temperatur, oder, bei gleichen Temperaturen, längere Zeit zum vollständigen Verbrennen erfordern, als die Sinterkoaks und noch viel mehr als die Sandkoaks. Deshalb läßt sich auch sogar die Kohle aus der Faserkohle unter der Muffel schneller veraschen, als die Kohle aus einer backenden Steinkohle. Ganz anders ist aber das Verhalten, wenn eine Masse von Koaks übereinander gehäuft, durch natürlichen Luftzug, oder durch künstlich hervorgebrachten Luftstrohm verbrennen, und nicht, wie unter der Muffel, durch die Einwirkung der glühend heißen Luft auf die Oberfläche, nach und nach zerstöhrt werden soll. Die Backkohlen erhalten die Masse, wegen ihres ausgedehnten Zustandes, so locker, daß der Durchgang der zersetzten Luft keinen Augenblick gestöhrt und aufgehalten wird. Die Sinterkoaks bilden schon eine dichtere und festere Masse, und bei den Sandkoaks werden, wenn sie entweder gleich anfänglich sehr zerkleinert waren, oder wenn sie durch das nach und nach erfolgende Verbrennen ein geringeres Volumen erhalten, alle Zwischenräume so verstopft, daß die zersetzte Luft keinen Ausgang mehr findet und der Verbrennungsprozeß nicht aus Mangel an zutretender Luft, sondern durch aufgehaltenen Luftzug unterbrochen wird. Holzkohlenpulver, — welches, wie jeder andere dicht liegende Körper, den Zutritt der Luft abhält und dadurch geeignet wird das Feuer zu löschen, — würde sich, in starken Massen übereinander liegend, auch durch den heftigsten Windstrohm nur schwer verbrennen lassen, und durch dieses Verhalten ebenfalls auf den Namen Anthracit Anspruch machen können.

Würde gleich aus den angegebenen Gründen den Koaks aus backenden Kohlen unbedingt der Vorzug vor den Koaks aus Sinterkohlen und besonders aus Sandkohlen eingeräumt werden müssen; so kann eine stark backende Kohle doch zu gewissen Zwecken völlig unanwendbare Koaks geben und dadurch zu diesem Behuf ganz unbrauchbar werden. Die zu stark aufgebläheten Backkoaks zertrümmern sich, wenn sie in großen Massen übereinander liegen, zum Theil schon durch ihr eigenes Gewicht. Stärker wird diese Zerkleinerung herbeigeführt, wenn sie in Schachtöfen, mit zu schmelzenden oder zu reducirenden Substanzen geschichtet, verbrannt werden sollen. Sehr backende Kohlen geben daher keine für den Eisenhohenofenbetrieb anwendbare Koaks, obgleich sie in solchen Fällen, wo der Druck weniger stark, folglich die Zerkleinerung in einem hohen Grade nicht zu befürchten ist, auch in den Schachtöfen z. B. in Kupoloöfen, in Krummöfen, und in Halbhohenofen, und dann immer mit dem besten Erfolge, angewendet werden können. Ueberhaupt ist bei der Anwendung der Koaks in den Schachtöfen, der Lockerheitszustand der Koaks ganz entscheidend. Eine Backkohle die den Uebergang in Sinterkohle macht, giebt ganz vorzügliche Koaks zum Eisenhohenofenbetriebe; aber die Backkohlen welche sich nicht sehr aufblähen, würden unter allen Kohlenarten zu jenem Zweck die anwendbarsten seyn. Eine Sinterkohle darf schon nicht viele natürliche Ablosungen besitzen, weil sie sich dadurch beim Verkoaken zu sehr zerkleinern würde; und eine Sandkohle ist ganz unbrauchbar, wenn sie nicht in großen zusammenhängenden Massen vorkommt, welche beim Verkohlen große Koaksstücken bilden können. Eine etwas backende Kohle hat daher immer einen wesentlichen Vorzug vor den bloß sinternden und noch mehr vor den Sandkohlen, weil die natürlichen Zerklüftungen der Steinkohle durch die backende Eigenschaft ganz erfolglos, ja sogar die durch Faserkohle und durch fremde Beimengungen auf den Kluftflächen veranlaßten Trennungen der Steinkohlenmasse, größtentheils unschädlich gemacht werden. Bei den Sinterkohlen, und noch mehr bei den Sandkohlen, reicht bloß eine häufige Zerklüftung, die nicht einmal durch wirkliche Kluftflächen, sondern durch weiter nichts als durch die Ungleichartigkeit der Steinkohlenmasse bewirkt worden seyn kann, schon hin, die Steinkohle zum Verkoaken ganz unbrauchbar zu machen.

Der Aschengehalt der Koaks, wenn er überwiegend wird, kann auch ein Hinderniß zu ihrer Anwendung beim Schachtofenbetriebe werden. Er wird es um so mehr seyn, je weniger locker die Koaks sind, oder je mehr sie sich im Ofen selbst zertrümmern, weil der Aschengehalt dann die Schwierigkeit des Verbrennens erhöhet, und die Oberfläche der Koaks überzieht, ehe er zum Schmelzen gebracht wird. Die mit der Strengflüssigkeit eines bedeutenden Aschengehaltes verbundene Steifigkeit der geschmolzenen Masse, erschwert nicht allein das Durchströhmen der Luft, sondern verursacht auch, daß ein Theil der Wirkung der glühenden Koaks, auf das Schmelzen der Asche verwendet werden muß. Koaks, die aus den, bei der Gewinnung der Steinkohlen in der Grube abfallenden zerkleinerten Kohlen, durch besondere Verkohlungsvorrichtungen dargestellt werden, lassen sich, wie leicht einzusehen, nur aus backenden Kohlen erhalten. Sind diese Koaks der Zertrümmerung leicht unterworfen, entweder durch die eigenthümliche Beschaffenheit der Masse, oder durch zufällige Verunreinigung von Schiefer, Letten u. s. f., welche beim Verkoaken in der Masse mit eingeschlossen werden, und dann bei einem starken Druck Veranlassung zu einer leichteren Zertrümmerung geben; so werden sie zum Eisenhohenofenbetrieb ganz unbrauchbar, und wegen ihres großen Gehaltes an fremden Beimengungen, welche die Kohle mit zum Schmelzen bringen muß, auch zur Anwendung in niedrigeren Schachtöfen wenig geeignet. Dagegen werden die, aus ganz reinen und von fremden Beimengungen möglichst freien, zerkleinerten Backkohlen bereiteten Koaks, dieselben Dienste leisten können, welche sich von den Koaks aus den zugehörenden gröbern Steinkohlen, nach ihrer jedesmaligen Beschaffenheit erwarten lassen; in so ferne nicht vielleicht die Koaks aus den in Stücken gewonnenen Steinkohlen eine größere Festigkeit zeigen, als die aus den zerkleinerten Kohlen dargestellten, und daher der Zertrümmerung in Schachtöfen, — wenigstens bei sehr hohen Ofen und bei starkem Druck der Erze — weniger ausgesetzt sind.

Ich habe noch nicht die Erfahrung gemacht, auch ist mir kein Fall mit Zuverläßigkrit bekannt geworden, daß eine Beimengung von vielem Schwefelkies eine Steinkohle zum Verkoaken und die Koaks daraus zur Anwendung für metallurgische Zwecke unbrauchbar machen könnte, weil der Schwefelgehalt der Koaks einen zu nachtheiligen Einfluß auf die Beschaffenheit des auszubringenden Produktes gehabt hätte. Allerdings wird der Schwefelgehalt der Koaks in demselben Verhältniß größer, als sich der Schwefelkies in der Steinkohlenmasse häufiger einfindet; aber ich habe noch nicht in Erfahrung gebracht, ob Koaks aus diesem Grunde ganz unbrauchbar geworden sind. Eine starke Verunreinigung der Steinkohle mit Schwefelkies, ist in solchen Fällen sehr unangenehm, und kann die Kohle ganz unanwendbar machen, wenn es der Zweck ist, Gasarten durch die trockne Destillation für die Gaserleuchtung aus ihr zu entwickeln, indem sich alsdann Schwefelwasserstoffgas in zu großer Menge entbinden würde. Die Anwendbarkeit einer Steinkohle zu diesem Zweck hängt, wie schon aus der Zusammensetzung der verschiedenen Steinkohlenarten klar wird, weder von dem Kohlenstoffgehalt, noch von dem Wasserstoffgehalt derselben allein, sondern von den Verhältnissen des Kohlenstoffes, des Wasserstoffes und des Sauerstoffes gemeinschaftlich ab. Eine an Kohlenstoff sehr reiche Kohle, bei welcher das Verhältniß des Sauerstoffs zum Wasserstoff möglichst geringe ist, wird zur Gaserleuchtung sehr anwendbar seyn; sie wird sehr gutes, obgleich nicht viel Gas geben. Eine Abnahme des Kohlenstoffgehaltes der Kohle und eine Zunahme des Wasserstoffgehaltes macht eine Kohle zu jenem Zweck nicht anwendbarer, wenn sich mit dem abnehmenden Kohlenstoffgehalt das Verhältniß des Wasserstoffes zum Sauerstoff nicht vergrößert, oder auch wohl nur dasselbe bleibt. So wird z. B. unter den Kohlen No. V, VI und X von denen die erste und die letzte einen etwas größern Wasserstoffgehalt besitzen, die Kohle No. VI doch zur Gaserleuchtung am mehrsten und die Kohle No. V welche unter diesen dreien am mehrsten Wasserstoff enthält, am wenigsten anwendbar seyn. Die Kohle No. IV ist noch weniger und die Kohlen No. III, VII und VIII sind sehr schlecht zur Gaserleuchtung geeignet. Dagegen würde die Kohle No. IX ganz vorzüglich dazu auszuwählen seyn, nicht wegen ihres absoluten Wasserstoffgehaltes, der den des Holzes noch nicht erreicht, sondern wegen des gleichzeitig statt findenden großen Verhältnisses des Wasserstoffs zum Sauerstoff. Also dieses Verhältniß, und weder die absolute Menge des Kohlenstoffes allein, noch die des Wasserstoffes, oder des Sauerstoffs in der Kohle, ist es, welche ihre Anwendbarkeit zur Gaserleuchtung bestimmt. Die Kohle No. IX enthält über 19, und die Kohle No V noch nicht einmal 15 Prozent Sauerstoff und doch eignet sich die erste vielleicht mehr als noch einmal so gut wie die letzte zur Gaserleuchtung.

Ehe ich zu dem speciellen Verhalten der Steinkohlen aus den verschiedenen Steinkohlen Niederlagen in der Preussischen Monarchie übergehe, muß ich mich noch über die Natur des Anthracits und des Graphites näher erklären.

Beide habe ich in dem gewöhnlichen Zersetzungsapparat vermittelst des Kupferoxyds nicht zerlegen können, weil sich das Erweichen und zuletzt das völlige Schmelzen der gläsernen Zersetzungröhre nicht verhindern ließen. Durch Glühen in verschlossenen Gefäßen erleidet zwar sowohl der Anthracit von Rhode Island — der einzige wahre Anthracit den ich zu erhalten Gelegenheit hatte, — als auch der reinste und schönste Graphit von Borrowdale, wenn sie vorher in der Wassersiedhitze getrocknet waren, einen Gewichtsverlust von 0,7 bis 0,9 Prozent, allein worin dieser Gewichtsverlust besteht, konnte ich nicht ausmitteln. Der Anthracit sowohl als der Graphit enthalten so viele erdartige Beimengungen, daß es wohl möglich ist, daß diese das Wasser mit solcher Kraft zurück halten, daß es sich auch in der Wassersiedhitze noch nicht völlig verflüchtigen läßt, besonders weil die Wirkung der Wärme selbst, durch die aufgelockerte Kohlenmasse, im gepulverten Zustande derselben, geschwächt wird. Vermengt man gepulverten Anthracit und Graphit mit gleichen Theilen Schwefel und setzt das Gemenge einer starken Glühhitze aus, so läßt sich zwar keine Entwickelung von Schwefelwasserstoffgas bemerken, wohl aber wird die Mündung des Entbindungsrohrs welche in einer wässerigen Auflösung von salpetersaurem Bleioxyd eingetaucht ist, sehr stark geschwärzt. Sollten also beide Körper wirklich noch ein Minimum von Wasserstoff, also wahrscheinlich auch von Sauerstoff, — und, nach der Analogie mit den anthracitartigen Steinkohlen zu schließen, der Anthracit einer größern Menge von Sauerstoff als der Graphit, — enthalten? Ich kann auf diese Frage keine entscheidende Antwort geben, halte es aber nicht für unwahrscheinlich daß sich die Sache wirklich so verhalte, und daß der Graphit sowohl als der Anthracit einmal Steinkohlenähnliche Substanzen waren, welche in ihrer Entmischung so weit vorgeschritten sind, daß sie sich dem Zustande der reinen Kohle ungemein genähert haben.

Der Anthracit ist bis jetzt, so viel ich weiß, noch nicht für ein Karburet eines Metalles gehalten worden. Salzsäure zieht daraus, wie bei den Steinkohlen, die darin auflöslichen Erden und Metalloxyde aus, und läßt nur die in ihr nicht auflöslichen zurück, welche sich erst durch das Einäschern des Anthracits erhalten lassen. Ganz eben so verhält es sich mit dem Graphit, den man als ein Karburet des Eisens anzusehen gewohnt ist, zu welcher Annahme vielleicht der Graphit Veranlassung gegeben hat, der sich unter gewissen Umständen beim Schmelzen der Eisenerze in den Hohöfen bildet und dessen Natur ebenfalls lange verkannt worden ist. Der natürliche Graphit und dieser, in den Eisenhohenöfen sich bildende künstliche, haben die Art des Glanzes und das Abfärben nur zum Theil mit einander gemein, weichen aber in der Härte und in den feinern Nuancirungen des Glanzes und der Farbe so sehr von einander ab, daß der Graphit aus den Eisenschmelzöfen, dem Anthracit, in der Art des Glanzes, der Härte und der Schwerverbrennlichkeit ungleich näher steht, als dem Graphit. Von diesem, durch Schmelzung der Eisenerze in den Hohenöfen künstlich dargestellten Graphit, könnte man vielleicht sagen, daß er durch seinen starken Glanz und durch seine Schwerzerstöhrbarkeit den Uebergang aus dem Anthracit und aus dem Graphit in den Diamant mache, und wirklich scheint auch nur die Eigenschaft des Abfärbens die erste Veranlassung gegeben zu haben, ihn mit dem natürlichen Graphit für einen und denselben Körper zu halten, obgleich er sich in seinem Verhalten mehr dem Anthracit als dem Graphit nähert.

Ich habe schon bei einer andern Gelegenheit gezeigt *) daß er ein reines Kohlenmetall ist und keinesweges ein Superkarburet des Eisens, indem man die zufällige Beimengung von Eisen für einen wesentlichen Bestandtheil desselben annahm. Man hat zwar die Einwendung gemacht, daß es, um diesen künstlichen Graphit von allem Eisen zu befreien, eines anhaltenden Siedens desselben mit Salzsäure und Königswasser bedürfe, und daß daher durch diesen Auflösungsprozeß auch der Antheil Eisen, der sich mit der Kohle in chemischer Verbindung befand, von der Säure aufgenommen worden seyn könne. Ein solches Verhalten würde aber ganz eigenthümlich sein und sich wenigstens durch keine Analogie vertheidigen lassen, denn noch ist kein Fall bekannt, wo eine chemische Verbindung durch den Auflösungsprozeß einseitig aufgehoben würde, ohne daß sich nicht wenigstens der Aggregatzustand des zersetzten Körpers veränderte. Der künstliche Graphit behält aber Form, Glanz und alle Eigenschaften die ihm vor der Behandlung mit Säuren zukommen, nach der Operation unverändert bei. Die Umstände unter denen die Bildung des künstlichen Graphits erfolgt, sind von der Art, daß sich eine gleichzeitige Bildung von metallischem Eisen nicht verhindern läßt und daher wird es unmöglich, dem so eben erwähnten Einwurf ganz zu begegnen. Bei dem natürlichen Graphit war eine solche Verunreinigung mit regulinischem Eisen, wenn der Graphit nicht in der That ein Superkarburet des Eisens ist, nicht zu erwarten, und ich glaube daß die folgenden Untersuchungen keine Zweifel über die Natur

*) Abhandl. d. Königl. Akad. d. Wissensch. zu Berlin. Physikal. Klasse. Aus den Jahren 1822. 1823. S. 67.

des natürlichen, folglich auch des beim Eisenschmelzprozeß dargestellten Graphites übrig lassen werden.

Der reinste Graphit von Borrowdale welchen ich untersucht habe, erfordert eine ziemlich hohe Temperatur und eine beträchtliche Zeit, um unter der Muffel eines Probierofens zu verbrennen. Der Anthracit von Rhode Island ist aber noch schwerer zerstörbar, und erfordert bei gleichen Temperaturen noch längere Zeit. Beide werden indeß in der Schwerverbrennlichkeit von dem künstlichen Graphit aus den Eisenhohenöfen übertroffen.

Der Borrowdaler Graphit, dessen specifisches Gewicht = 2,24707, hinterläßt beim langsamen Verbrennen unter der Muffel 13,3 Prozent Asche. Bei einem nicht zu kleinen Stück Graphit findet man das specifische Gewicht ziemlich veränderlich, je nachdem man von der einen oder von der andern Stelle ein Stück abschlägt. Schon diese Veränderlichkeit des specifischen Gewichts deutet auf eine Verschiedenartigkeit der scheinbar homogenen Masse. Ich habe bei einem 8 bis 9 Kubikzoll großen Stück Graphit eine Verschiedenheit des specifischen Gewichts von 2,2256 bis 2,41874, also einen Unterschied von 0,19314, oder beinahe von 0,2 gefunden, womit der größere und geringere Aschengehalt ziemlich genau im Verhältniß stand, indem er von 13,105 bis 14,27 differirte. Der erdige Rückstand hat eine fahlgelbe Farbe. Mit kohlensaurem Kali geschmolzen und auf gewöhnliche Weise analysirt, finden sich 100 Theile dieses Rückstandes: *)

---

*) Wasser, anhaltend mit gepulvertem Graphit gesotten, zieht aus demselben nichts aus. — Durch Sieden des Graphitpulvers mit Königswasser erhält man eine grünlichgelbe Auflösung, worin sich keine Spur von Schwefelsäure findet, zum Beweise, daß die in der Asche gefundenen Metalloxyde nicht im metallischen Zustande, mit Schwefel verbunden, im Graphit

36,5	Kieselerde
26,7	Thonerde
18,1	Eisenoxyd
1,3	Manganoxyd
2,7	Bittererde
14,2	Titanoxyd
99,5	Spuren von Chrom und von Kalkerde.

vorhanden waren. Aus 10 Gr. Graphit nahm das Königswasser 0,45 Gr. Eisenoxyd und Thonerde auf, und dieser mit der Säure behandelte und wieder getrocknete Graphit, hinterließ beim Einäschern 0,977 Gr. gelblich-weiße Asche. — Durch das Einäschern von anderen 10 Grammen Graphit, welcher nicht vorher mit Säure behandelt war, wurden 1,3105 Gr. fahlgelbe Asche erhalten. Der Gang der Analyse war folgender: Die mit kohlensaurem Kali geschmolzene Masse ward, nach dem Aufweichen in Wasser, mit Salzsänre übergossen, worin sie sich beim Digeriren vollständig auflößte. Die Auflösung ward in einer Platinschaale abgedampft und stark eingetrocknet, ohne zu starke Hitze zu geben, damit das Titanoxyd in der wieder zugesetzten Salzsäure nicht unauflöslich werde. Nach der Abtrennung der Kieselerde ward die Auflösung mit Aetzammoniack versetzt, um das Eisenoxyd, die Thonerde und das Titanoxyd niederzuschlagen. Aus dem Niederschlage ward die Thonerde auf gewöhnliche Weise durch Aetzkali geschieden. (Der Niederschlag war vorher stark getrocknet worden, und ward dann wieder in Salzsäure aufgelößt, wobei noch eine ansehnliche Menge von Kieselerde zurück blieb, deren Reinheit durch Schmelzen mit Kali geprüft ward). Die von der Thonerde getrennten Metalloxyde wurden abermals in Salzsäure aufgelößt, die Auflösung ward so lange mit Weinsteinsäure versetzt, bis Aetzammoniack keinen Niederschlag mehr machte, worauf das Eisen- und Manganoxyd durch Hydrothionammoniack gefällt wurden. Die davon abfiltrirte Flüssigkeit ward bis zur Trockniß abgedampft, verkohlt und eingeäschert, und der geringe Kieselerdengehalt der Weinstein-

Der unbedeutende Verlust besteht größtentheils wohl nur in nicht verbrannter Kohle, indem es fast nicht möglich ist, die Veraschung so vollständig zu bewirken, daß nicht noch etwas Kohle in der Asche zurückbliebe.

Nimmt man nun auch den höchsten Aschengehalt des untersuchten Graphits zu 15 Prozent an, und geht man von der Voraussetzung aus, daß alle die gefundenen Bestandtheile der Asche mechanische Beimengungen des Graphits, und nur das Eisenoxyd allein im metallischen Zustande mit demselben verbunden gewesen sey; so enthalten 15 Theile Asche noch nicht 2,75 Prozent Eisenoxyd, folglich könnten sich in 100 Theilen Graphit nur 1,9 Prozent metallisches Eisen befunden haben, statt daß der Graphit nach der gewöhnlichen Annahme doch wenigstens aus 95 Kohle und 5 Eisen bestehen soll.

Aber Salzsäure zieht beim schwachen Digeriren schon einen großen Theil des oxydirten Eisens, so wie etwas Thonerde und Manganoxyd aus dem Graphit, und bekommt dadurch eine grünliche Farbe. Wenn man nun den Kolben in welchem der Graphit mit Salzsäure digerirt wird, mit dem pneumatischen Apparat in Verbindung setzt, so entwikkelt sich keine Spur von Wasserstoffgas, wie es doch seyn müßte, wenn sich das Eisen im metallischen Zustande in dem Graphit befunden hätte. Selbst durch sehr gelindes Erwärmen mit Salzsäure, wird der Graphit eines großen Theils seines Eisengehaltes beraubt. Und wenn man die Auflösung prüft, um den Oxydationszustand des Eisens zu erfahren, so findet sich, daß die Salzsäure das Eisen im Zustande des Oxydul-Oxydes enthält, welches abermals beweißt, daß der Eisengehalt des Graphits ein Bestandtheil derjenigen Gebirgsart seyn muß, welche eine zufällige Bei-

säure von dem Gewicht des Titanoxyds in Abzug gebracht, u. s. f.

mengung desselben ausmacht, und daß er sich in keinem Fall im metallischen Zustande darin befinden kann, weil die Salzsäure, bei einer solchen Voraussetzung, wohl Eisenoxydul, aber ganz unmöglich Eisenoxyd enthalten könnte.

Es wird, denke ich, keines überzeugenderen Beweises bedürfen, daß der Graphit eine mit zufällig beigemengten eisenhaltigen Gebirgsarten verunreinigte Kohle, und kein Karburet des Eisens ist. Man wird folglich die Ursache der Verschiedenheit des Graphits, des Anthracites, des Diamantes und des künstlichen Graphits, nicht mehr von dem Eisengehalt des ersteren und des letzteren ableiten können, sondern das Geständniß ablegen müssen, daß unsere Kenntnisse von diesen Körpern noch nicht zureichen, die Ursache ihres verschiedenen Verhaltens gegen das Licht, und ihre übrigen physikalischen Verschiedenheiten zu erklären.

Aus den mitgetheilten Analysen hat sich schon das Resultat ergeben, daß die Zusammensetzung der Steinkohlen ganz ungemein abweichend ist. Die nähere Untersuchung der Kohlen, welche in den verschiedenen Steinkohlen Ablagerungen der Preußischen Monarchie vorkommen, wird jenes Resultat noch mehr bestätigen.

Ich werde in den hier folgenden Uebersichten, das specifische Gewicht der verschiedenen Kohlen, die Menge und die Beschaffenheit der Koaks, welche sie durch mittelmäßig schnelle Erhitzung bei der trocknen Destillation zurück lassen, den Gehalt an Erden in der reinen und von sichtbaren fremden Beimengungen ganz freien Steinkohlenmasse, welcher beim Einäschern erhalten wird, und die Angabe mittheilen, welcher von den analysirten Steinkohlen eine jede Kohle am nächsten kommt. Obgleich sich aus diesen Angaben schon mit ziemlicher Zuverlässigkeit auf die Beschaffenheit einer jeden Steinkohle schließen läßt; so kann man dadurch allein ihre Anwendbarkeit zum Verkoaken noch nicht beurtheilen. Diese ist außerdem noch abhängig von der mehr oder weniger gleichartigen Beschaffenheit der Steinkohlenmasse, von ihrem Zerklüftungs-Zustande und von der Einmengung von Faserkohlenschichten. Bei den Steinkohlen mit sehr großem Kohlengehalt, ist die ganze Masse immer mehr gleichartig. Je mehr der Kohlengehalt aber abnimmt, desto ungleichartiger erscheint sie gewöhnlich, und die Steinkohle findet sich dann nicht selten aus wechselnden Schichten von Kohlen zusammengesetzt, die reicher oder ärmer an Kohlenstoff sind. Die ersteren zeichnen sich durch ihren ausgezeichneten Pechglanz und durch die muschlichen Bruchflächen von den Schichten aus, welche durch die an Kohlenstoff ärmeren Steinkohlen gebildet werden. Gewöhnlich sind die ersteren stark zerklüftet, oder zeigen diese Kluftflächen wenigstens, wenn sie verkoakt oder der trocknen Destillation unterworfen werden. Sie zerspringen alsdann in viele kleine Stücken, welche, — wenn es Sinter- oder wohl gar Sandkohlen sind, — den Zusammenhang der Masse aufheben, und die Steinkohle zur Verkoakung unbrauchbar machen.

Dies Verhalten hat sogar Gelegenheit gegeben, die sehr glänzende Sinter- und Sandkohle, welche sich, nach dem Verkoaken, zwischen den Schichten der übrigen verkoakten Steinkohlenmasse, im zertrümmerten Zustande eingeschlossen befinden, ebenfalls für anthracitartige Steinkohlen zu halten, weil sie aus dem Gestell der 45 Fuß hohen Eisenhohöfen, die mit dem stärksten Gebläse versehen sind, in einem scheinbar ganz unveränderten Zustande, beim Reinigen des Heerdes wieder zum Vorschein kommen.

Aber nicht immer wenn eine Steinkohle aus glänzenden und aus matten Kohlen zusammengesetzt ist, — sey es daß sie vollständig abgesonderte Schichten bilden, oder daß beide Kohlenarten mit einander verwachsen vorkommen, — läßt sich auf eine sehr wesentliche Verschiedenartigkeit der

Masse in Rücksicht ihrer chemischen Zusammensetzung schließen. Wenn die matte Kohle eine Backkohle ist, so ist es auch die glänzende; ist jene eine Sinter- oder eine Sandkohle, so wird sich diese ebenfalls so verhalten. Aber nicht bloß dies relative Verhältniß des Wasserstoffes und Sauerstoffes zum Kohlenstoff ist es, welches sich bei der glänzenden und bei der matten Kohlenart einer und derselben Steinkohle nicht abändert; sondern auch das absolute Verhältniß der beiden ersten Bestandtheile zum Kohlenstoff, scheint in vielen Fällen so wenig verschieden zu seyn, daß sich die Verschiedenartigkeit im äußeren Ansehen der beiden Kohlarten aus der chemischen Zusammensetzung nicht erklären läßt. Es scheint wohl, daß die Umstände unter welchen eine Steinkohle austrocknete, oder in den festen Zustand überging, ebenfalls einen wesentlichen Einfluß auf den Kohäsionszustand der Masse, also auf Farbe, Glanz, Festigkeit, Härte u. s. f. gehabt haben müssen. Wer würde wohl in den mehrsten künstlich dargestellten Schwefelmetallen, oder in andern Niederschlägen, dieselben Körper erblicken, wie sie sich in ihrer natürlichen Bildung uns darstellen, und doch sind jene von diesen chemisch durchaus nicht verschieden.

I. Die Steinkohlen-Niederlage in Oberschlesien.

Der Steinkohlenbergbau in Oberschlesien ist noch zu jung, als daß er über die Verhältnisse und den Zusammenhang der dortigen Flötzzüge einen genügenden Aufschluß zu geben vermögte. Ein Grundgebirge, an welchem sich die Betrachtung anknüpfen könnte, ist nicht vorhanden. Das Steinkohlengebirge erhebt sich nur inselartig über die Oberfläche, und wird nicht allein von dem nächsten Grundgebirge, — der Mährischen Grauwacke, — sondern auch unter sich selbst, durch ein aufgelagertes aufgeschwemmtes Gebirge von größerer oder geringerer Ausdehnung und Mächtigkeit getrennt. So bilden sich einzelne und isolirte Gruppen von Flötzzügen, deren näherer Zusammenhang unter sich eben so wenig, als ihre Beziehung zum Grundgebirge mit Zuverlässigkeit nachgewiesen werden können. Selbst bei den einzelnen Flötzzügen hat der Bergbau bis jetzt nur einen unvollkommenen Aufschluß über den Schichtenbau und über die Lagerungsverhältnisse, nämlich über die Bestimmung der hangenden und der liegenden Schichten, geben können. Noch schwieriger wird die Beurtheilung der Lagerungsverhältnisse dadurch, daß die jüngeren Glieder der Flötzformation in Oberschlesien gänzlich zu fehlen scheinen, indem dem Steinkohlengebirge entweder aufgeschwemmtes Gebirge unmittelbar, oder ein, wahrscheinlich ziemlich junges Flötzkalkgebilde aufgelagert ist. Der Tarnowitzer Kalkstein nämlich, welcher die hangendsten Schichten des Steinkohlengebirges an mehreren Punkten mit gleichförmiger Lagerung bedeckt, gehört wahrscheinlich zur Formation des Muschelkalksteins, und daher sind auch die dem Steinkohlengebirge aufgelagerten Flötzschichten nicht geeignet, die Frage über das relative Alter der Oberschlesischen Steinkohlenformation entscheidend zu beantworten. Deshalb ist diese Formation von Einigen auch wohl für eine neuere, und nicht für die Formation im ältesten Sandsteingebirge gehalten worden; eine Behauptung, welche sich indeß durch nichts erweisen läßt, und welcher die große Anzahl der übereinander gelagerten Flötze, so wie die zum Theil sehr bedeutende Mächtigkeit derselben, wenigstens in sofern widerspricht, als ein ähnliches Verhalten noch bei keinem neueren Steinkohlengebirge bekannt geworden ist.

Man kennt in Oberschlesien mehrere, ausgezeichnet aber vier isolirte, und durch jüngeres Gebirge von einander getrennte Flötzzüge, deren Zusammenhang bis jetzt noch nicht ausgemittelt ist. Der erste und größte, in welchem zugleich die mehrsten und die mächtigsten Flötze aufsetzen, ist der östliche. Seine Erstreckung vom Dorfe Sabrze zwischen den Städten Gleiwitz und Beuthen, in Nordwesten, bis zum Dorfe Kostow unfern der Brzemse in Südosten, folgt fast der Streichungslinie der Flötze, die von Nordwest nach Südost gerichtet ist, sich dann aber in beiden Weltgegenden von Osten nach Westen ändert, wodurch ein muldenartiges Verhalten angedeutet wird, welches aber, wegen der Bedeckung mit aufgeschwemmtem Gebirge, gegen Westen nicht verfolgt werden kann. Ein Gebirgssattel, der mit den Kohlenflötzen ein ganz übereinstimmendes Streichen zu haben scheint, bestimmt das Hauptfallen der Schichten gegen Westen für die, die innere Mulde bildenden Flötze, und gegen Osten für die Flötze der äußeren Mulde. Wo die Schichten in Südosten ihr Hauptstreichen von Osten nach Westen ändern, fallen die Flötze der innern Mulde gegen Norden, und die der äußeren Mulde gegen Süden. Wo sich aber in Nordwesten das Hauptstreichen der Flötze von Osten nach Westen ändert, da ist das Einfallen der Flötze der inneren Mulde gegen Süden, und das der Flötze der äußeren Mulde gegen Norden gerichtet, so daß die äußeren Flötze um den Gebirgssattel mantelförmig gelagert erscheinen. So weit das Steinkohlengebirge ohne Bedeckung von Kalkstein und von mächtigen Schichten des aufgeschwemmten Gebirges hervortritt, beträgt die Längenausdehnung der äußeren und der inneren Mulde etwa 3½ Meilen, bei einer Breite von durchschnittlich einer Meile, so daß dieser östliche Flötzzug Oberschlesiens etwa einen Flächenraum von 3⅛ Quadratmeilen einnimmt.

Wie die Flötze der äußeren und der inneren Mulde mit einander korrespondiren, ist bis jetzt noch nicht ausgemittelt; es zeigen sogar die liegendsten Flötze der innern Mulde mit den liegendsten Flötzen der äußern Mulde, auf mehreren Punkten eine so geringe Uebereinstimmung, sowohl in der Mächtigkeit, als in der Schichtenfolge, daß auch darüber noch erst Aufschlüsse durch einen weiter vorgerückten Bergbau zu erwarten sind. Die Zahl der Flötze ist eben so wenig bekannt, und man weiß bis jetzt nur mit Zuverlässigkeit, welche Gruben auf den hangenderen und liegenderen Flötzen der äußeren und der inneren Mulde bauen.

Ein zweiter Flötzzug tritt aus dem aufgeschwemmten Gebirge westlich von dem vorigen, bei der Stadt Nicolai hervor, und erstreckt sich von Osten gegen Westen, in sehr schmaler Ausdehnung, bis etwa 1 Meile östlich von der Stadt Rybnick. Der Zusammenhang der hier aufsetzenden Flötze, ist noch viel weniger bekannt, und man kennt die Richtungen des Streichens und Fallens der Flötze nur auf den einzelnen Punkten wo sie bebaut werden, ohne von ihrem Verhalten unter einander und zu den Flötzen des östlichen Zuges unterrichtet zu seyn. — Sowohl die Flötze von jenem als von diesem Flötzzuge, haben ein schwaches Einfallen.

Ein stärkeres Fallen zeigen aber die Flötze, welche in dem dritten, aus dem aufgeschwemmten Gebirge inselartig hervortretenden Flötzzuge, westlich von der Stadt Rybnick aufsetzen. Die ganze Ausdehnung des Steinkohlengebirges beträgt hier kaum ½ Quadratmeile, und es sind darin nur drei Flötze bebaut, welche in der Hauptrichtung von Ost-Nordost nach West-Südwest streichen, und sich gegen Süden und gegen Norden dergestalt einander zufallen, daß über ihre muldenförmige Lagerung kein Zweifel obwalten kann, obgleich eben so wenig bekannt ist, ob die bebauten einander zufallenden Flötze, Muldenflügel eines und desselben Flötzes sind, oder ob sie verschiedenen Flötzen angehören; als sich über den Zusammenhang dieser Flötzpartie mit den beiden vorigen überhaupt, bis jetzt etwas Zuverlässiges sagen ließe.

Am linken Ufer der Oder, da wo diese die Ostrawitze aufnimmt, kommt das Steinkohlengebirge bei Hultschin zum vierten mal unter der Bedeckung des aufgeschwemmten

Gebirges zum Vorschein. Das Streichen der Flötze ist hier fast genau von Norden gegen Süden, aber das Fallen so stark daß es stehend wird. Neuere Aufschlüsse lassen es mit ziemlicher Wahrscheinlichkeit vermuthen, daß auch hier die Flötze sich mulden, aber sehr spitze Mulden mit fast senkrecht geneigten Flügeln bilden.

Es ist wohl nicht zu zweifeln, daß diese, durch das aufgeschwemmte Gebirge isolirten Flötzzüge, durchaus zusammen gehören, obgleich sich der Zusammenhang so wenig, als die Schichtenfolge bis jetzt haben nachweisen lassen. Auch ist die Beschaffenheit der Kohlen von diesen verschiedenen Flötzzügen nicht mehr von einander abweichend (die Hultschiner Niederlage etwa ausgenommen), als es die Zusammensetzung der Kohlen ist, die zu einem und demselben Flötzzuge gehören.

1) Der östliche, oder der Gleiwitz-Beuthen-Mislowitzer Flötzzug.

Auf den liegenden Flötzen der inneren Mulde bauen die Gruben: Königin Louise zu Sabrze, Brandenburg und Catharina bei Ruda. Auf mehr hangenden Flötzen bauen die Gruben: Ferdinand zu Bogutzitz, Louise im Beuthner Walde, Beate zu Kattowitz, Charlotte zu Zalenze, Belows Seegen Grube, Gottes Seegen, Hugo und Henriette. Auf den liegenden Flötzen der äußeren Mulde bauen die Gruben: König Saul bei Kropatschaw, Florentine bei Lagiewnick, Königsgrube bei Chorsow, Hedwiggrube daselbst, Glücksgrube, Caroline, Fanny und Hohenlohe bei Bitkow. Auf hangenderen Flötzen die Gruben Gute Erwartung und Benno, und auf noch mehr hangenden Flötzen die Gruben: Leopoldine, Theodor, Carls Seegen und Josepha.

A. Backkohle.

1) Königin Louisengrube zu Sabrze. Pochhammerflötz. Niederbank. Diese Grube baut auf mehre-

ren Flötzen, von denen das Pochhammerflötz das Liegendste ist. Das Flötz wird durch eine schwache Lettenschicht in zwei Bänke getheilt. Die Steinkohle von der Niederbank gehört zu einer glänzenden Kohlenart, welche durch feine Risse und dadurch sich bildende Ablosungsflächen fast nach allen Richtungen zertrümmert ist. Die Hauptablosungen durchsetzen die Kohlenmasse unter einem, die Fallungsebene des Flötzes nicht völlig senkrecht schneidenden Winkel. Die Kohle erhält dadurch das Ansehen einer Blätterkohle die in Pechkohle übergeht. Schichten von Faserkohlen sind nicht häufig, auch nicht von besonderer Dicke. Die Kohle würde, wenn sie nicht backend wäre, zum Verkoaken unbrauchbar seyn. Durch ihre backende Eigenschaft gehört sie zu den besten Steinkohlen Oberschlesiens. Specifisches Gewicht 1,28484. Darstellbarer Kohlengehalt 68,1 Prozent Koaks worin 66,2 Kohle und 1,9 Asche. Kommt in ihrer Zusammensetzung der Steinkohle No. V am nächsten. Sie ist die einzige wahre Backkohle des östlichen Flötzzuges.

B. Backkohlen welche in Sinterkohlen übergehen.

1) Königin Louisengrube zu Sabrze. Pochhammerflötz. Oberbank. Die Kohlenmasse ist weniger zerklüftet, und hat daher ein dichteres Ansehen, wird aber durch Schichten von Faserkohle, von unbestimmbarer bis zu 2 Linien Dicke, in einzelne Schichten abgetheilt, durch welche sowohl, als durch die Hauptablosungen, welche die Schichtungsebene unter einem dem rechten sich nähernden Winkel durchschneiden, die Kohle das Ansehen einer in Blätterkohle übergehenden Schieferkohle erhält. Spec. Gewicht 1,2833. Darstellbarer Kohlengehalt 68,7 worin 68,02 reine Kohle und 0,68 Asche. Macht den Uebergang von der Steinkohle No. V in IV. Die Kohle ist zum Verkoaken noch ziemlich gut brauchbar.

2) Königin Louisengrube. Redenflötz. Nieder-

bank. Das Nebenflötz ist das unmittelbare hangende des Pochhammerflötzes. Die Kohle kommt mit der vorigen überein, aber die auf die Fallebene des Flötzes fast senkrecht stehende Hauptzerklüftung tritt stärker hervor, so daß sich in größeren Massen fast säulenförmig abgesonderte Stücken bilden. Spec. Gewicht 1,2879. Darstellbarer Koakgehalt 67,85, worin 67 reine Kohle und 0,85 Asche. Uebergang aus V in IV. Eignet sich noch ziemlich zum Verkoaken, jedoch mit großem Abgang.

3) Königin Louisengrube. Schuckmannflötz. Oberbank. Dies Flötz ist ein hangendes von dem vorigen. Die Kohlenmasse ist sehr wenig zerklüftet, auch von ziemlich gleichartiger Beschaffenheit, wenigstens ist die glänzendere Kohlenart mit der weniger glänzenden dicht verwachsen. Auch die schwachen Schichten von Faserkohle sind mit der Kohlenmasse fast gänzlich verwachsen, so daß diese Kohle deshalb zum Verkoaken sehr gut geeignet ist. Spec. Gewicht 1,2816. Darstellbarer Kohlengehalt 66,8 worin 66,1, reine Kohle und 0,7 Asche. Die Steinkohle ist von den beiden vorigen in ihrer Zusammensetzung nicht sehr wesentlich verschieden.

4) Königin Louisengrube. Schuckmannflötz. Niederbank. Die matte und die glänzende Kohlenart, so wie die sehr geringen und schwachen Schichten von Faserkohle, sind aufs innigste mit einander verwachsen, wodurch die Kohle ein sehr gleichartiges Ansehen erhält und sich zum Verkoaken ganz besonders eignet. Spec. Gewicht 1,2922. Darstellbarer Kohlengehalt 70,5 Prozent Koaks, worin 69,4 Kohle und 1,1 Asche. Die Zusammensetzung weicht von der vorigen Kohle nicht wesentlich ab.

5) Königin Louisengrube. Einsiedelflötz. Oberbank. Das Einsiedelflötz ist ein hangendes vom Schuckmannflötz. Die Kohlenmasse selbst ist zwar von der vorigen nicht sehr verschieden, allein äußerst häufige Lagen von Fa=

serkohle theilen dieselbe in Schichten von 2 Linien bis ½ Zoll Dicke, wodurch die Kohle ein schiefriges Ansehen erhält und als eine Schieferkohle bezeichnet werden würde. Dies häufige Vorkommen von Faserkohle macht die Steinkohle, wegen ihrer nur schwach backenden Eigenschaft, zum Verkoaken ganz unbrauchbar, denn die Koaks, welche an sich zwar von guter Beschaffenheit sind, liegen im Schachtofen, wegen ihres geringen Volumens, so dicht, daß sie den Luftstrohm aufhalten. Spec. Gewicht 1,3107. Darstellbarer Kohlengehalt 67,8 Prozent Koaks, worin 64,1 Kohle und 3,7 Asche. Die Zusammensetzung der Kohle stimmt mit der der vorigen überein.

6) Catharinengrube. Oberbank. Eine mattere und eine glänzendere Kohlenart wechseln schichtweise, wodurch die Kohle das Ansehen von Schieferkohle erhält. Beide Kohlenarten, so wie die Faserkohle, welche keine deutliche Schichtenabtheilungen macht, sind aber innig mit einander verwachsen, wodurch die Kohle auch zum Verkoaken brauchbar bleibt. Spec. Gewicht 1,3273. Darstellbarer Kohlengehalt 66,4 Prozent Koaks, worin 60,45 Kohle und 5,95 Asche. Die Zusammensetzung wie die der vorigen.

7) Gottes Seegengrube. Fundgrubenflötz. Niederbank. Die Grube baut auf zwei Flötzen, von denen das Fundgrubenflötz das hangende des Nannettenflötzes ist. Zwei Kohlenarten, — von denen die glänzende unendlich zerklüftet ist, — und welche nicht völlig mit einander verwachsen sind, bilden die Kohlenmasse, welche außerdem durch Hauptablosungsflächen, welche die Richtung der Schichtung unter einem nicht sehr schiefen Winkel durchschneiden, und durch häufige Schichten von Faserkohle, die mit der Kohlenmasse auch nicht verwachsen sind, so sehr zertrümmert wird, daß die Kohle bald ein blättriges Ansehen erhält, bald stänglich abgesonderte Stücken zu bilden scheint. Sie ist daher zum Verkoaken nicht anwendbar. Spec. Gewicht 1,3134. Dar-

stellbarer Koakgehalt 66,699 Prozent, worin 65,7 Kohle und 0,999 Asche. Nähert sich in der Zusammensetzung mehr der Kohle No. IV als der Kohle No. V.

8) Louisengrube im Beuthner Walde. Oberflötz. Oberbank. Klüfte welche die Kohlenmasse unter einem nicht sehr schiefen Winkel mit der Richtung der Schichtung durchsetzen, geben der Kohle das Ansehen einer Schieferkohle; sonst ist die Masse wenig zerklüftet und die Lagen von Faserkohlen sind mit der Kohlenmasse ziemlich verwachsen. Die Kohle wird daher brauchbare Koaks geben. In der Zusammensetzung steht sie ebenfalls der Kohle No. IV näher als No. V. Spec. Gewicht 1,3108. Darstellbarer Kohlengehalt 63,6 Prozent Koaks, worin 58,4 Kohle und 5,2 Asche.

9) Louisengrube im Beuthner Walde. Niederflötz. Oberbank. Die Kohlenmasse ist zwar wie die vorige, nur erscheint sie, theils wegen der starken Zerklüftung, theils wegen der häufigeren Lagen von Faserkohle, mehr schiefrig. Zum Verkoaken ist sie daher für unbrauchbar zu halten, wenigstens dazu in einem ungleich geringeren Grade anwendbar als die vorige, mit welcher sie einerlei Zusammensetzung hat. Spec. Gewicht 1,3073. Darstellbarer Kohlengehalt 66,7 Prozent Koaks, worin 63,55 Kohle und 3,15 Asche.

10) Florentinengrube. Oberbank. Zwei Kohlenarten wechseln schichtweise mit einander ab. Die Kohle ist durch Klüfte so sehr zertrümert, daß bald schiefrig-blättrige, bald stängliche, bald rhomboedrische Absonderungen entstehen. Außerdem wird die Kohlenmasse durch Lagen von Faserkohlen in $\frac{3}{4}$ bis 1 Zoll mächtige Bänke getheilt. Zum Verkoaken ist die Kohle unbrauchbar. Spec. Gewicht 1,3225. Darstellbarer Kohlengehalt 66,5 Prozent Koaks, worin 62,6 Kohle und 3,9 Asche. Die Kohle nähert sich der Kohle No. IV in der Zusammensetzung am mehrsten.

Alle diese Kohlen welche den Uebergang von Backkohlen zu Sinterkohlen machen, enthalten nicht selten ein so sehr vermindertes Verhältniß des Wasserstoffs zum Sauerstoff, daß sie wirkliche Sinterkohlen werden. Daher ist die mattere Kohlenart, aus welcher die Masse besteht, oft noch ziemlich backend, wenn die glänzendere Kohlenart schon in wirkliche Sinterkohle übergegangen ist.

C. Sinterkohlen.

Alle die hier folgenden Kohlen stimmen in ihrer Zusammensetzung, was das Verhältniß des Sauerstoffs zum Wasserstoff betrift, mit der Kohle No. IV überein, und weichen in der Hauptsache nur durch das Verhältniß des Kohlenstoffs zum Sauer- und Wasserstoff ab, welches bald (bei der schwärzeren und glänzenden Art) größer, bald (bei der lichteren und matteren Art) geringer wird.

1) Königsgrube bei Chorsow. Gerhardflötz. Oberbank. Die Grube baut jetzt auf zwei Flötzen, dem Gerhardflötz oder dem hangenden, und dem Heinzmannflötz oder dem liegenden. Die Kohlenmasse ist zwar nicht ganz gleichartig, allein die beiden Kohlenarten sind mit einander verwachsen, auch bewirken die schwachen Schichten von Faserkohle keine bestimmten Absonderungen. Außerdem ist die Kohle wenig zerklüftet. Deshalb ist sie zum Verkoaken recht gut geeignet. Spec. Gewicht 1,3027. Darstellbarer Kohlengehalt 61,7 Prozent Koaks, worin sich 61 Kohle und 0,7 Asche befinden.

2) Königsgrube. Gerhardflötz. Mittelbank. Die Kohlenmasse ist noch gleichartiger und die Faserkohle noch inniger mit der übrigen Kohlenmasse verwachsen, auch ist sie fast ganz frei von Rissen und Spalten, so daß die Kohle das Ansehen einer Grobkohle erhält und sich zum Verkoaken ganz vorzüglich eignet. Die Koaks sind zwar dicht und fest, bilden aber große Stücken. Spec. Gewicht 1,2846.

Darstellbarer Kohlengehalt 65,3 Prozent Koaks, worin 64,7 Kohle und 0,6 Asche.

3) Königsgrube. Gerhardflötz. Niederbank. Eine zwar gleichartige, aber ungemein zerklüftete Kohlenmasse, deren Zusammenhang durch dünne Schichten von Faserkohle noch mehr unterbrochen wird. Die Kohle ist zum Verkoaken ganz unbrauchbar, obgleich sie zur Flammenfeurung fast eben so gut wie die vorigen gebraucht werden kann. Spec. Gewicht 1,34515. Darstellbarer Kohlengehalt 66,6 Prozent Koaks, warin sich 61,5 Kohle und 5,1 Asche befinden.

4) Königsgrube. Heinzmannflötz. Oberbank. Die Kohlenmasse verhält sich ganz so wie die von der Mittelbank des Gerhardflötzes, ist also zum Verkoaken ganz vorzüglich geeignet. Spec. Gewicht 1,2899. Darstellbarer Kohlengehalt 63,78 Prozent Koaks, worin sich 63,2 Kohle und 0,58 Asche befinden.

5) Königsgrube. Heinzmannflötz. Niederbank. Beide Kohlenarten sowohl, als die dünnen Schichten von Faserkohle sind bestimmter getrennt, auch ist die schwärzere Kohlenart sehr zerklüftet. Zum Verkoaken ist diese Kohle weniger als die von der Oberbank des Gerhardflötzes geeignet; obgleich sie in einzelnen ausgesuchten Stücken noch brauchbare Koaks liefert. Spec. Gewicht 1,3669. Darstellbarer Kohlengehalt 66,3 Prozent Koaks, worin sich 61,6 Kohle und 4,7 Asche befinden.

6) Hedwiggrube. Mittelbank. Diese Kohle steht zwischen der Kohle von der Mittel- und Oberbank des Gerhardflötzes der Königsgrube in der Mitte, und ist daher zwar weniger wie die erstere, aber mehr wie die letztere zum Verkoaken geeignet. Spec. Gewicht 1,2967. Darstellbarer Kohlengehalt 63,65 Prozent Koaks, worin sich 62,9 Prozent Kohle nnd 0,75 Asche befinden.

7) Hedwiggrube. Niederbank. Von der Kohle der Mittelbank ist sie fast gar nicht verschieden, folglich zum

Verkoaken noch recht gut geeignet. Spec. Gewicht 1,2800. Darstellbarer Kohlengehalt 62,7 Prozent Koaks, worin sich 61,8 Kohle und 0,9 Asche befinden.

8) Königin Louisengrube. Redenflötz. Oberbank. Die schwärzere und glänzende Kohlenart ist vorherrschend, und ziemlich zerklüftet; auch wird die Kohle durch Schnüre von Faserkohle, welche mit der Kohlenmasse nur selten verwachsen sind, in mehrere mit der Schichtung parallele Lagen getheilt, so daß diese Kohle zum Verkoaken nicht besonders geeignet ist. Spec. Gewicht 1,2953. Darstellbarer Kohlengehalt 69,6 Koaks, worin sich 68,05 Kohle und 1,55 Asche befinden.

9) Königin Louisengrube. Einsiedelflötz. Niederbank. Die Kohlenmasse ist ziemlich gleichartig, auch sind die mit der Schichtungsebene parallel laufenden Schnüre von Faserkohle mit der übrigen Kohlenmasse ziemlich verwachsen, so daß sich diese Kohle, indem sie nur wenig zerklüftet ist, zum Verkohlen recht gut eignet. Spec. Gewicht 1,2852. Darstellbarer Kohlengehalt 70,4 Prozent Koaks, worin sich 69,8 Kohle und 0,6 Asche befinden.

10) Hohenlohegrube. Dickere Schichten von der matten Kohlenart wechseln mit sehr schwachen Schichten von der glänzenden Kohlenart, wozu sich nicht selten auch Schnüre von Faserkohle gesellen, so daß diese Kohle zu den weniger anwendbaren zum Verkoaken gehört, obgleich sie in ausgesuchten größeren Stücken recht gute Koaks geben wird. Spec. Gewicht 1,2959. Darstellbarer Kohlengehalt 63,8 Prozent Koaks, worin sich 63,12 Kohle und 0,68 Asche befinden.

11) Catharinengrube. Niederbank. Die Kohlenmasse ist zwar wenig gleichartig, allein beide Kohlenarten sind ziemlich mit einander verwachsen, so wie auch die Schnüre von Faserkohle keine ganz bestimmten Schichtenabtheilungen machen, weshalb die Kohle zum Verkoaken sehr anwendbar

ist. Spec. Gewicht 1,3282. Darstellbarer Kohlengehalt 67,3 Prozent Koaks, worin sich 65,5 Kohle und 1,8 Asche befinden.

12) Henriettengrube. Oberbank. Die Kohlenmasse selbst ist fast ganz gleichartig, matt und mit der sparsam vorkommenden glänzenden Art dicht verwachsen. Die Faserkohle bildet auch keine bestimmten Schichtabtheilungen und die Kohle muß daher zum Verkoaken sehr gut geeignet seyn. Versuche die deshalb auf der Gleiwitzer Hütte angestellt worden sind, haben zwar das Gegentheil ergeben, indeß kann dieser ungünstige Erfolg vielleicht in einer zufälligen Verunreinigung der Kohle mit Schiefer und Lettenschmitzen gelegen haben, oder das zur Untersuchung erhaltene Probestück müßte zufällig von vorzüglicher Güte gewesen seyn. Die Kohle zeichnet sich übrigens so wenig unvortheilhaft aus, daß wohl anzunehmen ist, daß die zu Gleiwitz mit einer nur geringen Quantität veranstaltete Probe, zufällig mit Kohlen vom Ausgehenden des Flötzes angestellt worden sey. Spec. Gewicht 1,2862. Darstellbarer Kohlengehalt 63,8 Prozent Koaks, worin sich 62,15 Kohle und 1,65 Asche befinden.

13) Henriettengrube. Niederbank. Bei dieser Kohle ist die glänzende Art vorwaltend, welche mit schwachen Schichten der weniger glänzenden Art wechselt. Obgleich beide ziemlich mit einander verwachsen sind, so machen doch die Schnüre von Faserkohle, welche die Kohlenmasse in Schichten von ¼ bis ¾ Zoll Höhe trennen, so wie die häufigen Zerklüftungen, welche die Kohlenmasse, fast senkrecht auf der Schichtungsebene, durchsetzen, die Kohle zum Verkoaken fast unanwendbar. Spec. Gewicht 1,2933. Darstellbarer Kohlengehalt 64,5 Prozent Koaks, worin 62,71 Kohle und 1,79 Asche.

14) Belows Seegengrube. Beide Kohlenarten sind bei dieser Kohle zwar mit einander verwachsen, wo-

durch die Kohlenmasse ziemlich gleichartig wird; auch bringen die Schnüre von Faserkohle keine ausgezeichnete Schichtenabsonderung hervor; allein sehr feine und kaum sichtbare Klüfte, welche mit der Schichtungsebene einen fast rechten Winkel bilden, durchsetzen die Kohle dergestallt, daß sie bei der trocknen Destillation in plattenförmige Stücken zerfällt, wodurch sie zum Verkoaken weniger anwendbar wird, obgleich sie zum Theil recht gute Koaks liefert. Spec. Gewicht 1,2876. Darstellbarer Kohlengehalt 61,4 Prozent Koaks, worin 58 Kohle und 3,4 Asche.

15) Gottes Seegengrube. Nannettenflöß. Oberbank. Die glänzende Kohlenart waltet vor und ist mit der matten geschichtet. Obgleich beide ziemlich mit einander verwachsen sind, so ist die Kohle doch sehr zerklüftet. Die Hauptkluftflächen durchschneiden die Richtung der Fallebene fast unter einem rechten Winkel. Beide Kohlenarten sind häufig durch Schnüre von nicht verwachsener Faserkohle getrennt. Die Kohle ist daher zum Verkoaken wenig anwendbar. Spec. Gewicht 1,3353. Darstellbarer Kohlengehalt 64,8 Prozent Kohle, worin sich 61,81 Kohle und 2,99 Asche befinden.

16) Gottes Seegengrube. Nannettenflötz. Niederbank. Die Kohle ist zwar etwas weniger zerklüftet als die vorhergehende und eignet sich daher etwas besser zum Verkoaken, allein die Koaks sind klein und daher zum Gebrauch in Eisenhohöfen nicht besonders anwendbar. Spec. Gewicht 1,3901. Darstellbarer Kohlengehalt 65,1 Prozent Koaks, worin sich 60,05 Kohle und 5,05 Asche befinden. Der bedeutende Aschengehalt ist der Anweudung der Koaks im Hohenofen ebenfalls nicht zusagend.

17) Gottes Seegengrube. Fundgrubenflötz. Oberbank. Die Kohlenmasse ist ziemlich gleichartig, auch sind beide Kohlenarten mit einander verwachsen, so wie die Schnüre von Faserkohle ebenfalls keine deutliche Schichten-

absonderung bewirken. Die Kohle muß sich daher, wenigstens in größeren Stücken, sehr gut zum Verkoaken eignen. Spec. Gewicht 1,2826. Darstellbarer Kohlengehalt 62,2, worin 61,18 Kohle und 0,92 Asche.

18) Louisen Grube im Beuthner Walde. Oberflötz. Niederbank. Eine glänzende, ungemein zerklüftete und durch Schnüre von Faserkohle in dünne Schichten getheilte Kohle, welche zum Verkoaken ganz unbrauchbar ist. Spec. Gewicht 1,3591. Darstellbarer Kohlengehalt 73,5 Prozent Koaks, worin 68,8 Kohle und 4,7 Asche.

19) Louisengrube. Niederflötz. Niederbank. Die Kohlenmasse, bei welcher die glänzende Art vorwaltet und mit der matten sehr dicht verwachsen ist, stellt sich zwar sehr gleichartig dar, auch sind die Schnüre von Faserkohle mit der Kohlenmasse selbst verwachsen, so daß sich dadurch keine bestimmten Schichtenabtheilungen bilden; allein die Kohle wird durch viele, sehr feine Klüfte, welche die Schichtungsebene unter einem beinahe rechten Winkel schneiden, häufig durchsetzt, so daß die Kohle beim Verkoaken in plattenförmigen Stücken zerfällt. Dennoch ist sie aber zum Verkoaken noch recht gut anwendbar, obgleich sie dabei einen großen Abgang erleidet. Spec. Gewicht 1,2801. Darstellbarer Kohlengehalt 65,3 Prozent Koaks, worin 63,52 Kohle und 1,78 Asche.

20) Hugogrube. Oberflötz. Oberbank. Beide Kohlenarten sind bei dieser Kohle mit einander geschichtet und ziemlich verwachsen, allein die Kohle ist durch Klüfte, welche auf der Schichtungsebene fast senkrecht stehen, sehr zerstückelt, so daß sie sich nicht ohne großen Abgang verkoaken läßt, und ziemlich kleine Koaks geben wird, die in Eisenhohöfen nicht sehr anwendbar sind. Spec. Gewicht 1,2840. Darstellbarer Kohlengehalt 63,78 Prozent Koaks, worin sich 62,8 Kohle und 0,98 Asche befinden.

21)

21) Hugogrube. Oberflötz. Niederbank. Beide Kohlenarten sind weniger deutlich geschichtet und bilden eine homogenere Masse wie die Kohlen von der Oberbank. Klüfte welche die Kohlenmasse unter einem auf die Fallebene nicht sehr schiefen Winkel durchsetzen, machen diese Kohle zwar etwas weniger zum Verkoaken geeignet, als sie es sonst sein würde; allein sie wird doch sehr gute Koaks geben. Spec. Gew. 1,2892. Darstellbarer Kohlengehalt 64,3 Prozent Koaks, worin sich 62 Kohle und 2,3 Asche befinden.

22) Florentinengrube. Niederbank. Die Kohlenmasse, welche aus der glänzenden Art besteht, ist zwar sehr homogen, aber durch Schnüre von Faserkohle in dünne Schichten getheilt und zugleich durch Klüfte, welche die Kohlenmasse in der Richtung der Schichtungsebene fast senkrecht durchsetzen, so sehr zerstückelt, daß die Kohle dadurch zum Verkoaken ganz unbrauchbar wird. Spec. Gew. 1,2821. Darstellbarer Kohlengehalt 62,9 Prozent Koaks, worin sich 61,21 Kohle und 1,69 Asche befinden.

D. Sinterkohlen welche in Sandkohlen übergehen.

1) Fannigrube. Oberbank. Die an sich homogene Kohlenmasse wird durch Schnüre von Faserkohle in Schichten abgetheilt; auch ist die Kohle, welche fast allein nur aus der glänzenden Art besteht, durch Klüfte, die sich nur als feine Risse zeigen, so sehr zerstückt, daß sie dadurch zum Verkoaken wenig anwendbar wird. Spec. Gewicht 1,3151. Darstellbarer Kohlengehalt 64,5 Prozent Koaks, worin sich 63,6 Kohle und 0,9 Asche befinden.

2) Fannigrube. Niederbank. Beide Kohlenarten, die glänzende und die matte, sind zwar mit einander geschichtet, aber völlig verwachsen, ohne deutliche Schichtenabtheilungen zu bilden, welches auch bei den Schnüren der Faserkohle der Fall ist. Die Kohle eignet sich daher sehr gut zum Verkoaken. Spec. Gewicht 1,2813. Darstellba-

rer Kohlengehalt 62,65 Prozent Koaks, worin sich 62,2 Kohle und 0,45 Asche befinden.

3) Hedwiggrube. Oberbank. Eine durchaus gleichartige Kohlenmasse, bei welcher sich beide Kohlenarten nur hin und wieder durch die Verschiedenartigkeit des Glanzes unterscheiden lassen. Es kommen Stücken darunter vor, welche man wegen der Gleichartigkeit der Masse und wegen des matten Ansehens für Kennelkohle halten mögte. Diese Kohle, welche zum Verkoaken ganz besonders anwendbar ist, mögte leicht die beste des ganzen östlichen Flötzzuges seyn. Spec. Gewicht 1,2983. Darstellbarer Kohlengehalt 66,2 Prozent Koaks, worin sich 65,72 Kohle und 0,48 Asche befinden. Die ganz homogenen Stücken haben ein spec. Gewicht von 1,32188 und hinterlassen 73,9 Prozent Koaks, worin sich 72,8 Kohle und 1,1 Asche befinden.

4) Glücksgrube. Oberbank. Diese Kohle ist der von der Niederbank der Fannigrube noch vorzuziehen, weil sie noch etwas weniger zerklüftet ist, und daher beim Verkoaken noch größere Koaks geben wird. Spec. Gewicht 1,2941. Darstellbarer Kohlengehalt 63,25 Prozent Koaks, worin sich 62,55 Kohle und 0,7 Asche befinden.

5) Glücksgrube. Niederbank. Die Kohlenmasse ist noch gleichartiger wie die der Oberbankkohle, weshalb sie auch, indem sie zugleich wenig zerklüftet ist, zum Verkoaken noch anwendbarer seyn wird. Spec. Gewicht 1,3013. Darstellbarer Kohlengehalt 64,1 Prozent Koaks, worin sich 63,5 Kohle und 0,6 Asche befinden.

6) König Saulgrube. Oberbank. Beide Kohlenarten, unter denen die matte vorwaltet, sind innig mit einander verwachsen, auch bewirken die schwachen Schichten von Faserkohle keine Absonderungen in der Kohlenmasse, die zugleich sehr wenig zerklüftet ist, so daß sich diese Kohle zum Verkoaken sehr gut eignet. Spec. Gew. 1,2990. Dar:

stellbarer Kohlengehalt 64,8 Prozent Koaks, worin sich 62,5 Kohle und 2,3 Asche befinden.

7) König Saul Grube. Niederbank. Eine glänzende Kohlenart, nach allen Richtungen, besonders aber nach der auf der Schichtungsebene senkrechten, ungemein zerspalten und zerstückt, auch durch abgesonderte Lagen von Faserkohle in einzelne Schichten getheilt, so daß die Kohle zum Verkoaken völlig unbrauchbar ist. Spec. Gew. 1,3438. Darstellbarer Kohlengehalt 70,5 Prozent Koaks, worin sich 65,2 Kohle und 5,3 Asche befinden.

E. Sandkohlen.

Die hier folgenden Kohlen nähern sich in der Zusammensetzung der Kohle No. III, von welcher sie sich nur durch das zum Theil größere Verhältniß des Kohlenstoffs zum Sauer- und Wasserstoff unterscheiden. Auch die unter D aufgeführten Kohlen, sind als Uebergänge zwischen den Kohlen No. IV und III anzusehen. Das Verhältniß des Wasserstoffs zum Sauerstoff bewirkt ein mehr oder weniger starkes Zusammensintern bei der trocknen Destillation, oder beim Verkoaken im Großen eine etwas mehr oder weniger bemerkliche Ausdehnung der Koaks, welche aber bei diesen Kohlenarten immer dicht und fest bleiben, ohne sehr poröse zu werden, weshalb sie auch sämmtlich einen starken Luftzug, oder ein heftiges Gebläse zum Verbrennen erfordern. Bei diesem Verhältniß des Sauerstoffs zum Wasserstoff, nimmt das des Kohlenstoffs zu beiden, bald zu (bei der glänzenden und schwärzeren Art), bald ab (bei der matten und lichteren Art), und auf solche Art stellen sich Gemenge von verschiedenen Kohlenarten dar, die in Rücksicht des Kohlengehalts von einander abweichen, aber ziemlich genau dasselbe Verhältniß des Wasserstoffs zum Sauerstoff zu behalten scheinen, wie dies auch bei den in Sinterkohle übergehenden Backkohlen der Fall ist.

1) Carls Seegengrube. Beide Kohlenarten sind so mit einander verwachsen, daß keine bestimmten Trennungsflächen zum Vorschein kommen; auch bildet die Faserkohle keine Schichtenabsonderungen, sondern ist mit der übrigen Kohlenmasse verbunden. Die Kohle würde sich daher zum Verkoaken eignen, wenn sie nicht durch sehr feine Klüfte, weiche auf der Schichtungsebene fast senkrecht stehen, beim Verkohlen in kleine Stücke zerfiele, so daß die Koaks wegen ihrer Kleinheit unanwendbar werden. Zur Flammenfeuerung ist die Kohle übrigens noch sehr gut geeignet, weil sie wenig Faserkohle enthält. Spec. Gewicht 1,35007. Darstellbarer Kohlengehalt 61,02 Prozent Koaks, worin sich 56,2 Kohle und 4,86 Asche befinden.

2) Carolinengrube. Oberbank. Beide Kohlenarten sind zwar in Schichten getrennt, aber wegen ihres nicht sehr verschiedenen Kohlengehalts doch innig mit einander verwachsen, so daß die Kohle wegen der Ungleichartigkeit der Kohlenmasse selbst, zum Verkoaken nicht unbrauchbar seyn würde. Allein die Kohle wird durch Schnüre von Faserkohle, welche mit der Kohlenmasse nicht verwachsen ist, in Bänke von höchstens 2 Zoll Höhe getheilt, so daß sich beim Verkoaken keine große Stücken erhalten lassen. Wo die Schichten von Faserkohle weniger häufig vorkommen, da ist die Kohle zum Verkoaken sehr wohl geeignet. Spec. Gewicht 1,30015. Darstellbarer Kohlengehalt 65,5 Prozent Koaks, worin sich 64,7 Kohle und 0,8 Asche befinden.

3) Carolinengrube. Niederbank. Im allgemeinen mit der vorigen übereinstimmend, indeß ist die Kohlenmasse etwas weniger durch Schnüre von Faserkohle in abgesonderte Schichten getrennt, weshalb sie sich auch zum Verkoaken etwas besser eignet. Spec. Gew. 1,3097. Darstellbarer Kohlengehalt 65,6 Prozent Koaks, worin sich 62,8 Kohle und 2,8 Asche befinden.

4) Ferdinandgrube. Oberbank. Beide Kohlenarten

sind völlig mit einander verwachsen, ohne deutliche Schichten zu bilden. Die Kohle wird aber zum Verkoaken deshalb weniger geeignet, weil feine Klüfte, fast senkrecht auf der Schichtungsebene, die Kohlenmasse durchsetzen, und in plattenförmige Stücken zertheilen, welche bei der trocknen Destillation zum Vorschein kommen, und beim Verkoaken das Zerfallen der Koaks in sehr kleine Stücke veranlassen. Spec. Gew. 1,30001. Darstellbarer Kohlengehalt 62,6 Prozent Koaks, worin sich 61,52 Kohle und 1,08 Asche befinden.

5) Ferdinandgrube. Niederbank. Die ziemlich gleichartige Kohlenmasse ist zwar weniger zerklüftet, wird aber durch Schnüre von Faserkohle in kleine Schichten abgetheilt, welches ihre Anwendbarkeit zum Verkoaken sehr vermindert. Spec. Gew. 1,3048. Darstellbarer Kohlengehalt 68,6 Prozent Koaks, worin sich 66,02 Kohle und 2,48 Asche befinden.

6) Beatengrube. Oberbank. Die Kohlenmasse selbst ist eine ziemlich gleichartige glänzende Kohle, welche aber, durch starke und häufige Schichten von Faserkohle, in Bänke von etwa ½ Zoll Höhe getheilt wird. Dazu kommt noch die sehr starke Zerklüftung der Kohlenmasse selbst, so daß die Kohle nicht allein zum Verkoaken völlig unbrauchbar ist, sondern auch selbst zum Flammenfeuer, wegen der sehr häufigen Faserkohle, und wegen der Verunreinigung mit feinen Schiefer- und mit Lettenschmitzen, schlechte Dienste leistet. Spec. Gew. 1,3121 bis 1,38317. Darstellbarer Kohlengehalt 62,3 bis 66,8 Prozent Koaks, worin sich 59,6 bis 54,9 Kohle und 2,7 bis 11,9 Asche befinden.

7) Beatengrube. Niederbank. Von der vorigen fast nicht verschieden, nur sind die Schnüre von Faserkohle etwas weniger häufig. Spec. Gew. 1,3034. Darstellbarer Kohlengehalt 61,8 Prozent Koaks, worin sich 60,2 Kohle und 1,6 Asche befinden.

8) Charlottengrube bei Zalenze. Oberbank. Diese Kohle ist ein wenig weniger zerklüftet wie die vorige,

auch sind die Schnüre von Faserkohle nicht völlig so stark. Die Kohle ist indeß zur Verkoakung völlig unbrauchbar, und gehört überhaupt zu den schlechteren Kohlen des östlichen Flötzzuges. Spec. Gew. 1,3172. Darstellbarer Kohlengehalt 67,5 Prozent Koaks, worin sich 65,08 Kohle und 2,42 Asche befinden.

9) Charlottengrube. Niederbank. Von den Oberbank-Kohlen nicht verschieden. Spec. Gew. 1,3607. Darstellbarer Kohlengehalt 71,5 Prozent Koaks, worin sich 67,6 Kohle und 3,9 Asche befinden.

10) Gute Erwartung. Die glänzende und die matte Kohlenart sind zu wenig mit einander verwachsen, auch ist die Kohle zu zerklüftet, als daß sie zum Verkoaken anwendbar wäre. Auch zur Flammenfeuerung angewendet, giebt die Kohle wenig Hitze. Spec. Gew. 1,3080. Darstellbarer Kohlengehalt 59,8 Prozent Koaks, worin sich 58,9 Kohle und 0,9 Asche befinden.

11) Bennogrube. Die Kohle ist zwar weniger zerklüftet als die vorige, auch sind beide Kohlenarten in ungleich stärkeren Schichten von einander getrennt, weshalb sie sich zwar zum Verkoaken eignet, aber doch nur sehr mittelmäßig große Koaks geben wird, die für Eisenhohöfen kaum brauchbar seyn werden. Spec. Gew. 1,3033. Darstellbarer Kohlengehalt 59,7 Prozent Koaks, worin 56,75 Kohle und 2,95 Asche.

12) Theodorgrube. Oberbank. Die glänzende und die matte Kohlenart wechseln mit einander in sehr dünnen, kaum einige Linien starken Schichten, und sind auf das bestimmteste von einander getrennt. Schon dadurch würde die Kohle zum Verkoaken völlig unbrauchbar seyn, wenn sie es durch die häufigen Schnüre von Faserkohle nicht noch mehr würde. Diese, so wie die folgenden Kohlen sind die schlechtesten des östlichen Flötzzuges, und geben auch im Flammofen wenig Hitze. Spec. Gew. 1,3043. Darstellba-

rer Kohlengehalt 57 Prozent Koaks, worin sich 54,95 Kohle und 2,05 Asche befinden.

13) Theodorgrube. Mittelbank. Ganz wie die vorige. Spec. Gew. 1,2943. Darstellbarer Kohlengehalt 53,5 Prozent Koaks, worin sich 51,6 Kohle und 1,9 Asche befinden.

14) Theodorgrube. Niederbank. Weicht von den beiden vorigen im Wesentlichen gar nicht ab. Spec. Gew. 1,3151. Darstellbarer Kohlengehalt 57,1 Prozent Koaks, worin sich 52 Kohle und 5,1 Asche befinden.

15) Leopoldinengrube. Oberbank. Wie die Kohle von der Theodorgrube. Spec. Gew. 1,3165. Darstellbarer Kohlengehalt 56,9 Prozent Kohle, worin sich 54,55 Kohle und 2,35 Asche befinden.

16) Leopoldinengrube. Mittelbank. Ebenfalls wie die vorige. Spec. Gew. 1,3098. Darstellbarer Kohlengehalt 53,5 Prozent Kohle, worin sich 51 Kohle und 2,5 Asche befinden.

17) Leopoldinengrube. Niederbank. Gleichfalls wie die vorigen. Spec. Gew. 1,2906. Darstellbarer Kohlengehalt 54,19 Prozent Koaks, worin sich 51,2 Kohle und 2,99 Asche befinden.

18) Josephagrube. Oberbank. Gehört zu derselben Kohlenart wie die vorigen, und übertrifft jene fast noch in dem ausgezeichneten Wechsel der beiden Kohlenarten, welche beim Verkoaken ein gänzliches Zerfallen der Kohle veranlassen. Spec. Gew. 1,3102. Darstellbarer Kohlengehalt 56,9 Prozent Koaks, worin sich 53,5 Kohle und 3,4 Asche befinden.

19) Josephagrube. Niederbank. Von der vorigen nicht verschieden. Spec. Gew. 1,30815. Darstellbarer Kohlengehalt 58,5 Prozent Koaks, worin sich 54,55 Kohle und 3,95 Asche befinden. Die schwarze, stark glänzende Kohlenart, welche, wenn sie nicht in schwachen Schichten, sondern

in größeren Massen vorkäme, Pechkohle genannt werden würde, verhält sich zu der matten Kohlenart, welche in großen Massen Kennelkohle genannt werden würde, in Rücksicht ihres darstellbaren Kohlengehaltes bei der trocknen Destillation, etwa wie 56 zu 50. In beiden Kohlenarten bleibt aber das Verhältniß des Sauerstoffes zum Wasserstoff gleich.

Sandige Kohlen mit so geringem Kohlengehalt, daß man sie nach ihrem äußeren Ansehen fast für Braunkohle zu halten verleitet wird, sind mir unter allen übrigen Steinkohlenniederlagen in der Preußischen Monarchie nicht weiter vorgekommen. Aber in dem großen Königlichen Mineralien-Cabinet zu Berlin, befinden sich Steinkohlen aus Südamerika, durch Hrn. Sello von dort eingesendet, welche diesen Oberschlesischen vollkommen gleich zu achten sind. Von zwei Kohlen aus Monte Video, von welchen die eine „Alt. de Jouan Carneiro" und die andere „Es^ta^ da Copallinha, Abzug nach Yrapuá hin" bezeichnet ist, hat die erste ein spec. Gewicht von 1,2891, die andere von 1,3175. Jene hinterläßt bei der trockenen Destillation 59,5 Prozent Koaks, worin sich 57,9 Kohle und 1,6 Asche befinden; und diese 59,6 Prozent Koaks, worin 53,3 Kohle und 6,3 Asche. Die Kohlen kommen dabei auch im äußeren Ansehen, nämlich in dem Wechsel der Schichten von der glänzenden schwarzen und von der matten schwarzbraunen Art, mit den Kohlen von der Theodor-, Leopoldinen- und Josephagrube so sehr überein, daß man glauben sollte, sie wären von einer und derselben Lagerstätte genommen worden.

Uebersieht man das Verhalten der auf dem östlichen Oberschlesischen Flötzzuge vorkommenden Kohlen; so ergiebt sich zuerst, daß das Verhältniß des Wasserstoffs zu den andern Bestandtheilen, bei allen Kohlen sehr geringe ist, und daß nur das bekannte liegendste Flötz der innern Mulde, und selbst von diesem nur die Niederbank desselben, ausgezeichnete Backkohlen liefert. Es zeigt sich aber auch ferner bei den Steinkohlen, die auf den Flötzen der inneren Mulde vorkommen, keine wesentliche Verschiedenheit des Verhältnisses des Kohlenstoffes zu den übrigen Bestandtheilen der Kohle, obgleich im Allgemeinen die Steinkohlen von den liegenden Flötzen an Kohle etwas reicher sind, als die von den hangenden Flötzen. Der Unterschied ist indeß sehr unbeträchtlich, und nicht dazu geeignet, besondere Aufmerksamkeit zu erregen. Dagegen nimmt das Verhältniß des Kohlenstoffs in den Kohlen, welche die hangenderen Flötze der äußeren Mulde bilden, ungemein schnell ab, ohne daß das Verhältniß des Sauerstoffs zum Wasserstoff dasselbe bliebe, indem die Kohlen von den hangenden Flötzen der äußeren Mulde durchaus nur Sandkohlen sind, und auch nicht die geringste sinternde Eigenschaft mehr besitzen. Verhältnisse dieser Art für sich allein betrachtet, können jetzt noch nicht zu Aufschlüssen führen; indeß ist es gut, sie nicht unbeachtet zu lassen, um in Verbindung mit anderen Erfahrungen, vielleicht einmal zu unerwarteten Folgerungen Veranlassung zu geben.

2) Der erste mittlere, oder der Nicolaische Flötzzug.

Obgleich sich auf diesem Flötzzuge mehrere Gruben im Betriebe befinden, so sind die zeither erlangten Aufschlüsse über die Lagerung der Flötze doch so höchst unvollkommen, daß man nur aus der Richtung ihres Einfallens auf eine muldenartige Lagerung derselben schließen kann, ohne diese Mulde selbst, und ihren Zusammenhang mit der östlichen zu kennen. Die im Süden dieses Zuges aufsetzenden Flötze, auf welchen die Gruben Treue Caroline und Burghard bauen, haben ein nördliches; die im Norden desselben aufsetzenden Flötze, auf welchen die Gruben Leopold, Friedrich, Anton und Marianne im Betriebe sind, ein südliches Einfallen. Nur von den Flötzen die nach gleichen Weltgegenden einfallen, läßt sich die Lagerungsfolge beurtheilen. So baut die Burghardgrube auf einem hangenden, die Treue Caroline auf einem liegenden Flötze. Die Grube Friedrich hat ein hangendes, Anton ein liegendes Flötz im Abbau. Von den Flötzen der Gruben Leopold und Marianne, läßt sich noch nicht mit Zuverlässigkeit das Verhalten zu den anderen Flötzen angeben.

A. Backkohlen.

1) Grube Friedrich zu Zawada. Die Kohlenmasse erscheint dadurch, daß die glänzende und die matte Kohlenart mit einander verwachsen, und nicht als bestimmte Schichten getrennt sind, ziemlich gleichartig; die Kohle wird aber durch starke Schnüre von Faserkohle in viele kleine Bänke getheilt, so daß sie beim Verkoaken, ungeachtet ihrer backenden Eigenschaft, keine große Koaks geben wird. Dennoch dürften daraus aber recht brauchbare Koaks erfolgen. Spec. Gew. 1,2638. Darstellbarer Kohlengehalt 60 Prozent Koaks, worin sich 57,9 Kohle und 2,1 Asche befinden. In der Zusammensetzung stimmt diese Kohle am mehrsten mit der Kohle No. V überein, indem Wasserstoff und Sauerstoff ziemlich dasselbe Verhältniß wie in jener Kohle haben werden; aber das Verhältniß des Kohlenstoffs ist in der Kohle von der Grube Friedrich geringer wie in der Kohle No. V.

2) Antonsgrube zu Dumbinsko. Die Kohlenmasse selbst ist nicht abweichend von der vorigen, jedoch ist sie mehr zerklüftet. Diese Zerklüftung allein, macht die backenden Kohlen zur Verkoakung durchaus nicht unanwendbar, wohl aber kann die zu häufige Absonderung der Kohlenmasse durch Schnüre von Faserkohle, ein Hinderniß abgeben, um große Koaks zu erhalten. Die Kohlen von der Grube Anton sind aus diesem Grunde nicht geeignet, sehr große, obgleich recht brauchbare Koaks zu liefern. Spec. Gew. 1,2836.

Darstellbarer Kohlengehalt 64,5 Prozent Koaks, worin sich 62,5 Kohle und 2 Asche befinden. Diese Kohle nähert sich in der Zusammensetzung ziemlich der, der Kohle No. V.

3) Mariannengrube. Mittelflötz. Die glänzende Kohlenart ist vorherrschend, aber mit der weniger glänzenden innig verwachsen. Die Kohle ist sehr zerklüftet, aber wegen ihrer backenden Eigenschaft zum Verkoaken völlig geeignet. Spec. Gew. 1,2773. Darstellbarer Kohlengehalt 67,2 Koaks, worin sich 64,9 Kohle und 1,3 Asche befinden. In der Zusammensetzung wird diese Kohle mit der Kohle No. V ziemlich genau übereinstimmen.

B. Sinterkohlen.

1) Mariannengrube. Oberflötz. Beide Kohlenarten sind zu sehr als bestimmte Schichten gesondert, auch wird die Kohlenmasse zu sehr durch Lagen von Faserkohle unterbrochen, als daß diese Kohle zum Verkoaken anwendbar wäre. Spec. Gew. 1,2619. Darstellbarer Kohlengehalt 62,6 Prozent Koaks, worin sich 60,45 Kohle und 2,15 Asche befinden. Die Kohle stimmt in ihrer Zusammensetzung mit der Kohle No. IV. überein.

2) Leopoldgrube zu Ornuntowitz. Beide Kohlenarten sind ziemlich mit einander verwachsen, auch wird die Kohlenmasse durch Schnüre von Faserkohle nicht sehr unterbrochen; allein die Kohle ist sehr zerklüftet, und daher zum Verkoaken nicht sehr geeignet. Spec. Gew. 1,27899. Darstellbarer Kohlengehalt 60,5 Prozent Koaks, worin sich 58,2 Kohle und 2,3 Asche befinden. Auch diese Kohle kommt mit der Kohle No. IV in ihrer Zusammensetzung überein, nur scheint das Verhältniß des Kohlenstoffs zu dem des Sauer- und Wasserstoffs etwas geringer zu seyn.

3) Burghardgrube zu Mokrau. Diese Kohle unterscheidet sich im Wesentlichen gar nicht von der Leopoldgruben-Kohle. Spec. Gew. 1,2804. Darstellbarer Kohlen-

gehalt 61,5 Prozent Koaks, worin sich 56,7 Kohle und 4,8 Asche befinden.

4) Treue Caroline zu Laszisk. Die Kohle stimmt mit den beiden vorigen überein, ist zwar mehr geklüftet, wogegen die Kohlenmasse aber auch weniger durch Schnüre von Faserkohle unterbrochen wird. Sie giebt beim Verkoaken noch ziemlich brauchbare Koaks. Spec. Gew. 1,3066. Darstellbarer Kohlengehalt 59,04 Prozent Koaks, worin sich 56,9 Kohle und 2,14 Asche befinden.

Es scheint, als wenn die Kohlen des ersten mittleren Zuges etwas mehr Wasserstoff enthielten, als die vom östlichen. Der Kohlengehalt ist aber nicht größer, indeß sind die Flötze bis jetzt noch auf zu wenigen Punkten bekannt, um dies Verhältniß genügender übersehen zu können.

3) Der zweite mittlere, oder der Rybniker Flötzzug.

Auf diesem Zuge von sehr geringer Ausdehnung sind jetzt nur drei Gruben im Umgange. Im Süden dieses Zuges baut die Hoymgrube auf einem Flötz mit Nordfallen, und im Norden des Zuges bauen die Charlotte und die Sackgrube auf zwei Flötzen mit südlichem Einfallen. Das Sackgrubenflötz ist ein liegendes von dem Charlottenflötz. Die Beschaffenheit der Kohle und die übrigen Lagerungsverhältnisse machen es ganz unwahrscheinlich, daß jenes südliche Flötz mit Nordfallen, und eines von diesen nördlichen Flötzen mit Südfallen, Muldenflügel eines und desselben Flötzes wären. Die querschlägige Entfernung des Ausgehenden von diesen Flötzen beträgt gegen ¾ Meilen, und ist zum größten Theil mit aufgeschwemmtem Gebirge von großer Mächtigkeit überlagert, so daß die Gegenflügel bis jetzt noch nicht haben aufgefunden werden können.

A. Backende Kohle.

1) Sackgrube zu Czernitz. Beide Kohlenarten sind

in sehr schmalen, aber ziemlich mit einander verwachsenen Schichten getrennt. Die Kohlenmasse wird durch Faserkohle nicht häufig unterbrochen. Die Kohle ist zum Verkoaken recht gut geeignet, indeß würde der ziemlich bedeutende Aschengehalt der Kohle ein Hinderniß seyn, die kleinen in der Grube fallenden Kohlen zu verkoaken, um die Koaks zu metallurgischen Zwecken zu verwenden. Spec. Gew. 1,3623. Darstellbarer Kohlengehalt 58,5 Prozent Koaks, worin sich 52,7 Kohle und 5,8 Asche befinden. Die Kohle steht in ihrer Zusammensetzung der Kohle No. V am nächsten, von welcher sie sich nur durch ein geringeres Verhältniß des Kohlengehalts zum Gehalt an Sauer- und Wasserstoff unterscheidet.

B. Sinterkohlen.

1) Charlottengrube zu Czernitz. Die Kohle besteht bloß aus der glänzenden Art, ist aber ganz ungemein zerklüftet, und daher zum Verkoaken durchaus ganz unanwendbar, obgleich sie zu Flammenfeuer sehr gut benutzt werden kann. Spec. Gew. 1,2736. Darstellbarer Kohlengehalt 66,5 Prozent Koaks, worin sich 64,95 Kohle und 1,55 Asche befinden. Häufige Schiefer- und Lettenschmitze im Flötz, vermindern die Anwendbarkeit dieser Kohle, welche in ihrer Zusammensetzung mit der Kohle No. IV übereinstimmt, und sich von derselben nur durch ein etwas größeres Verhältniß des Kohlenstoffs zum Sauer- und Wasserstoff unterscheidet.

C. Sinterkohle welche in Sandkohle übergeht.

1) Hoymgrube zu Birdultau. Die Kohle gehört zu der glänzenden Art. Die Kohlenmasse ist aber durch Kluftflächen, die auf der Schichtungsebene fast senkrecht stehen, sehr zerstückelt, auch wird sie durch Lagen von Faserkohle häufig unterbrochen, so daß sie zum Verkoaken nicht brauchbar ist. Spec. Gew. 1,3509. Darstellbarer Kohlengehalt 68,9

Prozent Koaks, worin sich 62,1 Kohle und 6,8 Asche befinden. In Rücksicht des Verhältnisses des Wasserstoffs zum Sauerstoff steht diese Kohle in der Mitte zwischen den Kohlen No. III und IV, sich mehr zu der letztern neigend; aber das Verhältniß des Kohlenstoffes zum Sauer- und Wasserstoff wird wohl bei der Hoymgruben-Kohle etwas größer seyn.

Die wenigen Kohlen welche von diesem zweiten mittleren Zuge bekannt sind, zeichnen sich durch einen größern Gehalt an Kohlenstoff, von den Kohlen des östlichen und des ersten mittleren Zuges aus. Zu bemerken ist dabei noch, daß die Flötze dieses Zuges unter sehr viel größeren Winkeln, als die Flötze des ersten mittleren Zuges, und besonders als die Flötze des östlichen Zuges einfallen, welche in der Regel sehr flach gelagert sind.

4) Der westliche, oder der Hultschiner Flötzzug.

Die Kohlen von diesem Zuge zeichnen sich durch den großen Gehalt an Kohlenstoff aus. Die Flötze setzen in sehr geringen querschlägigen Entfernungen parallel neben einander auf, und sind sämmtlich stehend, so daß kein bestimmtes Fallen angegeben werden kann. Einige Flötze scheinen indeß Gegenflügel von andern zu seyn, und beide einer überaus spitzen Mulde anzugehören. Ob die Mulde aber geschlossen sey, oder nicht, ist durch die zeitherigen bergmännischen Aufschlüsse noch nicht ausgemittelt.

A. Backende Kohlen.

1) Stollenflötz. Die Kohle ist von durchaus gleichartiger Masse, die durch Lagen von Faserkohle nur wenig unterbrochen wird. Weil die Lagen der Faserkohle stets der Schichtungsebene parallel sind, so haben sie ebenfalls ein senkrechtes Fallen. Kluftflächen, welche bei Kohlen von sehr großem Kohlenstoffgehalt fast niemals fehlen, durch-

setzen auch die Steinkohlenmasse dieser Kohle in großer Menge, wenn auch nur als feine Risse und kaum bemerkbare Spalten. Zum Verkoaken bleibt die Kohle deshalb aber, wegen ihrer backenden Eigenschaft, ganz vorzüglich anwendbar. Die Kluftflächen haben, so wie sich die Kohle in der Grube befindet, wegen des senkrechten Einfallens des Flötzes, eine fast horizontale Lage. Spec. Gewicht 1,3155. Darstellbarer Kohlengehalt 86,9 Prozent Koaks, worin sich 84,8 Kohle und 2,1 Asche befinden. Die Kohle kommt in ihrer Zusammensetzung mit der, der Kohle No. XI überein, von welcher sie sich in chemischer Rücksicht wahrscheinlich nur durch ein etwas geringeres Verhältniß des Wasserstoffs zum Sauerstoff unterscheidet, indem die Koaks nicht so stark aufgebläht sind, als die von der Kohle No. XI.

2) Wilhelminenflötz. Von der vorigen gar nicht verschieden. Spec. Gewicht 1,33504. Darstellbarer Kohlengehalt 86,8 Prozent Koaks, worin sich 83,6 Kohle und 3,2 Asche befinden.

B. Sinterkohlen.

1) Theresenflötz. Die Kohlenmasse ist sehr rein, weshalb sich die Kohle auch noch zum Verkoaken eignet, obgleich sie mit feinen Kluftflächen stark durchzogen ist. In der Zusammensetzung kommt sie der Kohle No. VII am nächsten, von welcher sie sich durch ein etwas geringeres Verhältniß des Kohlenstoffs zum Sauer- und Wasserstoff unterscheidet. Spec. Gewicht 1,3323. Darstellbarer Kohlengehalt 88,4 Prozent Koaks, worin sich 85,74 Kohle und 2,66 Asche befinden.

2) Grabenflötz. Gar nicht von der vorigen Kohle verschieden. Spec. Gewicht 1,3121. Darstellbarer Kohlengehalt 88,2 Prozent Koaks, worin sich 86,55 Kohle und 1,65 Asche befinden.

C. Sinterkohlen die in Sandkohlen übergehen.

1) Julianenflötz. Eine gleichartige, aber zerklüftete Kohlenmasse, welche sich zum Verkoaken kaum mehr eignet. Spec. Gewicht 1,3194. Darstellbarer Kohlengehalt 88,3 Prozent Koaks, worin sich 86,55 Kohle und 1,75 Asche befinden. In der Zusammensetzung würde diese Kohle, was das Verhältniß des Sauerstoffs zum Wasserstoff betrift, in der Mitte stehen zwischen den Kohlen No. VII und VIII, bei welchen aber das Verhältniß des Kohlenstoffs zum Sauerstoff und Wasserstoff größer ist, als bei den Hultschiner Kohlen vom Julianenflötz.

2) Neues Flötz. Von der vorigen Kohle gar nicht verschieden. Spec. Gew. 1,3195. Darstellbarer Kohlengehalt 88,1 Prozent Koaks, worin sich 86,76 Kohle und 1,34 Asche befinden.

3) Einsiedelflötz. Die Kohle hat mehr Glanz und und ist ungleichartiger wie die vorigen. Das Verhältniß des Sauerstoffs scheint bei ihr größer und das des Kohlenstoffs geringer zu seyn, als bei den beiden vorhergehenden. Bis auf das geringere Verhältniß des Kohlenstoffs würde sie mit der Zusammensetzung der Kohle No. VIII am mehrsten übereinstimmen. Zum Verkoaken ist sie unbrauchbar und überhaupt von den Hultschiner Kohlen die schlechteste, obgleich zur Flammenfeurung sehr anwendbar. Spec. Gew. 1,3474. Darstellbarer Kohlengehalt 87,2 Prozent Koaks, worin sich 82,54 Kohle und 4,66 Asche befinden.

Aus dem Verhalten der Steinkohlen von den verschiedenen Flötzzügen Oberschlesiens scheint hervorzugehen, daß der Kohlenstoffgehalt der Kohle zunimmt, je weiter sie nach Westen hin abgelagert sind. Das Verhältniß des Wasserstoffs zum Sauerstoff scheint hingegen nicht in gleicher Art zuzunehmen.

Der Aschengehalt der Steinkohle konnte natürlich nur von der reinen Kohlenmasse ausgemittelt werden. Zufällige

Ver-

Verunreinigungen der Kohle durch Schiefer und Lettenlagen, die im Flötz selbst vorkommen, würden der Gegenstand einer nähern Untersuchung bei der speciellen Betrachtung eines jeden einzelnen Flötzes seyn, in sofern es Interesse hat, die Anwendbarkeit der Kohlen von irgend einem einzelnen Flötz zu einem bestimmten Zweck ganz genau zu ermitteln. Eben so wenig hat auf die Kluftausfüllungen Rücksicht genommen werden können, welche sich bei den Oberschlesischen Steinkohlen größtentheils nur als Anflug zeigen und dann in der Regel aus kohlensaurer Kalkerde bestehen. Aber auch Schwerspath, Bleiglanz, Blende kommen zuweilen auf den Klüften vor. Des gewöhnlichen Begleiters aller Kohlen, des Schwefelkieses, ist ebenfalls nicht gedacht, obgleich einige Kohlen sich durch die große Menge des in den Kluftflächen abgesetzten Schwefelkieses, von andern unterscheiden, die fast ganz davon frei sind.

Ich habe die Asche von vielen Steinkohlen besonders untersucht, aber immer ein so wenig abweichendes Verhältniß der Bestandtheile gefunden, daß die geringen Abweichungen für die Praxis ganz unbedeutend werden. In speculativer Hinsicht hat die Kenntniß von der Zusammensetzung der Asche ohnedies wenig Werth, weil sie in der That nur als eine mechanische Beimengung von der die Steinkohlenmasse umgebenden Gebirgsart anzusehen ist. Wichtiger würde es vielleicht seyn, die Gebirgsarten selbst einmal einer Analyse zu unterwerfen. Die Asche der Steinkohlen aus den östlichen und aus den beiden mittleren Zügen besteht im Durchschnitt aus:

36,2	Kieselerde
43,5	Thonerde
15,4	Eisenoxyd
2,7	Kalkerde, theils kohlensauer
2,1	Bittererde, theils kohlensauer.

Die Asche aus den Steinkohlen vom westlichen, oder vom

Hultschiner Zuge, fand ich im Durchschnitt zusammengesetzt aus:

33,7 Kieselerde
45,3 Thonerde
7,7 Eisenoxyd
6,4 Kalkerde, theils kohlensauer
6,6 Bittererde, theils kohlensauer

Es läßt sich aus diesen Bestandtheilen auf die der Gebirgsart, welche die Steinkohlenmasse verunreinigte, nicht schließen, weil durch das Einäschern das Eisenoxydul in Oxyd, ein Theil der Kalkerde vielleicht in kohlensaure Kalkerde u. s. f. umgeändert worden seyn können, und weil auch Schwefelkies, und andere kaum sichtbare Anflüge auf den Kluftflächen, zur Aschenbildung beigetragen haben können. Auffallend ist es, daß das Mangan nur in höchst schwachen Spuren in der Asche vorhanden ist, so wie überhaupt in der Asche aus ganz reiner Steinkohlenmasse, fast nur Kiesel und Thonerde gefunden werden. Der von 0,6 bis 11,9 Prozent veränderliche Gehalt der Oberschlesischen Steinkohlen an Asche, zeigt deutlich, daß sehr zufällige Umstände wirksam gewesen seyn müssen, wodurch der Aschengehalt der Steinkohlen bestimmt worden ist.

II. Die Steinkohlen-Niederlage in Niederschlesien.

Im Süden und Osten des Riesengebirges und westlich vom Eulengebirge, befindet sich eine Steinkohlen-Niederlage, welche eine, wahrscheinlich ganz geschlossene, große Mulde bildet. Der äußerste liegende Flötzzug durch welchen diese Steinkohlen-Mulde begränzt wird, ist gegen Osten, Norden und Westen fast ohne Unterbrechung bekannt, nur gegen Süden ist es ungewiß, ob die Mulde sich schließt, oder ob und durch welchen Umstand sie offen bleibt. Kaum eine halbe Meile nordöstlich von Landshut, hat dieser äußerste liegende Flötzzug seine weiteste Erstreckung gegen Norden erreicht. Von hier zieht er sich östlich in bogenförmiger Krümmung ohne Unterbrechung bis Altwasser, ändert sein östliches Hauptstreichen in ein südöstliches und läßt sich gleichfalls ohne Unterbrechung von Altwasser über Charlottenbrun bis Rudolphswalde, wo er die Glätzische Gränze betritt, und von dort mit fast ungeändertem südöstlichem Streichen, am südöstlichem Fuße des Eulengebirges, bis Volpersdorf (etwa ¾ Meilen westlich von Silberberg) verfolgen. Gegen Westen von der äußersten nördlichen Erstreckung des Flötzzuges, bei Landshuth, wird das Streichen südwestlich, über Liebau und über die Schlesisch-Böhmische Gränze bis Schatzlar. Von dort ändert sich die Richtung des Streichens aber wieder gegen Südosten, bis zur Böhmisch-Glätzischen Gränze bei Straußenei, nördlich von Lewin. Beide fast ganz parallel mit einander, aber mit entgegengesetztem Einfallen, von Nordwesten nach Südosten fortstreichende Flügel der großen Mulde, sind folglich gegen Norden, nämlich von Schatzlar über Landshuth nach Altwasser, völlig geschlossen, aber die südliche Verbindung dieser beiden Muldenflügel näher zu erforschen, verhindert das sehr mächtige Sandsteingebirge, welches auch die inneren Flötze dieser großen Mulde, im Fall sie wirklich vorhanden sind, unserer Kenntniß entzieht. Eine Linie von Landshuth nach Wünschelburg, welche die Mittagslinie unter einem Winkel von fast 45 Graden schneidet, würde ziemlich genau die große Achse der Steinkohlen Mulde bezeichnen. Nur die eine, nämlich die nordöstliche Hälfte dieser Mulde gehört den Königl. Preußischen Staaten an; die südwestliche liegt in Böhmen, weshalb auch nur von den Kohlen der ersteren hier die Rede ist.

Die äußeren, oder die liegenden Flötze der Mulde, zeichnen sich sämmtlich durch ihr starkes Fallen aus, welches an mehreren Stellen zwischen 60 bis 70 Grade beträgt. Stöhrungen durch Porphyr kommen auf diesem liegenden Zuge zwar ebenfalls vor, aber ungleich weniger bedeutend, als auf dem mehr hangenden Zuge, dessen Streichungsrichtung durch Porphyr ganz verändert wird. Obgleich die Anzahl der bekannten Flötze wohl gestattet, einen liegenden und einen hangenden Flötzzug zu unterscheiden, so ist es doch einleuchtend, daß die Flötze welche den hangenden Zug bilden, bei der großen Breite der Mulde, noch sehr weit im Liegenden derselben sich befindende Flötze seyn müssen, und daß sich daher auch kaum ein bedeutender Unterschied in der Zusammensetzung der Steinkohlen vom liegenden und vom hangenden Zuge erwarten läßt. Die inneren Flötze der Mulde, welche, als die hangendsten, vielleicht eine größere Verschiedenartigkeit in der Zusammensetzung der Steinkohlen zeigen würden, sind vielleicht auf immer unserer nähern Kenntniß entzogen, denn sie werden durch ein mächtiges Porphyr und Sandsteingebirge bedeckt, welches ihre Aufsuchung und Benutzung verhindert.

Die Abtheilung in zwei Reviere, welche hier befolgt worden ist, nämlich in das Schlesische oder Waldenburger, und in das Glätzische oder Neuröder Revier, hat zwar durchaus keinen geognostischen Grund; sie ist aber zur Erleichterung der Uebersicht, bei der einmal bestehenden bergmännischen technischen Anordnung, beibehalten worden.

1) Das Waldenburger Steinkohlen-Revier.

Das Liegende des Steinkohlengebirges von der Schlesisch-Böhmischen Gränze bis über Altwasser hinaus, ist Uebergangsgebirge. Südlich von Altwasser ruht das Kohlengebirge in der Regel auf dem Gneus und Glimmerschiefer des Eulengebirges. Das Einfallen wechselt von 20 bis 70 Grad; nur auf wenigen Punkten und auf ganz kurze Strecken (David Grube) beträgt der Fallungswinkel weniger als 10 Grad. Das Einfallen der Flötze welche den nördlichen Rand der Mulde bilden, ist natürlich gegen Süden, und ändert sich, bei dem weiteren südöstlichen Fortstreichen der Flötze, mehr oder weniger gegen Südwesten. Die Flötze des hangenden Zuges erleiden durch das Porphyrgebirge sehr wesentliche Stöhrungen in ihrer streichenden Richtung. Eine Hauptstöhrung dieser Art befindet sich zwischen Landshuth und Waldenburg, wo ein mächtiges Porphyrgebirge die Streichungslinie von Westen nach Osten in die von Norden nach Süden dergestalt umgeändert hat, daß die Flötze auf der westlichen Seite des Porphyrs gegen Westen, auf der östlichen Seite desselben gegen Osten einfallen und sich rings um den Porphyr, in von demselben abfallender Richtung, gelagert zu haben scheinen. Eine solche scheinbare Umlagerung des Porphyrs durch das Steinkohlengebirge, findet überhaupt auf allen den Punkten statt, wo sich der Porphyr aus den Steinkohlengebirge hervorhebt. Er bringt daher, so lange die Masse des Steinkohlengebirges noch überwiegend ist, nur lokale Stöhrungen hervor; aber im Hangenden des bis jetzt bekannten hangenden Flötzzuges, wird das Porphyrgebirge, mit den Sandsteinbildungen die eine Folge seines Hervortretens zu seyn scheinen, so vorwaltend, daß das Steinkohlengebirge ganz verschwindet.

Von der Schlesisch-Böhmischen Gränze bis ziemlich weit östlich über Landshuth hinaus, kennt man nur den liegenden Flötzzug, und auch diesen nur in sehr geringer Ausdehnung. Erst östlich von Landshuth entfernt sich das zusammenhängende Porphyrgebirge mehr von dem Uebergangsgebirge, welches das Liegende der Waldenburger Steinkohlenbildung ausmacht, gestattet dieser sich auszubreiten, und beschränkt sich bloß auf die Stöhrungen, welche die einzeln hervortretenden Porphyrmassen auf das regelmäßige Fortstreichen der Flötze hervorbringen.

α. Der liegende Flötzzug.

Auf diesem Zuge bauen, von Landshuth über Altwasser bis zur Schlesisch-Glätzischen Gränze, oder bis zur Gränze des Waldenburger und des Neuröder Reviers gerechnet, die Gruben: Louise bei Landshuth, Emilie Anna bei Gablau, David bei Neu Salzbrun, Morgen und Abendstern bei Weißstein, Seegen Gottes bei Altwasser, Franz Joseph, Goldene Sonne und Laura ebendaselbst, Weißiggrube, Gnade Gottes bei Reussendorf und einige andere.

A. Backende Kohle.

1) Emilie Anna bei Gablau. Die Steinkohle ist eine ganz gleichartige Kohle der glänzenden Art, so daß sie, nach der gewöhnlichen Benennung, eine in Blätterkohle übergehende Pechkohle genannt werden würde. Sie ist zwar sehr zerklüftet, aber nur mit sehr schwachen Schnüren von Faserkohle durchzogen, folglich würde sie sich zum Verkoaken vortreflich eignen. Spec. Gewicht 1,29905. Darstellbarer Kohlengehalt 75,5 Prozent Koaks, worin sich 73,1 Kohle und 2,4 Asche befinden. In der Zusammensetzung steht diese Kohle der Kohle No. V sehr nahe, aber das Verhältniß des Kohlenstoffs zu dem des Sauerstoffs und Wasserstoffs ist bei ihr größer. Das des Wasserstoffs zum Sauerstoff scheint bei beiden Kohlenarten nicht sehr verschieden zu seyn, jedoch bei dieser Kohle vielleicht etwas größer als bei der Kohle No. V.

2) Seegen Gottesgrube bei Altwasser. Vom 10. Flötz, in der tiefen Stollensohle. Die glänzende und die weniger glänzende Art sind theils mit einander verwachsen, theils in undeutlichen Schichten getrennt, wodurch die Kohle das Ansehen einer in Schieferkohle übergehenden Blätterkohle erhält, weil die glänzende Art vorwaltend ist. Die Kohle ist zwar wenig zerklüftet, allein sie zeigt viele Absonderungsflächen mit büschelförmig aus einander laufenden

Streifen, welche eine Folge der Veränderungen in der Lage zu seyn scheinen, welche das ganze Flötz erlitten hat. Diese glatten Absonderungsflächen durchschneiden nämlich die Richtung der ursprünglichen Schichtung, so daß es scheint, als ob die Kohlenmasse, bei der Veränderung der flachen Lagerung des Flötzes in die stark gegen den Horizont geneigte, noch in einem erweichten Zustande befindlich gewesen seyn müsse. Spec. Gew. 1,3043. Darstellbarer Kohlengehalt 67,5 Prozent Koaks, worin sich 65 Kohle und 2,5 Asche befinden. Die Zusammensetzung dieser, zum Verkoaken vortrefflich geeigneten Kohle, ist von der Kohle No. V. wohl sehr wenig abweichend.

3) Franz Joseph bei Altwasser. Eine völlig gleichartige Kohle der glänzenden Art, und dabei wenig zerklüftet, auch mit dünnen Schnüren von Faserkohle nur sparsam durchzogen, so daß sie ebenfalls für eine in Pechkohle übergehende Blätterkohle gelten würde. Spec. Gew. dieser, zum Verkoaken ungemein geeigneten Kohle = 1,276039. Darstellbarer Kohlengehalt 68,8 Prozent Koaks, worin sich 66,55 Kohle und 2,25 Asche befinden. Auch diese Kohle ist von der Kohle No. V. in der Zusammensetzung wesentlich nicht verschieden.

4) Weißiggrube. Vom 30zölligen Flötz, im flachen Pfeilerschacht. Die Kohle ist von der vom 10ten Flötz der Seegen Gottesgrube nicht verschieden, nur ist die matte Kohlenart etwas mehr vorwaltend. Spec. Gew. 1,30229. Darstellbarer Kohlengehalt 62,67 Prozent Koaks, worin sich 60,77 Kohle und 1,9 Asche befinden. Das Verhältniß des Kohlenstoffs mag bei dieser Kohle etwas geringer seyn, als bei der Kohle No. V, von welcher sie übrigens in der Zusammensetzung sehr wenig abweicht.

5) Gnade Gottes. Vom 3ten Flötz, in $17\frac{1}{2}$ Lachter Teufe des Taubeschachts. Die Kohle stimmt ganz mit der von der Weissiggrube überein. Spec. Gew. 1,285076. Dar-

stellbarer Kohlengehalt 66,8 Prozent Koaks, worin sich 62,15 Kohle und 4,65 Asche befinden.

6) Gnade Gottes. Eben daher. Beide Kohlenarten sind inniger mit einander verwachsen, und die glänzende Art vorwaltender als bei der vorigen, so daß die Kohle eine in Pechkohle übergehende Blätter-Schieferkohle seyn würde. Sehr wenig dünne Anthracitschnüre, und die Kohle ist daher zum Verkoaken sehr geeignet. Spec. Gew. 1,27377. Darstellbarer Kohlengehalt 73,5 Prozent Koaks, worin sich 67,8 Kohle und 5,7 Asche befinden. Das Verhältniß des Kohlengehaltes mag bei dieser Kohle etwas größer seyn, als in der Kohle No. V, von welcher sie sonst in der Zusammensetzung nicht abweicht.

7) Gnade Gottes vom 4ten Flötze, in 19½ Lachter flacher Teufe des Päßlerschachtes. Beide Kohlenarten sind in stärkeren Schichten, die aber genau mit einander verwachsen sind, deutlich von einander geschieden, wodurch die Kohle das Ansehen einer in Blätterkohle (und zum Theil in Pechkohle) übergehenden Schieferkohle erhält. Faserkohle kommt selten vor, so daß die Kohle gute Koaks geben wird. Spec. Gew. 1,303776. Darstellbarer Kohlengehalt 69,5 Prozent Koaks, worin sich 65,6 Kohle und 3,9 Asche befinden. Die Zusammensetzung ist von der der Kohle No. V unwesentlich verschieden, nur scheint das Verhältniß des Wasserstoffs zum Sauerstoff bei dieser Kohle etwas geringer, als bei der Kohle No. V zu seyn.

B. In Sinterkohle übergehende Backkohlen.

1) Steinkohle vom Friedrich Wilhelm Erbstollen. Dieser tiefe Stollen, welcher im Liegenden des Steinkohlengebirges, nämlich in dem Uebergangsgebirge bei Altwasser angesetzt ist, um zuvörderst die Flötze des liegenden Zuges, demnächst aber auch die vorliegenden Flötze des hangenden Zuges in größerer Teufe zu lösen, hat ein äußerstes

liegendes Steinkohlenflötz von 18 Zoll Mächtigkeit überfahren, welches jedoch nicht gebaut wird. Die Kohle ist verworren dick- bis feinschiefrig, der Querbruch eben, und im Großen unvollkommen flachmuschlich. Farbe bräunlich schwarz. Im Bruch schimmernd, aber auf den schiefrigen Ablosungsflächen, parallel der Schichtung und zum Theil diese durchschneidend, stark glänzend, von Fettglanz. Die Kohle brennt sehr leicht, mit Hinterlassung von viel Asche. Sie hat ganz das Ansehen der Kennelkohle, und würde auch nicht anders zu bestimmen seyn, wenn sie durch die glänzenden Ablosungsschichten nicht ein fremdartiges Ansehen erhielte. Diese Ablosungsflächen haben ganz das Ansehen der Saalbänder bei den Gängen, und deuten auf eine gewaltsam statt gefundene Reibung, welche ohne Zweifel zu der Zeit statt fand, als das Flötz die jetzige, stark gegen den Horizont geneigte Lage erhielt. Spec. Gew. 1,42647. Darstellbarer Kohlengehalt 55,9 Prozent Koaks, worin sich 29,4 Kohle und 26,5 Asche befinden. Wegen dieses großen Aschengehalts ist die Kohle als solche wenig, und als Koak gar nicht brauchbar. In der Zusammensetzung würde diese Kohle, was das Verhältniß des Wasserstoffs zum Sauerstoff betrifft, in der Mitte stehen zwischen den Kohlen No. IV und V, aber mit dem Unterschiede, daß das Verhältniß des Kohlenstoffs zu den beiden andern Bestandtheilen etwas geringer ist. Sie nähert sich also der Zusammensetzung der backenden Kennelkohle No. IX, aber mit einem weit größeren Verhältniß des Sauerstoffs zum Wasserstoff.

2) Morgen- und Abendstern. Vom 30 zölligen Flötz, aus der westlichen Rösche. Die glänzende Kohlenart ist vorwaltend, und die Kohle erhält sowohl dadurch, als durch die häufigen Zerklüftungen, das Ansehen einer Blätterkohle, welche aber, wegen der vielen Schnüre von Faserkohle, einen Uebergang in Schieferkohle bilden würde. Die Kohle ist zum Verkoaken nicht geeignet, und steht in der

Zusammensetzung der Kohle No. IV näher als No. V. Spec. Gew. 1,30889. Darstellbarer Kohlengehalt 68,4 Prozent Koaks, worin sich 65,3 Kohle und 3,1 Asche befinden.

3) Morgen- und Abendstern. Vom 50 zölligen Flötz, aus der westlichen Rösche. Beide Kohlenarten sind innig mit einander verwachsen, und die matte vorwaltend, so daß die Kohle das Ansehen der Schieferkohle erhält. Schnüre von Faserkohle sind nicht häufig, und die Kohle wird daher in Stücken zum Verkoaken sehr gut geeignet seyn. Spec. Gew. 1,2776. Darstellbarer Kohlengehalt 65 Prozent Koaks, worin sich 63,4 Kohle und 1,6 Asche befinden. Auch diese Kohle steht in der Zusammensetzung der Kohle No. IV näher als der Kohle No. V.

C. Sinterkohlen.

1) David bei Neu-Salzbrunn. Die glänzende Kohlenart ist sehr stark vorwaltend, so daß die Kohle dadurch, und durch die auf die Schichtungsebene fast senkrecht stehenden, jedoch nicht sehr häufigen Kluftflächen, das Ansehen einer Blätterkohle erhält. Schnüre von Faserkohle sind ziemlich häufig, jedoch mehrentheils mit der Kohlenmasse verwachsen. Die Kohle wird beim Verkoaken nur kleine Koaks geben, welche jedoch in niedrigen Schachtöfen, bei nicht zu starkem Druck, allenfalls noch brauchbar sind. In der Zusammensetzung weicht diese Kohle von der Kohle No. IV wenig ab, nur scheint der Kohlenstoffgehalt etwas größer zu seyn. Spec. Gew. 1,2954. Darstellbarer Kohlengehalt 68 Prozent Koaks, worin sich 66 Kohle und 2 Asche befinden.

2) Seegen Gottesgrube. Vom sechsten Flötz. Die ganze Kohlenmasse ist sehr gleichartig, und weder zur glänzenden noch zur mattten Art entschieden zu rechnen, so daß es schwer seyn würde zu bestimmen, ob sie eine Schiefer- oder eine Blätterkohle zu nennen sey. Dabei zeigt aber die Masse eine große Verworrenheit im Gefüge, indem die Kluft-

flächen welche die Schichtungsebene gewöhnlich unter einem fast rechten Winkel durchschneiden, ganz krumm gewunden erscheinen. Außerdem kommen sehr große und stark glänzende Ablosungsflächen zum Vorschein, ganz so wie sie sich bei der Kennelkohle aus dem Friedrich Wilhelm Stollen zeigen. Dies ganze äußere Verhalten der Steinkohlenmasse läßt auf eine gewaltsame Aenderung des Gefüges schließen, zu einer Zeit als die Masse vielleicht noch nicht ganz fest geworden war. Spec. Gew. 1,31303. Darstellbarer Kohlengehalt 68,5 Prozent Koaks, worin sich 63 Kohle und 5,5 Asche befinden. Die Kohle ist für Flammenfeuer vortrefflich geeignet, aber zum Verkoaken völlig unbrauchbar, wegen der häufigen Zerklüftung. In der Zusammensetzung ist sie von der der Kohle No. IV wenig abweichend.

3) Goldene Sonne. Vom 25 zölligen Flötz. Die Kohle gehört zur glänzenden Art, ist häufig zerklüftet, und zeigt dabei, obwohl in einem geringeren Grade wie die vorige, dieselbe Verworrenheit des Gefüges. Spec. Gew. 1,3383. Darstellbarer Kohlengehalt 67,6 Prozent Koaks, worin sich 65 Kohle und 2,6 Asche befinden.

4) Weißiggrube. Vom 50 zölligen Flötz. Beide Kohlenarten sind mit einander verwachsen, aber die matte entschieden vorwaltend, wodurch die Kohle das Ansehen der Schieferkohle erhält. Zum Verkoaken in Stücken ist sie recht gut geeignet, weil die Kohlenmasse durch Schnüre von Faserkohle sehr wenig unterbrochen wird. Spec. Gewicht 1,3305. Darstellbarer Kohlengehalt 67,5 Prozent Koaks, worin sich 61,2 Kohle und 6,3 Asche befinden. In der Zusammensetzung wahrscheinlich von der der Kohle No. IV gar nicht verschieden. Auch diese Kohle zeigt glänzende Ablosungsflächen, welche die Richtung der Schichtungsebenen durchschneiden, und auf ein gewaltsames Aneinanderreiben der Kohlenmasse schließen lassen.

5) Laura. Vom fünften Flötz, in der Röschensohle. Die Kohle gehört zu der glänzenden Art, und die Masse ist völlig gleichartig. Sie würde eine in Pechkohle übergehende Blätterkohle zu nennen, und zum Verkoaken eben so brauchbar seyn, als sie zur Flammenfeuerung vortrefflich geeignet ist, wenn die Kohlenmasse nicht sehr stark mit feinen Rissen und schwachen Klüften, senkrecht auf der Schichtungsebene, durchzogen wäre, so daß sie, wegen ihrer bloß sinternden Eigenschaft, beim Verkoaken zu kleinen Koaks zerfallen wird. In der Zusammensetzung stimmt sie mit der Kohle No. IV überein, und unterscheidet sich von derselben nur durch einen etwas größeren Gehalt an Kohlenstoff. Spec. Gew. 1,30167. Darstellbarer Kohlengehalt 68,5 Koaks, worin sich 66,35 Kohle und 2,15 Asche befinden.

D. Sandkohlen die in Sinterkohlen übergehen.

1) Laura. Vom 5ten Flötz, in der Rösche. Die Kohlenmasse ist sehr gleichartig, und mehr der glänzenden Art angehörig, weshalb man sie als eine in Schieferkohle übergehende Blätterkohle bezeichnen würde. In dem vorgelegten Probestück ist sie wenig zerklüftet; auch von Schnüren von Faserkohle sehr rein, so daß sie in Stücken zum Verkoaken sehr anwendbar seyn müßte. In der Zusammensetzung hält diese Kohle, so wie die folgende, in Rücksicht des Verhältnisses des Wasserstoffs zum Sauerstoff, das Mittel zwischen der Kohle No. III und No. IV, allein das Verhältniß des Kohlenstoffs zu den andern beiden Bestandtheilen ist größer. Spec. Gew. 1,29752. Darstellbarer Kohlengehalt 73,5 Prozent Koaks, worin sich 71,1 Kohle und 2,4 Asche befinden.

2) Laura. Viertes Flötz. Röschensohle. Gleichartige Kohlenmasse der glänzenden Art, aber sehr zerklüftet, und dadurch das Ansehen einer in Pechkohle übergehenden Blätterkohle erhaltend. Ziemlich häufige Schnüre von Faser-

kohle geben dieser Kohle in großen Stücken ein schiefriges Ansehen. Zum Verkoaken ist die Kohle nicht brauchbar, aber zur Flammenfeuerung sehr anwendbar. Spec. Gew. 1,30369. Darstellbarer Kohlengehalt 70 Prozent Koaks, worin sich 68,15 Kohle und 1,85 Asche befinden.

3) Laura. Drittes Flötz. Aus der Rösche. Eine sehr stark zerklüftete Kohle der glänzenden Art, wodurch sie völlig das Ansehen von Blätterkohle erhält. Schnüre von Faserkohle trennen die Kohlenmasse sehr häufig, und theilen sie in oft kaum ½ Zoll starke Schichten. Die Kohle ist zum Verkoaken völlig unbrauchbar, aber für Flammenfeuerung gut geeignet. Spec. Gew. 1,28351. Darstellbarer Kohlengehalt 71,8 Prozent Koaks, worin sich 69,85 Kohle und 1,95 Asche befinden.

4) Gnade Gottes. Viertes Flötz, Päszler Schacht. Die matte Kohlenart ist überwiegend vorwaltend, und mit der glänzenden Art so innig verwachsen, daß man die Kohle als eine in Kennelkohle übergehende Schieferkohle bezeichnen würde, wenn der Glanz noch etwas geringer wäre. Die Kohle ist weder zerklüftet, noch, wenigstens in dem vorgelegten Probestück, mit Schnüren von Faserkohle verunreinigt, so daß sie in Stücken ganz vorzüglich zum Verkoaken geeignet seyn muß. Spec. Gew. 1,38154. Darstellbarer Kohlengehalt 75 Prozent Koaks, worin sich nur 62 Kohle und 13 Asche befinden, so daß dieser starke Aschengehalt ein Hinderniß ist, die Kohle zum Verkoaken zu benutzen.

β. Der hangende Flötzzug.

Es bauen auf diesem Zuge, ebenfalls von Nordwest nach Südosten gerechnet, unter anderen die Gruben: Gustav bei Schwarzwalde, kombinirte Abendröthe bei Kohlau, Beste Grube, Friedens-Hoffnung und Glückhilfgrube, sämmtlich bei Hermsdorf, Frohe Ansicht und Annagrube bei Weißstein, Fuchsgrube, Louise-Auguste und Therese, alle drei bei Waldenburg.

A. Backende Kohlen.

1) Gustavgrube. Franzschacht. Die vorwaltende glänzende Kohlenart ist mit schwachen Lagen der weniger glänzenden Art sehr innig verwachsen, weshalb sie auch als eine in Schieferkohle übergehende Blätterkohle bezeichnet werden würde. Schnüre von Faserkohle, welche die Kohlenmasse trennen, sind selten, aber die Kohle zeigt häufig glänzende Ablosungsflächen, theils glatt, theils mit büschelförmig auseinander laufenden Streifen, die nicht gewöhnliche Zerklüftungsflächen, als Folge des Erhärtens der Masse sind, wovon diese Kohle ziemlich frei ist. Wegen der backenden Eigenschaft sind die Absonderungsflächen beim Verkoaken ganz unschädlich. Spec. Gew. 1,2709. Darstellbarer Kohlengehalt 69,9 Prozent Koaks, worin sich 68 Kohle und 1,9 Asche befinden. Die Zusammensetzung dieser, so wie der folgenden backenden Kohlen, weicht von der Kohle No. V wenig ab, nur daß das Verhältniß des Kohlenstoffs zu den andern Bestandtheilen bald etwas größer, bald etwas geringer seyn mag.

2) Kombinirte Abendröthe. Viertes Flötz. Borstelschacht. $20\frac{1}{8}$ Lachter tief. Die Kohle ist von der vorigen nur dadurch verschieden, daß die Kohlenmasse ungleich häufiger durch Schnüre von Faserkohle getrennt wird, wodurch sie noch mehr das Ansehen einer Schieferkohle erhält, und zum Verkoaken untauglich seyn würde, wenn sie nicht backend wäre. Spec. Gew. 1,2975. Darstellbarer Kohlengehalt 75 Prozent Koaks, worin sich 70,1 Kohle und 4,9 Asche befinden.

3) Kombinirte Abendröthe. Fünftes Flötz. Haferschacht. $14\frac{5}{8}$ Lachter tief. Ausgezeichnet gleichartige, aus der glänzenden Kohlenart bestehende Masse, welche aber durch auf der Schichtung fast senkrechte Spalten und Risse sehr zerklüftet ist, wodurch sie das Ansehen einer in Pech-

kohle übergehenden Blätterkohle erhält. Die Zerklüftung ist der Anwendung dieser Kohle zum Verkoaken nicht hinderlich, weil sie eine Backkohle ist. Spec. Gew. 1,27235. Darstellbarer Kohlengehalt 67 Prozent Koaks, worin sich 64,3 Kohle und 2,7 Asche befinden. Diese Kohle macht sehr einen Uebergang aus Backkohle in Sinterkohle, weshalb auch die kleinen Kohlen aus der Grube, durch langes Liegen auf der Halde, ihre backende Eigenschaft verlieren werden.

4) Kombinirte Abendröthe. Elftes Flötz. Rainschacht. $15\frac{1}{2}$ Lachter tief. Die Kohlenmasse besteht bloß aus Kohle der glänzenden Art, die aber durch Risse und Spalten, fast senkrecht auf der Schichtungsebene, sehr zerklüftet, und außerdem, durch Lagen von Faserkohle, in Schichten von $\frac{1}{8}$ bis 1 Zoll Höhe abgetheilt ist. Sie würde als eine Blätterkohle aufgeführt werden. Wegen ihrer guten backenden Eigenschaft ist sie zum Verkoaken sehr geeignet. Spec. Gew. 1,2733. Darstellbarer Kohlengehalt 72 Prozent Koaks, worin sich 71 Kohle und 1 Asche befinden.

5) Fuchsgrube. 15tes Flötz. Rauchschacht. 21 Lachter tief. Eine sehr gleichartige und wenig zerklüftete Kohlenmasse der glänzenden Art, so daß die Kohle für eine in Pechkohle übergehende Blätterkohle gehalten werden würde, wenn nicht sehr häufige Schnüre von Faserkohle, welche zwar größtentheils mit der Kohlenmasse verwachsen sind, dieselbe aber doch in erkennbare Schichten von der Höhe weniger Linien abtheilen, der Kohle im Großen mehr ein Ansehen von Blätterkohle gäben, die in Schieferkohle übergeht. Spec. Gew. 1,3284. Darstellbarer Kohlengehalt 65 Prozent Koaks, worin sich 60 Kohle und 5 Asche befinden. Auch diese Kohle macht so sehr den Uebergang zu Sinterkohle, daß sie in kleinen Stücken, an der Luft, bald ihre backende Eigenschaft verliert.

6) Friedens-Hoffnung. Frauenflötz. Die Kohle ist von der unter 3) aufgeführten durchaus nicht verschieden.

Nur das Verhältniß des Wasserstoffs zum Sauerstoff ist etwas größer, weil die Kohle beim Verkoaken mehr Lockerheit zeigt, als es bei den Koaks von den Kohlen des 5ten Flötzes der kombinirten Abendröthe der Fall ist. Spec. Gew. 1,3088. Darstellbarer Kohlengehalt 69,9 Prozent Koaks, worin sich 65,24 Kohle und 4,66 Asche befinden. Diese Kohle ist zu den besseren des ganzen Reviers zu zählen.

7) Glückhilfgrube. Vom 3ten Flötz. Bülowschacht, $21\frac{3}{8}$ Lachter tief. Die Kohle verhält sich ganz so wie die unter 6 von der Friedens-Hofnung, nur daß sie noch weit mehr zerklüftet ist, welches ihrer Anwendung jedoch, wegen der vortrefflichen backenden Eigenschaft, durchaus nicht nachtheilig ist. Spec. Gewicht 1,2625. Darstellbarer Kohlengehalt 65,8 Prozent Koaks, worin sich 64,8 Kohle und 1 Asche befinden.

8) Glückhilfgrube. Viertes Flötz. Tauenzienschacht, 19 Lachter tief. Mit der vorigen völlig übereinstimmend. Spec. Gewicht 1,2762. Darstellbarer Kohlengehalt 68 Prozent Koaks, worin sich 67,2 Kohle und 0,8 Asche befinden.

9) Frohe Ansicht und Anna, vom stehenden Flügel der dortigen (durch Porphyr veranlaßten) Mulde. Die Kohlenmasse ist zwar sehr gleichartig, aber ziemlich zerklüftet. Die Kluftflächen haben keine bestimmte Richtung, sondern theilen die Kohlenmasse oft in krummschalig abgesonderte Stücken, obgleich in der Hauptsache die gewöhnliche Richtung der Kluftflächen, fast senkrecht auf der Schichtung, die vorwaltende ist. Spec. Gewicht 1,2674. Darstellbarer Kohlengehalt 65,2 Prozent Koaks, worin sich 64 Kohle und 1,2 Asche befiuden.

B. Backkohlen, die den Uebergang zu Sinterkohlen machen.

Von den folgenden Kohlen würden einige wohl mit

dem-

demselben Recht unter A aufzuführen gewesen seyn, mit welchem die unter A 3 und 5 genannten Kohlen dort, und nicht hier aufgenommen worden sind, und wirklich könnte eine solche Stellung, nach den Erfolgen beim Verkohlen großer Quantitäten, auch wohl statt finden müssen; allein die Resultate welche die trockne Destillation bei kleinen Quantitäten zerpulverter Kohle ergab, deuteten auf ein etwas geringeres Verhältniß des Wasserstoffs zum Sauerstoff in den folgenden Kohlen, obgleich die Uebergänge so unmerklich sind, daß es oft sehr schwer ist zu entscheiden, ob die Kohle wirklich noch als eine backende anzusehen ist. Uebrigens ist die Zusammensetzung der folgenden Kohlen ebenfalls sehr wenig von derjenigen abweichend, welche aus der Analyse der Kohle No. V hervorgeht.

1) Glückhilfgrube. Zweites Flötz. Bülowschacht, 21⅗ Lachter tief. Die Kohlenmasse ist durchaus gleichartig und zwar von der glänzenden Art. Sie ist wenig zerklüftet und auch von Lagen von Faserkohle sehr rein, weshalb sie ganz das Ansehen einer in Pechkohle übergehenden Blätterkohle besitzt und zum Verkoaken ganz vorzüglich geeignet ist. Der Wasserstoffgehalt ist wahrscheinlich noch groß genug, um auch die in der Grube fallenden kleinen Kohlen verkoaken zu können. Spec. Gew. 1,2888. Darstellbarer Kohlengehalt 67,1 Prozent Koaks, worin sich 63,8 Kohle und 3,3 Asche befinden.

2) Glückhilfgrube. Drittes Flötz. Bülowschacht. Sie bildet auf diesem Flötz das Hangende, als eine 3 Zoll starke Bank. Unter der Bezeichnung „Schieferkohle, welche an der Gränze des Brandschiefers steht" ist sie mir zugekommen. Die Kohle besteht aus einer sehr gleichartigen Kohlenmasse der weniger glänzenden Art und hat ebene, flachmuschliche Bruchflächen, ist also wirkliche Kennelkohle. Spec. Gew. 1,3772. Darstellbarer Kohlengehalt 67,5 Prozent Koaks, worin sich 50,9 Kohle nnd 16,6 Asche be-

finden. Zum Verkoaken würde sie sehr gut geeignet seyn, wenn der große Aschengehalt, welcher zugleich die technische Benennung einer in Brandschiefer übergehenden Schieferkohle rechtfertigt, die Koaks nicht unanwendbar machte.

3) Beste Grube. Vom liegenden Flötz, Eugenschacht. Eine glänzende und eine weniger glänzende Kohlenart, welche einander aber sehr nahe stehen, sind schichtweise aufs innigste mit einander verwachsen. Die Kohlenmasse ist nicht sehr zerklüftet und hat daher das Ansehen einer in Pechkohle übergehenden Blätterkohle. Zum Verkoaken sehr gut geeignet und wahrscheinlich auch noch zur Bereitung von Backkoaks aus den kleinen Kohlen anwendbar. Spec. Gew. 1,2944. Darstellbarer Kohlengehalt 65,5 Prozent Koaks, worin sich 61,7 Kohle und 3,8 Asche befinden.

4) Therese; Niederflötz, Versuchschacht, 9½ Lachter tief. Auch bei dieser Kohle wechseln die glänzende und die weniger glänzende Art, welche ebenfalls nicht sehr von einander verschieden sind, in dicht verwachsenen Schichten mit einander ab. Der Glanz ist reiner Pechglanz und daher erhält die wenig zerklüftete Kohle das Ansehen einer in Pechkohle übergehende Blätterkohle. Lagen von Faserkohle kommen zwar nicht selten vor, aber sie sind nicht isolirt, sondern mit der Kohlenmasse verwachsen. Diese Kohle nähert sich der Zusammensetzung der wirklichen Sinterkohle, durch die Abnahme des Wasserstoffgehaltes so sehr, daß die in der Grube fallenden kleinen Kohlen zum Verkoaken nicht mehr anwendbar seyn werden, obgleich sie in Stücken sehr gute Koaks geben wird. Spec. Gew. 1,29399. Darstellbarer Kohlengehalt 66,9 Prozent Koaks, worin sich 65,45 Kohle und 1,45 Asche befinden.

C. Sinterkohlen.

1) Kombinirte Abendröthe. Neuntes Flötz. Wilhelminenschacht, 16¾ Lachter tief. Eine sehr zerklüftete

Kohle der glänzenden Art; die Hauptkluftflächen senkrecht auf der Schichtung. Lagen von Faserkohle theilen die Kohlenmasse in Bänke von 1 Zoll Höhe. Die Kohle würde Blätterkohle genannt werden. Zum Verkoaken durchaus untauglich, aber zur Flammenfeurung sehr anwendbar, besonders um starke Schmelzhitze hervorzubringen. Spec. Gewicht 1,2779. Darstellbarer Kohlengehalt 74 Prozent Koaks, worin sich 71,5 Kohle und 2,5 Asche befinden. In der Zusammensetzung steht diese Kohle, was das Verhältniß des Wasserstoffs zum Sauerstoff betrift, der Kohle No. IV am nächsten, von welcher sie sich aber durch einen ungleich größeren Gehalt an Kohlenstoff unterscheidet.

2) Louise Auguste. Zweites Flötz. Bülowschacht. Die Kohle ist äußerlich von der Kohle B 4 von der Theresengrube gar nicht verschieden; auch in der Zusammensetzung weicht sie vielleicht nur durch einen sehr unbeträchtlich geringeren Gehalt an Wasserstoff von derselben ab. Die kleinen Kohlen aus der Grube werden sich nicht mehr verkoaken lassen, aber in Stücken wird die Kohle sehr gute Koaks geben. Spec. Gew. 1,2806. Darstellbarer Kohlengehalt 66,5 Prozent Koaks, worin sich 65,2 Kohle und 1,3 Asche befinden. Die Kohle stimmt in der Zusammensetzung mit der der Kohle No. IV sehr nahe überein.

3) Fuchsgrube. Achtes Flötz. Bremsschacht No. VI in der Stollensohle. Schichten der glänzenden und weniger glänzenden Art, wechseln ab, sind aber mit einander verwachsen. Lagen von Faserkohle theilen die Kohlenmasse in Bänke von etwa 1 Zoll Höhe. Die Kohle hat das Ansehen einer in Schieferkohle übergehenden Blätterkohle, die durch Risse und Kluftflächen, fast senkrecht auf der Schichtungsebene, sehr zerklüftet ist. Zum Verkoaken ganz unbrauchbar, besonders weil sie wegen des abnehmenden Wasserstoffgehalts schon einen starken Uebergang in Sandkohle macht, und in dieser Rücksicht zwischen den Kohlen

No. III und IV in der Mitte steht, beide aber an Kohlenstoffgehalt sehr übertrift. Spec. Gewicht 1,3251. Darstellbarer Kohlengehalt 70 Prozent Koaks, worin sich 64,8 Kohle und 5,2 Asche befinden.

D. Sandkohlen.

1) Kombinirte Abendröthe. Sechstes Flötz. Hünerbeinschacht, 20⅜ Lachter tief. Kohle der glänzenden Art, stark zerklüftet durch Ablosungsflächen, fast senkrecht auf der Schichtung, und durch Lagen von Faserkohle in kaum 1 Zoll hohe Bänke getheilt. Zum Verkoaken völlig unbrauchbar. Steht zwischen den Kohlen No. III und VIII, in Rücksicht des Verhältnisses des Wasserstoffs zum Sauerstoff, und des Kohlenstoffes zu beiden, in der Mitte. Zur Flammenfeuerung sehr anwendbar. Spec. Gew. 1,3114. Darstellbarer Kohlengehalt 81 Prozent Koaks, worin sich 76,8 Kohle und 4,2 Asche befinden.

2) Fuchsgrube. Siebenzehntes Flötz, vom Ausgehenden in einem Schurfe bei dem Bironschacht. Die Kohle ist als taube Steinkohle eingesendet. Sie bildet eine ungemein zerklüftete Masse, ohne alle Festigkeit und Zusammenhang, so daß sie leicht zerfällt und sich noch leichter zerbröckeln läßt. Spec. Gew. 1,3782. Darstellbarer Kohlengehalt 59,1 Prozent Koaks, worin sich 57 Kohle und 2 Asche befinden. Diese Kohle stimmt in ihrer Zusammensetzung mit der Kohle No. III sehr überein.

2) Das Neuröder Steinkohlen Revier

So wie der Flötzzug bei seinem südöstlichen Fortstreichen die äußerste Erstreckung erreicht hat, wendet er sich plötzlich, unter einem Winkel von kaum 45 Graden, mit einer streichenden Richtung von Süden nach Norden, und mit entgegengesetztem oder mit östlichem Einfallen, so daß sich auf diesem Punkt eine specielle Mulde bildet, deren Verhalten aber noch nicht genau genug bekannt ist, um beurtheilen zu können, ob beim weitern Fortstreichen des westlichen Flügels, worauf unter andern die Grube Fortuna baut, eine abermalige Wendung statt findet, wodurch die Flötze wieder in ihre vorige Streichungs und Fallungsebene kommen. Ein Hornblendartiges Gebirge, welches inselartig aus dem Steinkohlengebirge hervorragt, dient dem letztern als Grundgebirge, so daß sich an dessen westlichem Abhange die Kohlenflötze mit westlichem Einfallen wieder anlegen. Auf diesem Zuge bauen die Gruben Gustav und Heinrich, Joseph, Bessere Zukunft, Glückauf Anton, Johann Baptista, und Frischauf. Der Zusammenhang dieses Zuges mit jenem Muldenflügel ist noch nicht bekannt. Ob also dieser zweite, oder der westliche Zug, aus denselben Flötzen wie der Hauptzug besteht, oder ob es wirklich hangende Flötze von jenem sind, welche den östlichen Zug bilden, ist mit Zuverläßigkeit noch nicht zu bestimmen. Auf dem östlichen, oder dem Hauptzuge, bauen, von der Schlesisch-Böhmischen Gränze bis zur äußersten südlichen Erstreckung, die Gruben Glückauf Louis, Jacob, Neuer Wilhelm, Ferdinand, Rudolph, Valentin; und auf hangenderen Flötzen desselben Zuges, die Gruben: Friedrich Gegentrum, Wencislaus, Friedrich. Auf dem westlichen Zuge, welcher sich weiter gegen Süden erstreckt, als der östliche oder als der Hauptzug, machen die Flötze abermals eine Wendung unter einem Winkel von 60 Graden und bilden wieder eine specielle Mulde, deren südwestlicher Flügel mit nordöstlichem Einfallen noch nicht weiter bekannt ist. Auf diesem Wendungspunkt der Flötze baut die Grube Frischauf bei Eckersdorf. Manche Kohlen des Neuröder Reviers sind durch Letten, nicht sowohl auf den Kluftflächen abgesetzt, als besonders in feinen Schichten mit der Kohlenmasse wechselnd, sehr verunreinigt.

A. Backende Kohlen.

1) Jakobgrube bei Mölke. Vom 50zölligen Flötz, aus der Rösche. Mehr Schiefer- als Blätterkohle weil keine von beiden Arten, weder die glänzende noch die matte, vorwaltend ist. Beide Arten sind genau mit einander verwachsen; so auch die schwachen Lagen von Faserkohle, welche die Kohlenmasse nicht sichtbar trennen. Die Kohle ist zum Verkoaken sehr anwendbar. Spec. Gew. 1,2938. Darstellbarer Kohlengehalt 64,5 Prozent Koaks, worin sich 62,5 Kohle und 2 Asche befinden. Die Zusammensetzung dieser Kohle stimmt mit der Kohle No. V überein.

2) Rudolphgrube zu Ober Wolpersdorf. Vom 21sten (liegendsten) Flötz, in 11 Lachter Teufe des Bernhardschachtes. Die Kohle gehört zur glänzenden Art; ist ungemein zerklüftet und würde daher Blätterkohle heißen. Häufig mit Kalkspathschnüren, parallel den Kluftflächen, oder fast senkrecht auf der Schichtungsebene, durchzogen. Weil die Kohle backend ist, so bleibt sie zum Verkoaken anwendbar. Spec. Gew. 1,285. Darstellbarer Kohlengehalt 67,8 Prozent Koaks, worin sich 60,1 Kohle und 6,7 Asche befinden.

3) Rudolphgrube. Vom 18ten Flötz, im Querschlage, in 11 Lachter Teufe des Bernhardschachtes. Blätterkohle die in Schieferkohle übergeht, weil die glänzende mit der weniger glänzenden Kohlenart schichtenweise wechseln, aber sehr vollkommen, so wie auch mit den Lagen von Faserkohle, verwachsen sind, die daher auch keine bestimmte Schichtenabtheilungen in der Kohlenmasse bewirken. Spec. Gewicht 1,27433. Darstellbarer Kohlengehalt 64 Prozent Koaks, worin sich 62,2 Kohle und 1,8 Asche befinden. Stimmt, so wie die vorige, in der Zusammensetzung mit der der Kohle No. V überein.

4) Wencislaus bei Hausdorf. Im tiefen Stollen dieser Grube. Die Kohle besteht fast nur allein aus einer

wenig zerklüfteten Kohle der glänzenden Art, welche mit äußerst schmalen Schichten von Kohle der weniger glänzenden Art, dicht verwachsen abwechselt, so daß die Kohle das Ansehen einer Blätterkohle erhält. Dünne Lagen von Faserkohlen trennen zwar hin und wieder die Kohlenmasse, allein sie bleibt zum Verkoaken doch sehr anwendbar. Spec. Gew. 1,2742. Darstellbarer Kohlengehalt 64,6 Prozent Koaks, worin sich 62,4 Kohle und 2,2 Asche befinden. Auch diese Kohle weicht in ihrer Zusammensetzung von der der Kohle No. V wohl nur sehr wenig ab.

5) Fortuna. Vom Wasserkohl in dem 12 Lachter tiefen Abteufen im Emmaschacht. Sie besteht bloß aus der Kohle der glänzenden Art und würde daher Blätterkohle genannt werden müssen, wenn die Kohlenmasse nicht durch häufige glänzende Ablosungsflächen, welche die Schichtungsebene fast nach allen Richtungen durchschneiden, im Großen ein Schieferkohleartiges Ansehen erhielte. Das Einfallen der Flötze beträgt auf der Fortunagrube 33 Grad, und die glatten Ablosungsflächen deuten daher auf eine Veränderung in der Lage, die das ganze Flötz erlitten hat. Die Kohle ist sehr stark backender Natur. Spec. Gew. 1,2893. Darstellbarer Kohlengehalt 68,5 Prozent Koaks, worin sich 64,1 Kohle und 4,4 Asche befinden.

6) Fortuna. Hangendes Flötz; in 6 Lachter Teufe unter der Stollensohle. Ebenfalls sehr backend. Eine in Schieferkohle übergehende Blätterkohle, weil die glänzende und die weniger glänzende Kohlenart in mit einander verwachsenen Schichten wechseln. Die Kohle enthält etwas freies Bitumen, welches sich durch Aether ausziehen läßt. Spec. Gew. 1,307. Darstellbarer Kohlengehalt 68,5 Prozent Koaks, worin sich 59,4 Kohle und 9,1 Asche befinden. Wegen des starken Aschengehalts würde die Kohle wohl nicht zu allen Zwecken brauchbare Koaks liefern.

B. Backende Kohlen, welche in Sinterkohle übergehen.

Diese Kohlen stehen so sehr auf der Gränze der wirklichen Backkohlen, daß sie, frisch gefördert, auch in kleinen Stücken noch backende Eigenschaft zeigen werden.

1) Rudolphgrube. Erstes oder hangendes Flötz; im Wiesenschacht, 12 Lachter tief, aus der Mittelstrecke im Tiefbau gegen Süden. Die Kohle ist in ihrem äußern Ansehen von der unter A 4 aufgeführten, von der Wencislausgrube kaum zu unterscheiden. Weil sie nur wenige und mit der Kohlenmasse dicht verwachsene dünne Lagen von Faserkohle hat, so ist sie zum Verkoaken sehr gut geeignet. Spec. Gewicht 1,27801. Darstellbarer Kohlengehalt 67 Prozent Koaks, worin sich 64,3 Kohle und 2,7 Asche befinden. In der Zusammensetzung kommt diese Kohle der Steinkohle No. V am nächsten, so wie alle die folgenden, bei denen das Gegentheil nicht ausdrücklich bemerkt ist.

2) Rudolphgrube. Vom 16ten Flötz, im Querschlage in 11 Lachter Teufe des Bernhardschachtes. Die weniger glänzende Kohlenart ist vorwaltend und in dicht verwachsenen Schichten, mit Schichten von Kohle der glänzenden Art wechselnd, wodurch die Kohle das Ansehen der Schieferkohle erhält. Die Kohle wird zum Verkoaken sehr gut geeignet seyn. Spec. Gew. 1,2701. Darstellbarer Kohlengehalt 58 Prozent Koaks, worin sich 56,4 Kohle und 1,6 Asche befinden. Das Verhältniß des Kohlenstoffs zum Sauer und Wasserstoff ist etwas geringer als bei der Kohle No. V.

3) Rudolphgrube. Vom 18ten Flötz, in 11 Lachter Teufe des Bernhardschachtes. Die mattere Kohlenart ist zwar vorwaltend, aber mit der glänzenderen so dicht verwachsen, daß sich kaum bemerkbare Schichtenabtheilungen erkennen lassen. Diese werden nur durch Lagen von Faserkohle, welche aber mit der Kohlenmasse genau verwachsen

sind, gebildet, und der Kohle wird dadurch das Ansehen einer Schieferkohle ertheilt. Zum Verkoaken ist die Kohle sehr anwendbar. In der Zusammensetzung stimmt sie mit der vorigen ganz überein; sie hinterläßt 61 Prozent Koaks, worin sich 56,9 Kohle und 4,1 Asche befinden. Das spec. Gewicht dieser Kohle ist 1,27502.

4) Friedrich Gegentrum bei Hausdorf. Vom $\frac{6}{8}$ Lachter mächtigen Flötz im Elisenschacht, vom obersten Pfeiler gegen Norden. Diese Kohle enthält etwas weniges freies Bitumen, welches durch Aether ausgezogen werden kann. Kohle der glänzenden Art, wenig zerklüftet und daher als eine in Pechkohle übergehende Blätterkohle zu bezeichnen. Spec. Gewicht 1,28564. Darstellbarer Kohlengehalt 59 Prozent Koaks, worin sich 55,5 Kohle und 3,5 Asche befinden. Die Kohle ist zum Verkoaken sehr gut geeignet und stimmt in ihrer Zusammensetzung, was das Verhältniß des Wasserstoffs zum Sauerstoff betrift, mit der Kohle No. V ziemlich überein, von welcher sie sich aber aber auch noch durch ein geringeres Verhältniß des Kohlenstoffs unterscheidet.

5) Friedrich Gegentrum. Beide Kohlenarten sind innig mit einander verwachsen, ohne Schichtenabtheilungen zu bilden. Bei geringerem Glanz und bei noch größerer Gleichartigkeit der Masse, würde die Kohle als Kennelkohle zu bezeichnen seyn; jetzt ist sie aber, ungeachtet ihrer sehr unbedeutenden Zerklüftung, für Schieferkohle anzusehen. Zum Verkoaken würde die Kohle, wenn sie reiner wäre, um so mehr geeignet seyn, als sie wenig Lagen von Faserkohle zeigt. Auch diese Kohle enthält etwas weniges freies, durch Aether ausziehbares Bitumen. Spec. Gew. 1,29608. Darstellbarer Kohlengehalt 66 Prozent Koaks, worin sich 59,5 Kohle und 6,5 Asche befinden. Das Verhältniß des Wasserstoffs zum Sauerstoff ist bei dieser Kohle noch etwas geringer als bei der vorhergehenden, so daß sie einen sehr

bestimmten Uebergang zu den Sinterkohlen macht, und in der Zusammensetzung wohl zwischen den Kohlen No. IV und V stehen dürfte.

6) Johann Baptista bei Schlegel. Vom 3ten Flötz im Hilfschacht, in 25 Lachter Teufe gegen Süden. Die Kohle ist von der vorigen No. 5 durchaus nicht verschieden. Sie geht ebenfalls stark in Sinterkohle über. Spec. Gew. 1,288. Darstellbarer Kohlengehalt 68,5 Prozent Koaks, worin sich 62,6 Kohle und 5,9 Asche befinden.

C. Sinterkohlen.

1) Jakob zu Mölk. Vom 50 zölligen Flötz aus der Rösche. Enthält freies Bitumen, welches durch Aether ausgezogen werden kann. Die Kohle der matten Art waltet vor, und ist mit wenig Kohle der glänzenden Art dicht verwachsen, ohne Schichtenabtheilungen zu bilden, die bloß durch Faserkohle veranlaßt werden, welche aber mit der Kohlenmasse verwachsen ist. Wegen ihres großen Aschengehalts ist die Kohle zum Verkoaken nicht geeignet. In der Zusammensetzung von der der Kohle No. IV wohl wenig abweichend. Spec. Gew. 1,3402. Darstellbarer Kohlengehalt 65 Prozent Koaks, worin sich 59,04 Kohle und 5,96 Asche befinden.

2) Rudolph. Erstes, oder hangendes Flötz; aus dem Tiefbau im Wiesenschacht, 9 Lachter seiger unter der Stollensohle. Von der vorigen, auch im äußeren Ansehen, fast gar nicht verschieden. Freies Bitumen nicht vorhanden. Spec. Gew. 1,2973. Darstellbarer Kohlengehalt 66,5 Prozent Koaks, worin sich 61,55 Kohle und 4,95 Asche befinden. Beide Kohlen sind als Schieferkohle zu bezeichnen.

3) Friedrich Gegentrum. Vom $\frac{5}{8}$ Lachter mächtigen Flötz, im Elisenschacht; Pfeiler gegen Norden. Die Kohle der matten Art noch mehr vorwaltend, und mit der glänzenden dergestalt geschichtet, daß die letztere ganz dünne

Schichten bildet, wodurch die Kohle das Ansehen der Schieferkohle erhält. Spec. Gew. 1,2943. Darstellbarer Kohlengehalt 59 Prozent Koaks, worin sich 55,5 Kohle und 3,5 Asche befinden. Von der Steinkohle No. IV unterscheidet sich diese Kohle nur durch das geringere Verhältniß des Kohlenstoffs zum Sauer- und Wasserstoff.

4) Johann Baptista bei Schlegel. Im Hilfschacht, 23 Lachter Teufe, gegen Süden, auf dem zweiten Flötz. Kohle der glänzenden Art, ziemlich zerklüftet, und mit glatten und glänzenden Ablosungsschichten, welche der ganzen Kohlenmasse zuweilen das Ansehen geben, als wäre sie unter einem spitzen Winkel, in einem noch nicht erhärteten Zustande, umgebogen. Die Kohle ist zum Verkoaken nicht brauchbar. Spec. Gew. 1,31252. Darstellbarer Kohlengehalt 70,6 Prozent Koaks, worin sich 64,2 Kohle und 6,4 Asche befinden.

5) Frischauf bei Eckersdorf vom 58 zölligen Flötz. Im Caecilienschacht, 16¼ Lachter tief; Pfeiler gegen Norden. Die Kohle der matten Art vorwaltend, und mit weniger Kohle der glänzenden Art innig verwachsen, ohne Schichten zu bilden. Bei etwas weniger Glanz würde diese Kohle Kennelkohle genannt werden können. Durch die mit der Kohlenmasse verwachsenen dünnen Lagen von Faserkohle, erhält die Kohle ganz das Ansehen der Schieferkohle. Zum Verkoaken in Stücken würde sie zwar brauchbar seyn, aber wegen des beträchtlichen Aschengehaltes nicht zu allen Zwecken anwendbar. Spec. Gew. 1,421. Darstellbarer Kohlengehalt 73 Prozent Koaks, worin sich 65 Kohle und 8 Asche befinden.

6) Vom ersten 25 zölligen Flötz der Frischaufgrube. Straßenschacht, in 10 Lachter Teufe. Von der vorigen nicht verschieden, indeß scheint die geringe Mächtigkeit des Flötzes auf den Aschengehalt von Einfluß gewesen zu seyn. Spec.

Gew. 1,5128. Darstellbarer Kohlengehalt 78,8 Prozent Koaks, worin sich 55,4 Kohle und 23,4 Asche befinden.

7) Vom zweiten 25 zölligen Flötz der Frischaufgrube; Straßenschacht, in 13½ Lachter Teufe. Die Kohlenmasse ist noch gleichartiger und matter wie bei der vorigen Kohle, so daß sie für Kennelkohle zu halten ist. Durch die größere Teufe hat sich der Aschengehalt nicht vermindert. Spec. Gewicht 1,5527. Darstellbarer Kohlengehalt 77,5 Prozent Koaks, worin sich 52 Kohle und 25,5 Asche befinden. Die Zusammensetzung dieser und der vorigen Kohle, ist von der der Kohle No. IV wahrscheinlich wenig abweichend.

Ein wesentlicher Unterschied in der Zusammensetzung, findet also zwischen den Steinkohlen des liegenden und des hangenden Zuges im Waldenburger Revier, und zwischen diesen und den Kohlen im Neuröder Revier nicht statt, wenigstens so viel aus den vorgelegten Probestücken zu schließen ist. Alle Steinkohlen der Niederschlesischen Niederlage gehören zu den Kohlen mit mittlerem Kohlenstoffgehalt, wobei das Verhältniß des Wasserstoffs zum Sauerstoff wenigstens so groß ist, daß die Kohlen noch Sinterkohlen bleiben. Eigentliche Sandkohlen kommen selten vor, und dann immer mit demselben Gehalt an Kohlenstoff wie die Backkohlen und Sinterkohlen, so daß das Verhältniß des Wasserstoffs zum Sauerstoff, bei diesen Kohlen, vielleicht durch sehr zufällige Lokalumstände verändert worden ist.

Eine eigentliche Regel über das Vorkommen der Back- und Sinterkohlen, in den hangenderen und liegenderen Flötzen, oder nach ihrer nordwestlichen und südöstlichen streichenden Erstreckung, hat sich, wenigstens aus den untersuchten Probestücken, nicht ergeben. Auf dem liegenden Zuge im Waldenburger Revier, kommen, sowohl gegen Nordwesten als gegen Südosten der streichenden Erstreckung der Flötze, Backkohlen vor; auf dem hangenden Zuge scheinen sie gegen Südosten mehr zu fehlen, denn die Gruben Louise

Auguste und Therese liefern fast nur Sinterkohlen; allein der Porphyr bringt auf diesem Zuge solche Störungen in der Lagerung hervor, daß sich nicht bestimmen läßt, wie die Flötze des hangenden Zuges mit denen des liegenden, querschlägig, nach der Richtung des Haupteinfallens, mit einander korrespondiren. Im Neuröder Revier scheinen die Kohlen zwar im Allgemeinen weniger backend zu seyn, allein das Verhältniß des Wasserstoffs zum Sauerstoff ist auch noch weniger abweichend, so daß eigentliche Sandkohlen gar nicht vorhanden sind. Die Flötze im Neuröder Revier haben in der Regel ein nicht so starkes Fallen als die im Waldenburger Revier, vorzüglich auf dessen liegenden Zuge. Sie sind ferner weniger mächtig, und mehr mit Schieferletten verunreinigt. Aber selbst auf einem und demselben Flötze kommen nicht selten Back- und Sinterkohlen, sogar Sandkohlen (Laura, kombinirte Abendröthe, Fuchsgrube, Rudolph) gleichzeitig auf den verschiedenen Bänken des Flötzes vor. Bei den Steinkohlen der Oberschlesischen Niederlage waren solche Fälle ungleich seltener. Wodurch das abnehmende Verhältniß des Wasserstoffs zum Sauerstoff in den einzelnen Schichten bewirkt worden seyn kann, läßt sich freilich nicht einsehen. Der Grund würde vielleicht einleuchten, wenn man überhaupt erst wüßte, welcher Mittel die Natur sich bedient hat, um den Sauerstoff- und den Wasserstoffgehalt der Pflanzenfaser zu vermindern.

Eine Zunahme des Kohlenstoffgehaltes der Steinkohlen bei den mehr liegenden Schichten, und eine Abnahme desselben bei den Steinkohlen von den mehr hangenden Flötzen, läßt sich bei den Niederschlesischen Steinkohlen nicht so bestimmt nachweisen, wie bei den Oberschlesischen, wahrscheinlich weil die liegenden und die hangenden bekannten Flötze in der Altersfolge nicht sehr verschieden sind, indem man die inneren oder die hangendsten Flötze der großen Mulde, wenn sie wirklich vorhanden sind, noch gar nicht kennt.

Der Aschengehalt der Niederschlesischen Steinkohlen ist auch sehr veränderlich. Er muß, wie es in der Natur der Sache liegt und der Entstehungsart der Steinkohlen angemessen ist, sehr groß seyn, wo das Kohlenflötz in den Schieferthon welcher das Hangende bildet, nach und nach übergeht. Der sogenannte Brandschiefer ist folglich nichts weiter als eine sehr aschenreiche Steinkohle, welche eben so zusammengesetzt ist, als die Steinkohle aus welcher das reine Flötz besteht. Ist diese Backkohle, so ist es der Brandschiefer auch; sintert die Kohle nur, oder giebt sie Sandkohlen, so findet dies Verhalten bei dem Brandschiefer ebenfalls statt. Kohlenflötze von geringer Mächtigkeit würde man, wenn ihr Aschengehalt sehr groß ist, technisch gar nicht für Kohlenflötze anerkennen, sondern sie Brandschieferschichten im Schieferthon, oder höchstens taube Kohle nennen. Es ist aber sehr schwierig, die Gränze zu bestimmen, bis zu welcher der Erdengehalt einer Steinkohle steigen kann, um noch Steinkohle zu seyn, und über welche hinaus sie es nicht mehr ist, sondern schon als Brandschiefer betrachtet werden muß.

Eine backende Steinkohle von Pottschapl (Hauptflötz, Burgker Revier, siebente Bank oder Schicht, die sogenannte Gute Schicht) welche ich untersucht habe, hatte ein spec. Gewicht von 1,4541; sie hinterließ 68,7 Prozent Koaks, worin sich nur 41 Kohle und 27,7 Asche befanden. Niemand wird diese Steinkohle Brandschiefer nennen, obgleich ihr Erdengehalt den manches Brandschiefers übertrifft.

Die Bestandtheile der Asche von den Niederschlesischen Steinkohlen weichen von denen, die sich in der Asche der Oberschlesischen Kohlen finden, nicht ab. Die quantitativen Verhältnisse der verschiedenen Erdarten mögen etwas verschieden seyn, aber wahrscheinlich ist diese Verschiedenheit nicht größer als die, welche sich unter den Bestandtheilen der Asche von Kohlen eines und desselben Reviers, vielleicht eines und desselben Flötzes findet. Am mehrsten differirt der Gehalt an Eisenoxyd, je nachdem die Steinkohle zufällig mehr oder weniger Schwefelkies beigemengt enthält. Aus den Bestandtheilen der Asche läßt sich folglich auf die Zusammensetzung der Gebirgsart, von welcher sie abstammt, nicht schließen. Einige Steinkohlen hinterlassen ganz ungefärbte Asche, welche kaum mehr als 2 bis 3 Prozent Eisenoxyd enthält. Bei anderen Steinkohlen steigt der Eisenoxydgehalt der Asche bis zu mehreren zwanzig Prozenten. Ich habe die Asche von den Steinkohlen des hangenden und liegenden Zuges im Waldenburger Revier, im Durchschnitt zusammengesetzt gefunden, aus:

42,5 Kieselerde
36,6 Thonerde
11,4 Eisenoxyd
4,2 Kalkerde (zum Theil im kohlensauren Zustande)
2,3 Bittererde (zum Theil im kohlensauren Zustande).

Von Mangan waren nur schwache Spuren zu bemerken. Die Asche von den Steinkohlen des Neuröder Reviers gab im Durchschnitt:

39,4 Kieselerde
40,2 Thonerde
10,8 Eisenoxyd
3,9 Kalkerde
3,3 Bittererde.

Die Asche von den Steinkohlen der Grube Frischauf, welche sich zum Theil durch den großen Aschengehalt auszeichnen, ward besonders analysirt. Es fanden sich darin:

54,6 Kieselerde
40,3 Thonerde
3,7 Eisenoxyd
0,2 Kalkerde
0,7 Bittererde.

Der Mangangehalt zeigte sich zwar durch eine sehr schwache Färbung des kohlensauren Kali, womit die Asche geschmolzen ward; allein in so geringer Menge, daß eine quantitative Bestimmung nicht geschehen konnte.

Asche aus Steinkohlen vom Friedrich Wilhelm Erbstollen, von der Laura und Gnade Gottesgrube, welche durch Porphyr eine Veränderung erlitten hatten, fand sich zusammengesetzt aus:

90,3	Kieselerde
3,9	Thonerde
0,9	Eisenoxyd
2,6	Kalkerde
1,8	Bittererde.

Daß die Asche dieser, durch Porphyr veränderten Steinkohlen, fast ganz aus Kieselerde besteht, ist sehr merkwürdig, und vielleicht nur durch die mechanische Zermalmung des Sandsteins, welcher in die Steinkohlenasche hineingepreßt ward, zu erklären. — Der geringe Gehalt an Kalkerde und Bittererde in der Steinkohlenasche ist ebenfalls bemerkenswerth.

Sehr auffallend sind aber die Veränderungen, welche die ganze Kohlenmasse durch den Porphyr erleidet, wo derselbe mit den Steinkohlen in unmittelbare Berührung kommt. Ich habe folgende fünf Kohlen näher untersucht:

1) Blätterkohle von der mittleren Bank des zweiten der liegendsten Flötze im Friedrich Wilhelm Erbstollen. Das Dach dieses Flötzes wird durch eine unregelmäßig begränzte, nach unten fortsetzende Porphyr-Parthie, von 1 bis 1½ Lachter Mächtigkeit gebildet. Weiter im Hangenden folgt auf den Porphyr rother Sandstein, und auf diesen erst der liegende Flötzzug, auf welchem hier die Gruben Franz Joseph und Goldene Sonne bauen. Das spec. Gew. dieser Kohle, welche ganz das Ansehen einer Blätterkohle besitzt, und ihren Glanz ganz unverändert beibehalten

hat,

hat, beträgt 1,50501. Unter der Muffel brennt sie mit sehr schwacher Flamme. Bei der trocknen Destillation entwickeln sich keine ölartigen Flüssigkeiten, sondern nur sehr wenig wässrige Dämpfe, die sich in der Vorlage als ein Thau anlegen, wozu aber sehr starke Hitze erfordert wird. Vorher in der Wassersiedhitze ausgetrocknet, hinterläßt die Kohle 92,1 Prozent Rückstand, worin sich 74 Kohle und 18,1 Asche befinden. Der Glühverlust beträgt also 7,9 Prozent. Wegen ihres starken Glanzes, kann man diese Kohle weniger für natürliche Koaks, als für Anthracit halten, wenn man darunter eine schwer verbrennliche, und mit wenig Flamme brennende Steinkohle versteht.

2) Steinkohle von demselben Punkt, aber unmittelbar an dem Porphyr anliegend. Die Kohle hat das Ansehen eines schwarzen Konglomerats, in dessen glanzloser Grundmasse, Stücken von glänzender Steinkohle liegen. Spec. Gew. 1,7378. Bei der trockenen Destillation bleiben 93,8 Prozent Koaks zurück, welche 67,9 Kohle und 25,9 Asche enthalten. Der Glühverlust beträgt 6,2 Prozent, und besteht aus entweichenden Gasarten.

3) Steinkohle von dem 5ten Flötz der Lauragrube, in dessen Sohle eine Porphyr-Zunge aus der Tiefe hervorragt. Die Kohle ist der vorigen ganz ähnlich. Spec. Gew. 1,6884. Der Rückstand bei der trocknen Destillation beträgt 94,2 Prozent, worin sich 71,7 Kohle und 22,5 Asche befinden. Auch diese Kohle glüht nur unter der Muffel.

4) Blätterkohle von dem zweiten Flötz der Gnade Gottesgrube, in 17½ Lachter Teufe des Taubeschachtes gegen Norden, wo Porphyr, auf beinahe 30 Lachter Länge, die Sohle dieses Flötzes bildet. Die Kohle verhält sich ganz wie die unter No. 1 angeführte. Spec. Gew. 1,4749. Rückstand bei der trockenen Destillation = 98,8 Prozent, worin 82,7 Kohle und 16,1 Asche. Die Kohle ist aus der mittle-

ren Bank des Flötzes, also nicht unmittelbar in Berührung mit dem Porphyr.

5) Steinkohle von demselben Punkt, aber unmittelbar auf dem Porphyr; sie ist äußerlich von den Kohlen No. 3 und 4 nicht verschieden. Spec. Gew. 2,0076. Rückstand bei der trocknen Destillation 98,7 Prozent, worin 46,9 Kohle und 51,8 Asche. Der Glühverlust beträgt also nur 1,3 Prozent.

Es ist hiernach nicht zu bezweifeln, daß der Porphyr eine mehr oder weniger vollständige Verkohlung der Steinkohle, gerade so wie sie bei der trockenen Destillation statt finden müßte, bewirkt hat. Ein solcher Erfolg kann aber nur in der Glühhitze und ohne Zutritt von atmosphärischer Luft eintreten. Die Folgerungen welche sich daraus für den Zustand ziehen lassen, in welchem sich der Porphyr zu der Zeit befand, als er das Steinkohlengebirge durchbrach, ergeben sich von selbst.

Durch Berührung mit Basaltmassen veränderte Steinkohlen zu untersuchen, habe ich nicht Gelegenheit gehabt; es ist aber nicht wahrscheinlich, daß die durch Basalt bewirkten Veränderungen, von denen verschieden seyn sollten, welche die Steinkohle durch den Porphyr erlitten hat. Bei der sehr geringen Wärmeleitungsfähigkeit der kohligen Körper, konnten sich die Veränderungen der Kohlenmasse nicht weit über die Berührungsflächen der Steinkohle mit dem Porphyr oder mit dem Basalt hinaus, erstrecken.

III. Die Steinkohlen-Niederlage im Saalkreise.

Nördlich und nordwestlich von Halle an der Saale, befindet sich eine Steinkohlen-Niederlage, welche zwar nicht von großer Ausdehnung, aber für jene Gegend doch sehr wichtig, und geognostisch höchst merkwürdig ist. Man kennt das Steinkohlengebirge an vielen Punkten, die sich aber mit einander nicht in Zusammenhang bringen lassen. Sogar von dem Streichen und Fallen dieses Gebirges auf den einzelnen, gewissermaßen isolirten Punkten, würde man vergeblich ein deutliches Bild zu geben versuchen. Ueberall haben Mulden und Sattel die Richtungen des Streichens und Fallens auf die verschiedenste Weise abgeändert, und es giebt keine Weltgegend, wohin das Gebirge nicht einfiele. Bei einem solchen Verhalten kann von einer regelmäßigen Lagerung, aus welcher sich die Schichtenfolge erkennen ließe, die Rede nicht seyn. Alle Verhältnisse deuten auf später eingetretene Veränderungen. Nur das weiß man mit Zuverlässigkeit, daß das Steinkohlengebirge überall wo es hier bekannt geworden ist, von dem rothen Sandstein, oder dem hier sogenannten Rothliegenden bedeckt wird, welcher denselben Störungen in der Lagerung unterworfen war, die das Steinkohlengebirge selbst erlitten hatte. Aber der Grund zu allen diesen Störungen liegt sehr nahe. Ein Porphyrzug, dessen Zusammenhang an der Oberfläche zuweilen durch das Sandsteingebirge unterbrochen wird, erstreckt sich von der Stadt Halle, die zum Theil noch auf Porphyr steht, bis etwa 2 Meilen von Halle in nördlicher Richtung. Das Sandsteingebirge ist zum Theil an dem Fuß des Porphyrgebirges angelehnt, zum Theil zwischen den Porphyrmassen eingeklemmt. Entfernt vom Porphyr zeigen sich nur die jüngeren Schichten des Gebirges. Man kann nicht mehr zweifeln, daß es der Porphyr ist, der das Steinkohlengebirge von den jüngeren Gebirgsschichten, die dasselbe einst bedeckten, entblößt, und an die Erdoberfläche gebracht hat. Nur an den Rändern der Porphyrmassen hebt sich das Kohlengebirge aus, und mußte sich in seinem Streichen und Fallen ganz nach der Wirkung der Kraft und nach der Form der Massen richten, durch welche es in seiner ursprünglichen Lagerung gestört, und mechanisch mit in die Höhe gehoben ward.

Es kann unter solchen Verhältnissen auch nicht befremden, daß der Porphyr bald das Grundgebirge, bald das Hangende des Steinkohlengebirges zu seyn scheint, indem bei so gewaltsamen Veränderungen in der ursprünglichen Lagerung, jede Regelmäßigkeit gestört, und die Gesetzmäßigkeit aufgehoben wird, welche sich bei der; durch spätere Ereignisse nicht gestörten Ablagerung des Kohlengebirges, überall entdecken läßt.

Ob der kleine Theil der Steinkohlenniederlage im Saalkreise, den das Porphyrgebirge zu unserer Kenntniß gebracht hat, auf einigen Punkten noch in unmittelbarem Zusammenhange mit dem Steinkohlengebirge, in dem Zustande seiner ursprünglichen Ablagerung, stehen mag, darüber mögte schwerlich sobald ein Aufschluß erhalten werden; aber ganz unwahrscheinlich ist es, daß das Steinkohlen führende Sandsteingebirge bloß auf die geringe Erstreckung beschränkt seyn sollte, welche durch die Ränder des Porphyrgebirges bezeichnet wird. Hier, am Fuße des Porphyrs und zwischen den Porphyrmassen, die an der Erdoberfläche nicht mit einander zusammenhängen, kommt nicht allein das Steinkohlengebirge fast überall zum Vorschein, sondern es sind auch die Steinkohlenflötze in demselben bekannt, wenn gleich nicht auf allen Punkten bauwürdig. Der jetzige Bergbau beschränkt sich auf die beiden Punkte Wettin und Löbejün, von denen der erstere sich an dem nordwestlichen, der zweite an dem nordöstlichen Abhange des Porphyrzuges befinden.

1) Die Wettiner Ablagerung.

Man kennt auf dem Wettiner Zuge sechs Flötze, von denen aber nur drei bauwürdig sind. Das Oberflötz oder das Hoheflötz, dessen Mächtigkeit von einigen Zollen bis zu ⅔ Lachter und darüber wechselt; das Mittelflötz von nur 8

Zoll Mächtigkeit und das Bankflötz, welches nur 10 bis 12 Zoll mächtig ist. Das Bankflötz und das Mittelflötz werden auch zusammen die niederen Flötze genannt. Beide Flötze vereinigen sich auf einer Stelle auf eine bedeutende Erstreckung, woraus dann das so genannte irreguläre Flötz entsteht. Es ist eine allgemeine Erfahrung zu Wettin, daß die Kohle auf allen Flötzen in demselben Verhältniß schlechter (aschenreicher) wird, je mehr das Flötz an Mächtigkeit abnimmt. Die größere Verunreinigung der Kohle bezieht sich indeß nicht immer auf die der Kohlenmasse einzeln, sondern auf die der ganzen Mächtigkeit des Flötzes. Alle Wettiner Kohlen ohne Ausnahme sind Backkohlen, welche sich in ihrer Zusammensetzung der Kohle No. X am mehrsten nähern, was das Verhältniß des Wasserstoffs zum Sauerstoff betrift, und die der Kohle No. VI, in Rücksicht des Verhältnisses des Kohlenstoffs zu dem Sauer- und Wasserstoff, am nächsten stehen.

1) Steinkohle von dem Oberflötz. Aus der mittleren Bank des Flötzes, auf der Sophie, in 26 Lachter Schachtsteufe vom Schachtpfeiler. Diese Kohle ist, wie alle Wettiner Kohlen, Blätterkohle, d. h. eine Kohle der glänzenden Art, mehr oder weniger deutlich zerklüftet und oft durch die in die Kohlenmasse hineingepreßten Verunreinigungen ein dichtes Ansehen erhaltend. Spec. Gewicht 1,4995. Darstellbarer Kohlengehalt 79,98 Prozent Koaks, worin sich 62,98 Kohle und 17 Asche befinden.

2) Vom Mittelflötz. Von der frohen Zukunft auf dem Oberzuge, in 11 Lachter Schachtsteufe aus dem Orte A, bei 8 Lachter Entfernung vom Schachte. Spec. Gew. 1,4993. Darstellbarer Kohlengehalt 77,4 Prozent Koaks, worin sich 68,9 Kohle und 8,5 Asche befinden.

3) Vom Mittelflötz. Von dem Georg, auf dem Oberzuge, bei 32 Lachter Schachtsteufe, aus dem flachen, 5 Lachter höher als obige Sohle, führenden Ueberbrechen,

also 27 Lachter unter Tage, bei 26 Lachter Entfernung vom Schacht. Spec. Gewicht 1,3429. Darstellbarer Kohlengehalt 78 Prozent Koaks, worin sich 69,1 Kohle und 8,9 Asche befinden.

4) Vom Mittelflötz. Von der Sophie auf dem Oberzuge, in 36 Lachter Schachtsteufe, vom Schachtpfeiler. Spec. Gewicht 1,4234. Darstellbarer Kohlengehalt 79,5 Prozent Koaks, worin sich 68,8 Kohle und 10,7 Asche befinden.

5) Von den sogenannten irregulairen Flötzen. Aus dem 22sten Lichtloch des Dobitzer Stollens auf dem Unterzuge, bei 22 Lachter Schachtsteufe, aus dem Orte B 4. Spec. Gew. 1,3467. Darstellbarer Kohlengehalt 80,7 Prozent Koaks, worin sich 72,2 Kohle und 8,5 Asche befinden.

6) Bankflötz. (Einbruchkohle) Von der frohen Zukunft, auf dem Oberzuge, in 11 Lachter Schachtsteufe und in 8 Lachter Entfernung vom Schacht. Spec. Gewicht 1,4953. Darstellbarer Kohlengehalt 81,9 Prozent Koaks, worin sich 52,5 Kohle und 29,4 Asche befinden.

7) Bankflötz. (Dachkohle) Von der Caroline, auf dem Oberzuge, bei 32 Lachter Schachtsteufe, aus dem 10 Lachter tiefen Gesenke, folglich 42 Lachter unter Tage. Spec. Gew. 1,4837. Darstellbarer Kohlengehalt 81 Prozent Koaks, worin sich 67,5 Kohle und 13,6 Asche befinden.

8) Bankflötz. Von demselben Punkt wie No. 7 aber aus der Mitte des Flötzes. Spec. Gew. 1,3628. Darstellbarer Kohlengehalt 77,5 Prozent Koaks, worin sich 72,4 Kohle und 5,1 Asche befinden.

9) Bankflötz, (Dachkohle) von der Sophie auf dem Oberzuge, in 37 Lachter Schachtsteufe; vom Schachtpfeiler. Spec. Gew. 1,4662. Darstellbarer Kohlengehalt 81,1 Prozent Koaks, worin sich 56,7 Kohle und 24,4 Asche befinden.

10) Bankflötz. Von demselben Punkt wie No. 9

aber aus der Mitte des Flötzes. Spec. Gewicht 1,3702. Darstellbarer Kohlengehalt 78 Prozent Koaks, worin sich 67,2 Kohle und 10,8 Asche befinden.

2) Löbejüner Ablagerung.

Man kennt einen stehenden und einen liegenden Flötzflügel. Der erste, oder das Hofnunger Feld ist zunächst dem Porphyr, der dem Gebirge hier als Grundgebirge dient. Auf dem zweiten, im sogenannten Fuhner Felde, sind zwei Flötze bekannt. Das Verhältniß dieser beiden Muldenflügel zu einander, ist noch nicht vollständig ausgemittelt.

A. Sinterkohlen.

Die hier folgenden Steinkohlen stimmen in ihrer Zusammensetzung mit der Kohle No. VII überein, nur daß das Verhältniß des Kohlenstoffs etwas geringer ist. Sie sind sämmtlich vom Fuhner Felde. Es sind Blätterkohlen die sich von den Wettiner Kohlen durch ihre größere Festigkeit und Härte unterscheiden. Zwar sind sie ebenfalls ziemlich zerklüftet, indeß würden sie durch diese Zerklüftungsflächen zum Verkoaken nicht unanwendbar werden, wenn es nicht der bedeutende Aschengehalt wäre, welcher sie dazu unanwendbar macht. Nicht selten finden sich auch Lagen von Faserkohle, welche die Kohlenmasse in einzelne Schichten abtheilen, wodurch sie zuweilen das Ansehen von Schieferkohle erhält.

1) Vom Oberflötz, nahe dem Ausgehenden, in 6 Lachter Teufe unter Tage. Von der Mittelbank des Flötzes. Spec. Gew. 1,3670. Darstellbarer Kohlengehalt 88,8 Prozent Koaks, worin sich 83,8 Kohle und 5 Asche befinden.

2) Eben daher, Dachkohle. Spec. Gew. 1,4853. Darstellbarer Kohlengehalt 88,2 Prozent Koaks, worin sich 70,7 Kohle und 17,5 Asche befinden.

3) Vom Oberflötz. Beim glücklichen Verein, 14 Lachter unter Tage. Aus der Mitte des Flötzes. Spec. Gew. 1,4319. Darstellbarer Kohlengehalt 89,5 Prozent Koaks, worin sich 80 Kohle und 9,5 Asche befinden.

4) Eben daher, Dachkohle. Spec. Gew. 1,3739. Darstellbarer Kohlengehalt 89,8 Prozent Koaks, worin sich 80,7 Kohle und 9,1 Asche befinden.

5) Vom zweiten Flötz. Aus 17 Lachter Teufe, beim Gotthard. Aus der Mitte des Flötzes. Spec. Gew. 1,4671. Darstellbarer Kohlengehalt 89,1 Prozent Koaks, worin sich 77,9 Kohle und 11,2 Asche befinden.

6) Eben daher, Dachkohle. Spec. Gew. 1,4634. Darstellbarer Kohlengehalt 90 Prozent Koaks, worin sich 70 Kohle und 20 Asche befinden.

B. Sandkohlen.

Die Kohlen sind sämmtlich vom stehenden Flügel, oder vom Hoffnunger Felde. In ihrer Zusammensetzung stimmen sie, was das Verhältniß des Wasserstoffs zum Sauerstoff betrift, am mehrsten mit der Kohle No. VIII überein, unterscheiden sich von derselben aber durch ein etwas geringeres Verhältniß des Kohlenstoffs zu den andern beiden Bestandtheilen, so daß der Kohlenstoffgehalt dieser Kohlen nicht größer ist, als der von unter A aufgeführten Sinterkohlen, bei welchen das Verhältniß des Wasserstoffs zum Sauerstoff zum Theil auch schon so geringe wird, daß die Kohlen einen Uebergang aus den Sinterkohlen in Sandkohlen machen. Die Kohlen vom stehenden Flügel sind sämmtlich noch härter als die vom Fuhner Felde; sie besitzen dabei einen fast glasartigen Glanz, sind nicht stark zerklüftet und von sehr gleichartiger Masse. Wegen der feinen Kluftflächen nennt man sie Blätterkohle, obgleich sie zum Theil, wegen der Gleichartigkeit der Masse, auch Pechkohle genannt werden könnten. Zum Verkoaken sind sie wegen ihres großen Aschengehalts nicht geeignet, auch nicht zum Flammenfeuer, wenn es darauf ankommt, eine sehr starke Hitze bald hervorzubringen; wohl aber zu Kesselfeuerungen, in den Brauereien u. s. w.

1) Von dem Pfeiler zwischen der 56 und 64sten Lachtersohle. Aus der Mitte des Flötzes. Spec. Gew. 1,6295. Darstellbarer Kohlengehalt 92 Prozent Koaks, worin sich 85 Kohle und 7 Asche befinden.

2) Eben daher, Einbruchkohle. Spee. Gew. 1,6370. Darstellbarer Kohlengehalt 90 Prozent Koaks, worin sich 80,1 Kohle und 9,9 Asche befinden.

3) Aus der 64 Lachterstrecke. Spec. Gew. 1,6747. Darstellbarer Kohlengehalt 94,6 Prozent Koaks, worin sich 83,4 Kohle und 10,2 Asche befinden.

4) Kohle aus der Mitte des Flötzes, 74 Lachter unter Tage; von Neuglück. Spec. Gew. 1,5348. Darstellbarer Kohlengehalt 94,5 Prozent Koaks, worin sich 66,9 Kohle und 27,6 Asche befinden.

5) Eben daher, Einbruchkohle. Spec. Gew. 1,3988. Darstellbarer Kohlengehalt 90,5 Prozent Koaks, worin sich 80,5 Kohle und 10 Asche befinden.

Die Steinkohlen-Niederlage im Saalkreise, so weit sie bekannt ist, hat hiernach zwei sehr verschiedene Arten von Steinkohlen. Bei der Löbejüner Kohle ist das Verhältniß des Kohlenstoffs weit größer als bei der Wettiner, und bei der letzteren findet sich dagegen ein größeres Verhältniß des Wasserstoffs zum Sauerstoff als bei der Löbejüner Kohle. Wäre es erlaubt, nach Analogien zu schließen, so würden die Löbejüner Steinkohlen einst die liegenden Flötze der Formation gebildet haben, deren Haupteinfallen gegen Südwesten gerichtet gewesen seyn müßte; indeß kann eine so schwache Analogie höchstens nur zu Vermuthungen Anlaß geben.

Sehr auffallend bleibt aber der große Aschengehalt der Kohlen, welcher sich in den ausgesuchten reinen Stücken findet. Wollte man den Aschengehalt so bestimmen, wie er sich in der ganzen Mächtigkeit des Flötzes, vom Hangenden bis zum Liegenden findet, so würde er ungleich größer seyn, weil die Kohlenmasse vielleicht niemals ganz rein ist, sondern mit dünnen Lagen von Schieferthon und Brandschiefer wechselt. Außerdem finden sich sehr häufig Beimengungen von fremdartigen Fossilen, theils auf den Kluftflächen, theils die Kohlenmasse gangartig durchsetzend. Dahin gehören Schwefelkies, Kupferkies, Bleiglanz, Blende und ein Kalkerde enthaltendes Fossil, dessen Natur ich nicht habe bestimmen können. Quarz, Kalkspath und Schwerspath füllen ebenfalls nicht selten die gangartigen Räume aus. Vorzüglich merkwürdig ist aber das Vorkommen von Fahlerz in der Gebirgsmasse, welche, wenigstens auf vielen Punkten, das jetzige Liegende der Wettiner Steinkohlen bildet. Diese Gebirgsmasse hat Aehnlichkeit mit allen den lettenartigen Gebilden, welche jederzeit auf der Gränze des Basaltes und des Quarzporphyrs mit denjenigen Gebirgsarten vorkommen, welche sie durchbrochen haben. Sie sind unverkennbare Zeugen des Widerstandes, welchen die Basalt- und Porphyrmassen bei ihrem Emporsteigen zu überwinden hatten.

Der große Aschengehalt der Wettiner und Löbejüner Steinkohlen, scheint auf ein mechanisches Hineinpressen der Gebirgsmasse in die Kohlensubstanz hinzudeuten, welches zu jener Zeit erfolgte, als die Flötze gewaltsam aus ihrer Lage gerückt wurden. Ich habe die Bestandtheile der Asche nicht von jeder einzelnen Kohle, sondern von allen Wettiner und von allen Löbejüner Steinkohlen gemeinschaftlich analysirt, und dieselbe zusammengesetzt gefunden, bei den Wettiner Steinkohlen aus:

29,9 Kieselerde
31,5 Thonerde
26,4 Kalkerde (zum Theil im kohlensauren Zustande)
2,3 Bittererde
8,4 Eisenoxyd

und bei den Löbejüner Steinkohlen aus:

31,4 Kieselerde
30,6 Thonerde
24,3 Kalkerde (zum Theil im kohlensauren Zustande)
2,7 Bittererde
7,9 Eisenoxyd.

Die Bestandtheile der Asche sind folglich im Wesentlichen gar nicht von einander verschieden. Was aber sogleich auffällt, ist der überaus große Gehalt an Kalkerde, welchen ich in der Asche von keiner andern Steinkohle in der Preußischen Monarchie so groß gefunden habe. Ob dieser große Kalkerdengehalt mit den Kalkflötzen in Verbindung gesetzt werden kann, welche unter den hangenden Bildungen der Steinkohlenniederlage im Saalkreise vorkommen, oder ob er seinem Ursprung von andern Ursachen ableitet, lasse ich unentschieden. *)

*) Aus dem Niedersächsisch-Thüringischen Ober Berg-Amts Distrikt ist mir, außer den Steinkohlen von der Wettiner und Löbejüner Niederlage, nur noch eine Kohle aus dem Schmiedefelder Forst „am blauen Stein" zugesendet, deren Lagerungsverhältnisse ich nicht näher angeben kann. Eine, ebenfalls nur sehr allgemeine Nachricht über diese Kohle findet sich in Hn. Freiesleben's Geognostischem Beitrag zur Kenntniß des Kupferschiefergebirges, Bd. IV. S. 187. Die Steinkohle muß zu einer sehr alten Formation gehören und würde, eben so gut wie die von Lischwitz, Anthracit genannt werden können. Spec. Gew. 1,6952. Darstellbarer Kohlengehalt 96,5 Prozent, worin sich 78,6 Kohle und 17,9 Asche befinden.

IV. Die Steinkohlen-Niederlage in Saarbrücken.

In dem großen Busen, welchen der Hundsrück und die Vogesen mit einander bilden, hat sich, im Süden des ersteren und im Westen des letzteren Gebirges, eine ausgedehnte Steinkohlenformation abgelagert, welche durch spätere Ereignisse in ihrer Lagerung ebenfalls sehr gestöhrt worden ist. Dennoch kann man das Hauptstreichen des Steinkohlengebirges von Südwesten nach Nordosten und das Hauptfallen gegen Nordwesten annehmen. Von diesen Richtungen des Streichens und Fallens giebt es indeß sehr viele Ausnahmen, welche durch Mulden- und Sattelbildungen veranlaßt werden. Besonders unregelmäßig, auch weniger, und im Zusammenhange noch gar nicht bekannt, ist das Verhalten des Kohlengebirges in dem größeren nordöstlichen Theil. Zwar scheint es, daß man die Vogesen als das Grundgebirge für die ganze Steinkohlenformation ansehen könne, weil Hauptstreichen und Hauptfallen im Allgemeinen nach denselben Weltgegenden gerichtet sind, wie bei dem Steinkohlengebirge; möglich ist es indeß auch, daß diese Annahme nicht die richtige wäre, weil die vielen und sehr großen Veränderungen, welche das Steinkohlengebirge in seiner ursprünglichen Lagerung erlitten hat, in der größeren, nordöstlichen Hälfte des Kohlengebirges so verwickelt sind, daß man weder über die Schichtenfolge, noch über den Zusammenhang der bis jetzt bekannten Steinkohlenflötze, einen genügenden Aufschluß hat erhalten können. Ungleich einfacher sind die Verhältnisse in der kleineren, südwestlichen Hälfte des Kohlengebirges. Denn obgleich auch hier specielle Muldungen und Sattelungen vorkommen, deren Verhalten noch nicht mit Zuverläßigkeit bekannt ist, so ist doch über die Schichtenfolge kein Zweifel mehr vorhanden.

Die Saarbrücker Kohlenflötze sind sattelförmig, mit einem Hauptstreichen von Südwesten nach Nordosten und mit einem Haupteinfallen gegen Nordwesten gelagert, so daß die nordwestlichen Flötze die hangendsten sind. Jn Südwesten ändert sich das Hauptstreichen nach und nach von Norden nach Süden mit westlichem Fallen, und zuletzt von Westen nach Osten mit nördlichem Fallen, welches Verhalten indeß nur bei den hangenden und nicht bei den liegenden Flötzen bekannt ist, und daher vielleicht von einer speciellen Sattelbildung herrühren kann, welche auf die liegenden Flötze nicht mehr von Einfluß gewesen ist.

Jm Allgemeinen haben die Saarbrücker Flötze ein Fallen von etwa 20 Graden und keine ausgezeichnete Mächtigkeit. Nur der kleinste Theil der Flötze steht im Abbau. Vom Liegenden ins Hangende gerechnet, bauen die Gruben: Sulzbach-Duttweiler, Friedrichsthal, Wellesweiler, Merchweiler, Prinz Wilhelm, Gerhard, Kronprinz Friedrich Wilhelm und Geislautern.

A. Backkohlen.

1) Sulzbach-Duttweiler. Flötz No. 16 oder Dennewitzflötz; aus dem Karolinenstollen, in 24 Lachter Seigerteufe. Die Kohle der glänzenden Art ist vorwaltend, und mit dünnen Schichten von Kohle der weniger glänzenden Art dicht verwachsen. Lagen von Faserkohle kommen zwar vor, sie sind aber sehr schwach und mit der Kohlenmasse größtentheils verwachsen. Die Kohle neigt sich dem äußern Ansehen nach bald zur Schieferkohle, bald zur Blätterkohle, bald zur Pechkohle, je nachdem die Kluftflächen, senkrecht auf der Schichtungsebene, in größerer oder geringerer Menge vorhanden sind. Spec. Gew. 1,25812. Darstellbarer Kohlengehalt 64 Prozent Koaks, worin sich 63,85 Kohle und 0,15 Asche befinden.

Diese Kohle, so wie alle die hier folgenden Backkohlen, sind zusammengesetzt wie die Kohle No. V, nur daß das Verhältniß des Wasserstoffs zum Sauerstoff bei dieser und bei den vier folgenden Kohlen vielleicht etwas größer ist. Alle Kohlen eignen sich vortrefflich zum Verkoaken.

2) Sulzbach Duttweiler. Aus der Gotthilf-Stollengrundstrecke. Von der vorigen nicht verschieden, nur ist die matte Kohlenart in etwas größerem Verhältniß vorhanden, wodurch die Kohle das Ansehen der Schieferkohle erhält. Spec. Gew. 1,25537. Darstellbarer Kohlengehalt 68,2 Prozent Koaks, worin sich 67,65 Kohle und 0,55 Asche befinden.

3) Sulzbach Duttweiler. Flötz No. 5 (ein hangendes vom vorigen). Aus der Tagesstrecke Eduard, in 15 Lachter Teufe. Die glänzende Art noch stärker vorwaltend als bei No. 1 und dickere Schichten bildend, wodurch die Kohle mehr das Ansehen der Blätterkohle erhält. Spec. Gew. 1,26033. Darstellbarer Kohlengehalt 65 Prozent Koaks, worin sich 63,8 Kohle und 1,2 Asche befinden.

4) Sulzbach Duttweiler. Flötz Kleist-Nollendorf. Ganz übereinstimmend mit No. 3 und oft das Ansehen von Pechkohle erhaltend. Spec. Gew. 1,27155. Darstellbarer Kohlengehalt 69,2 Prozent Koaks, worin sich 67,7 Kohle und 1,5 Asche befinden.

5) Friedrichsthal. Aus etwa 8 Lachter Seigerteufe. Sehr dünne und dicht verwachsene Schichten von beiden Kohlenarten, der glänzenden und der weniger glänzenden, geben der Kohle das Ansehen der Schieferkohlen. Spec. Gew. 1,25391. Darstellbarer Kohlengehalt 64,8 Prozent Koaks, worin sich 64,15 Kohle und 0,65 Asche befinden.

6) Wellesweiler. Auf dieser Grube stehen, oder standen sechs Flötze im Betrieb, die vom Liegenden zum Hangenden die Namen Koch, Nöggerath, Fulda, Becher, Häusler und Sello erhalten haben. — Kohle vom Kochflötz, aus dem Wetterschacht, bei der Steigerwohnung in 30 Lachter Seigerteufe. Die Kohle ist im äußeren Ansehen von No. 1 nicht verschieden. Spec. Gew. 1,2621. Darstellbarer

Kohlengehalt 65,6 Prozent Koaks, worin sich 64,6 Kohle und 1 Asche befinden.

7) Wellesweiler. Nöggerath-Flötz. Völlig mit der Kohle No 3 übereinstimmend. Spec. Gew. 1,2677. Darstellbarer Kohlengehalt 64,5 Prozent Koaks, worin sich 63,95 Kohle und 0,55 Asche befinden.

B. Backkohlen die in Sinterkohle übergehen.

Diese Kohlen stehen, was ihre Zusammensetzung betrifft, zwischen den Kohlen No. V und IV in der Mitte, sich jedoch mehr zu No. V hinneigend.

1) Wellesweiler. Becherflötz, aus der Tagesstrecke B. No. 2 in 15 Lachter Teufe. Durch die völlig mit einander verwachsenen Schichten der glänzenden mit der weniger glänzenden Kohlenart, erhält diese Kohle, welche sich zum Verkoaken vortrefflich eignet, das Ansehen einer Schieferkohle. Spec. Gew. 1,2651. Darstellbarer Kohlengehalt 65,1 Prozent Koaks, worin sich 64,12 Kohle und 0,98 Asche befinden.

2) Wellesweiler. Häuslerflötz; aus der Tagesstrecke B. No. 2 in 18 Lachter Seigerteufe. Ganz mit der vorigen übereinstimmend. Spec. Gew. 1,2701. Darstellbarer Kohlengehalt 65,8 Prozent Koaks, worin sich 64,8 Kohle und 1 Asche befinden.

C. Sinterkohlen.

1) Wellesweiler. Fuldaflötz; aus der Tagesstrecke E in 15 Lachter Teufe. Schieferkohle, wegen der mit einander verwachsenen Schichten von glänzender mit weniger glänzenden Kohle. Wegen der vielen, auf der Schichtungsebene senkrechten Ablosungsflächen, und wegen des verminderten Wasserstoffgehaltes, wird die Kohle zum Verkoaken nicht mehr brauchbar seyn. In der Zusammensetzung steht sie der Kohle No. IV am nächsten, enthält aber vielleicht etwas mehr Wasserstoff. Spec. Gew. 1,2843. Darstellbarer

Kohlengehalt 68,5 Prozent Koaks, worin sich 65,5 Kohle und 3 Asche befinden.

2) Wellesweiler. Selloflötz. Tagesstrecke Helena, in 10 Lachter Seigerteufe. Die Kohle stimmt mit der vorigen überein, ist aber weniger zerklüftet, und daher zum Verkoaken in großen Stücken anwendbar. Spec. Gewicht 1,2766. Darstellbarer Kohlengehalt 65,5 Prozent Koaks, worin sich 64,3 Kohle und 1,2 Asche befinden.

3) Merchweiler. Eberhardstollen; aus der Mitte des Flötzes in 20 Lachter Seigerteufe. Von der Kohle No. 2 nicht verschieden. Spec. Gew. 1,2720. Darstellbarer Kohlengehalt 63,08 Prozent Koaks, worin sich 61,88 Kohle und 1,2 Asche befinden. Zum Verkoaken in großen Stücken sehr gut geeignet.

4) Merchweiler. Eben daher; Unterbank; ganz übereinstimmend mit der vorigen. Spec. Gew. 1,2317. Darstellbarer Kohlengehalt 61,88 Prozent Koaks, worin sich 60,98 Kohle und 0,9 Asche befinden.

5) Prinz Wilhelm. Ingerslebenflötz; aus dem deutschen Stollen, in 30 Lachter Seigerteufe. Von der vorigen ebenfalls nicht verschieden, und würde daher in großen Stükken verkoakt, sehr gute Koaks geben, wenn die Schichten der glänzenden Kohlenart nicht sehr geklüftet wären, und daher die Koaks sehr klein ausfielen. Spec. Gew. 1,2985. Darstellbarer Kohlengehalt 62,1 Prozent Koaks, worin sich 60,8 Kohle und 1,3 Asche befinden. Lagen von Faserkohle sind nicht selten, und verhindern dadurch die Anwendbarkeit der Kohle zum Verkoaken noch mehr, weshalb diese Kohle nur dann, wenn sie in großen Stücken bricht, und diese sorgfältig ausgehalten werden, zum Verkoaken noch brauchbar ist.

6) Prinz Wilhelm. Karstenflötz (im Liegenden des vorigen) Tagesstrecke Bernhard, aus 13 Lachter Teufe. Von der vorigen nicht weiter verschieden, als daß die glänzende

Kohlen-

Kohlenart mehr vorwaltet, wodurch die Kohle das Ansehen einer Blätterkohle erhält, die oft sogar in Pechkohle übergeht. Die starke Zerklüftung macht diese Kohle zum Verkoaken wenig geeignet. Spec. Gew. 1,2948. Darstellbarer Kohlengehalt 64 Prozent Koaks, worin sich 63,4 Kohle und 0,6 Asche befinden.

7) Gerhard. Flötz Heinrich; aus dem Beuststollen in 10 Lachter Seigerteufe. Eine ziemlich zerklüftete, und daher zum Verkoaken nicht brauchbare Schieferkohle, bei welcher jedoch die Schichten der glänzenden Kohlenart, mit Schichten der weniger glänzenden, so wie mit Lagen von Faserkohle, sehr innig verwachsen sind, so daß sie sich zum Verkoaken eignen würde, wenn die Ablosungsflächen rein von fremdartigen Beimengungen wären. Spec. Gewicht 1,27137. Darstellbarer Kohlengehalt 58,5 Prozent Koaks, worin sich 56,9 Kohle und 1,6 Asche befinden.

8) Gerhard. Flötz Beust (im Liegenden des vorigen) Johannes Tagesstrecke, aus 6 Lachter Seigerteufe. Von der vorigen nur in sofern verschieden, als die Schichten der glänzenden Kohlenart mehr vorwaltend sind. Die starke Zerklüftung bewirkt daß die Kohle im Feuer leicht zerfällt, besonders weil die Kluftflächen selten rein von fremdartigen Beimengungen sind. Spec. Gew. 1,3156. Darstellbarer Kohlengehalt 62,5 Prozent Koaks, worin sich 59,6 Kohle und 2,9 Asche befinden.

D. Sinterkohlen die in Sandkohlen übergehen.

1) Kronprinz Friedrich Wilhelm. Aus dem Friedrich Wilhelm Stollen, in 15 Lachter Teufe. Eine äußerst zerklüftete Kohle der glänzenden Art, und daher zum Verkoaken ganz unbrauchbar. In der Zusammensetzung steht sie zwischen den Kohlen No. III und IV in der Mitte, und ist in jeder Rücksicht eine sehr mittelmäßige Kohle. Spec.

Gew. 1,3500. Darstellbarer Kohlengehalt 64,5 Prozent Koaks, worin sich 56,1 Kohle und 8,4 Asche befinden.

E. Sandkohlen.

1) Geislautern. Flötz No. 1. Aus dem Friederikenstollen, in 30 Lachter Seigerteufe. Die Kohle der glänzenden Art ist mit Kohle der matten Art ganz ausgezeichnet geschichtet; auch trennen Lagen von Faserkohle die Kohlenmasse sehr häufig. Die glänzende Kohlenart ist durch kleine Kluftflächen sehr zerstückelt, so daß die Kohle selbst dann zum Verkoaken durchaus unbrauchbar seyn würde, wenn die Kluftflächen von fremdartigen Beimengungen ganz frei wären, wie es nicht der Fall ist. Spec. Gew. 1,3279. Darstellbarer Kohlengehalt 62,1 Prozent Koaks, worin sich 58,2 Kohle und 3,9 Asche befinden.

Die Saarbrücker Steinkohlen zeigen hiernach mit denen der Waldenburger Formation, in Rücksicht ihrer Zusammensetzung, die größte Uebereinstimmung, welche sich auch durch das äußere Ansehen zu erkennen giebt. Aber bei den Saarbrücker Steinkohlen nimmt das Verhältniß des Wasserstoffs zum Sauerstoff, vom Liegenden ins Hangende, sehr schnell ab, und in demselben Verhältniß vermindert sich auch der Kohlenstoffgehalt. Ob eine bedeutende Veränderung in den Verhältnissen der Bestandtheile der Kohle, in der streichenden Erstreckung der Kohlenflötze, statt findet, würde noch näher zu ermitteln seyn; ich hatte nicht Gelegenheit die Untersuchung anzustellen.

Die Saarbrücker Steinkohlen gehören zu denen die einen mittleren Kohlenstoffgehalt besitzen, wobei der Aschengehalt zugleich nicht sehr bedeutend ist, so daß sie als eine, fast zu allen Zwecken sehr brauchbare Kohle zu betrachten ist. Nur die Kohlen welche die hangendsten Flötze liefern, verdienen dies Lob nicht, wenn sie gleich zu gewöhnlichen Feuerungen gut anwendbar sind. Die Zunahme des Kohlenstoffgehaltes vom Hangenden ins Liegende, stimmt mit dem Verhalten überein, welches sich bei den mehrsten Steinkohlenablagerungen nachweisen läßt.

Eine wesentliche Verschiedenheit in den Bestandtheilen der Asche von den Steinkohlen der hangendsten und der liegendsten Flötze, ließ sich nicht erwarten, weil die Lagerungsverhältnisse der Saarbrücker Steinkohlenflötze sehr übereinstimmend sind. Es wurden daher die von der trocknen Destillation der sämmtlichen Saarbrücker Steinkohlen erhaltenen Koaks gemeinschaftlich eingeäschert, und die erhaltene Asche analysirt. Die Verschiedenheit in der Färbung der Asche rührt lediglich von den verschiedenen Verhältnissen des Eisenoxyds her, und dies verschiedene Verhältniß wird durch die zufällig größere oder geringere, für das Auge nicht erkennbare, Verunreinigung der Kohlenmasse mit Schwefelkies herbeigeführt, so daß der größere oder geringere Eisenoxydgehalt der Asche bloß als zufällig zu betrachten ist. 100 Theile Asche aus Saarbrücker Steinkohlen fand ich zusammengesetzt, aus:

32,9	Kieselerde
44,6	Thonerde
18,2	Eisenoxyd
1,5	Kalkerde
1,7	Bittererde.

Die Asche von den Saarbrücker Steinkohlen ist also in ihrer Zusammensetzung von der Asche der Schlesischen Steinkohlen wesentlich nicht verschieden, nur sind die Quantitäten Kalkerde und Bittererde geringer, welches Verhalten an sich unwesentlich zu seyn scheint, aber durch den folgenden Umstand doch mehr Aufmerksamkeit verdient.

Die Kluftflächen welche senkrecht, oder doch fast senkrecht auf der Schichtungsebene stehen, sind nämlich, fast ohne Ausnahme bei allen Saarbrücker Steinkohlen, mit einer Braunspathartigen Substanz ausgefüllt, welche sich zum

Theil nur als ein Anflug auf den Kluftflächen zeigt, zum Theil aber die Dicke einer halben Linie erreicht. Bei einigen Steinkohlen sind die Klüfte mit dieser Masse, welche niemals parallel mit der Schichtung, sondern immer nur als Ausfüllung in den Klüften vorkommt, so sehr angefüllt, daß es schwer wird, die Kohlenmasse ganz davon zu befreien, und ein zur Analyse geeignetes ganz reines Stück von der Kohle zu erhalten. Diese Ausfüllung der Klüfte ist es auch, welche die Anwendbarkeit der Saarbrücker Steinkohlen zum Verkoaken sehr vermindert. Die mehrsten Saarbrücker Sinterkohlen würden sich, ohne diese Ausfüllung der Klüfte, zum Verkoaken sehr gut eignen, weil der Wasserstoffgehalt noch groß genug seyn würde, den Zusammenhang der Kohlenmasse beim Verkoaken zu bewirken, wenn die Kluftflächen aus reiner Kohlenmasse beständen, und die feinen Klüfte leer und unausgefüllt wären. Die Ausfüllungsmasse, wenn sie sich auch nur als Anflug auf den Flächen zeigt, verhindert aber die Verbindung der Kohlenmasse, weshalb nur die Saarbrücker Backkohlen, oder höchstens die in Sinterkohlen übergehenden Backkohlen, noch zum Verkoaken anwendbar bleiben. So nachtheilig diese Ausfüllungsmasse also für die Anwendbarkeit der Saarbrücker Steinkohlen zum Verkoaken wird, so wenig hat sie übrigens einen nachtheiligen Einfluß beim Gebrauch zu Flammenfeuerungen, weshalb auch die Saarbrücker Sinterkohle als eine der vorzüglicheren beim Gebrauch für Flammöfen und zu häuslichen Zwecken zu betrachten ist.

Die chemische Zusammensetzung dieser Ausfüllungsmasse ist sehr merkwürdig, denn sie besteht in 100 Theilen, aus:

49,5 kohlensaurer Kalkerde
48,7 kohlensaurer Bittererde
1,6 kohlensaurem Eisenoxydul

stimmt also mit der Zusammensetzung des Dolomit äußerst nahe überein. Woher nun diese Ausfüllung der Klüfte mit Dolomit, die sich nicht als eine seltene Erscheinung, sondern so sehr als Regel zeigt, daß sich eine Saarbrücker Steinkohle schon in der Ferne durch den weißen Anflug auf den Kluftflächen, und durch die weiße Ausfüllungsmasse der Klüfte, von allen anderen Steinkohlen unterscheidet? Wollte man annehmen, daß bei der Umänderung der Pflanzenfaser in Steinkohle, Kohlensäure entwickelt worden sey, welche die Kalkerde und die Bittererde aus den erdigen Beimengungen der Steinkohle aufgelößt, und den Klüften zugeführt habe; so würde für eine solche Annahme wohl der Umstand sprechen, daß die Saarbrücker Steinkohlen in ihrer Asche einen geringeren Gehalt an Kalkerde und Bittererde zeigen, als sich in der Steinkohlenasche gewöhnlich findet; allein es würde dann noch zu untersuchen seyn, ob sich ein ähnliches geringes Verhältniß beider Erdarten nicht auch in der Asche von anderen Steinkohlen wieder findet, und ob überhaupt dies Verhältniß nicht ein ursprüngliches, und keinesweges ein durch spätere Einwirkung der Kohlensäure entstandenes sey. Besonders aber ist dieser Annahme der Umstand entgegen, daß sich eine ähnliche Ausscheidung beider Erden im kohlensauren Zustande, bei allen Steinkohlen ohne Ausnahme zeigen müßte, weil sich wohl fast mit Zuverlässigkeit annehmen läßt, daß die Natur bei der Steinkohlenbildung stets, wenn auch nicht ganz denselben, doch einen in sofern übereinstimmenden Prozeß befolgt haben werde, daß sich die Kohlensäure, wenn sie überhaupt, wie wohl nicht zu bezweifeln, dabei entstanden ist, gewiß jedesmal gebildet, also dieselbe Ursache auch denselben Erfolg herbeigeführt haben muß. Wenigstens müßte sich dieser Erfolg bei ganz gleichartig zusammengesetzten Steinkohlen zeigen; er müßte sich also bei den Waldenburger Steinkohlen, welche mit den Saarbrücker so sehr übereinstimmen, daß sie sich in vielen Fällen nicht von einander unterscheiden lassen, ebenfalls finden. Aber das Verhältniß des Kohlenstoffs zum

Sauer- und Wasserstoff scheint eben so wenig, als das des Wasserstoffs zum Sauerstoff, von Einfluß gewesen zu seyn, denn die Dolomitausfüllungen sind bei den backendsten Kohlen der liegendsten Saarbrücker Flötze, in derselben Menge vorhanden, wie bei den Sandkohlen, welche in den hangendsten Flötzen vorkommen. Es bliebe also nur noch die Vermuthung übrig, daß die bei der Steinkohlenbildung erzeugte Kohlensäure, die hangenden Gebirgsschichten durchdrungen, aus diesen die Kalkerde und Bittererde aufgelößt, und sie in wässriger Auflösung den Kluftflächen zugeführt habe. Es ist wohl möglich, sogar wahrscheinlich, daß sich bei der Steinkohlenbildung zugleich Wasser und Kohlensäure gebildet haben; allein diese Bildung allein kann über die Entstehung des Dolomit in den Steinkohlen keinen Aufschluß geben, wenn man nicht zugleich annimmt, daß die Masse des Saarbrücker Steinkohlengebirges mehr Kalk und Bittererde, als die in den anderen Steinkohlenformationen, oder wenigstens in einem solchen Zustande der Verbindung mit den übrigen Erdarten enthalten habe, daß eine Ausscheidung derselben, bei der Einwirkung des Wassers und der Kohlensäure, möglich gewesen. Welcher Werth auf eine solche Annahme zu legen ist, muß ich dahin gestellt seyn lassen, obgleich sich daraus noch weniger erklärt, warum der Gehalt der Asche von den Saarbrücker Steinkohlen an Kalk- und Bittererde, so geringe ist, da er doch gerade unter solchen Umständen größer als in der Asche aus anderen Steinkohlen seyn müßte. Leichter würde man zu der Erklärung gelangen, wenn Dolomitschichten die Kohlenflötze bedeckten. Dies ist aber, wenigstens auf den Flötzen die jetzt im Bau stehen, keinesweges der Fall. Nur allein auf der Grube zu Wellesweiler kommt über den hangenderen Flötzen eine Schicht von einer rauchgrauen Gebirgsmasse vor, welche mit Kräuterabdrücken erfüllt ist, und für einen unreinen Kalkstein gehalten wird. Die dortigen Bergleute nennen diese Gebirgsschicht, welche das unmittelbare Hangende des Häuslerflötzes bildet, wilden Kalkstein. Die Schicht ist über 30 Zoll mächtig, und hat allerdings das Ansehen eines unreinen Kalksteins. Beim Zerreiben im Mörser giebt diese Gebirgsart ein schmutzig-weißes Pulver. Sie ist so hart daß sie gegen den Stahl noch Funken giebt, verbreitet aber beim Anhauchen einen starken Thongeruch. In der stärksten Glühhitze erleidet sie einen Gewichtsverlust von 13,6 Prozent, wobei sich die weiße Farbe des Pulvers in eine schwarze verändert. Röstet man das gepulverte Fossil auf einem offenen Scherben, so verliert es nur 12 Prozent am Gewicht, und die weiße Farbe ändert sich nun in eine lichte fleischrothe um. Von der Salzsäure wird das gepulverte Fossil in gewöhnlicher Temperatur kaum angegriffen. In der Siedhitze anhaltend damit behandelt, löst sich ein Theil unter Entwickelung von kohlensaurem Gas auf, und es bleibt ein Rückstand von 78,4 Prozent, welcher nur aus Kieselthon zu bestehen scheint. Eine vollständige Analyse von dieser Gebirgsart habe ich zwar nicht vorgenommen, indem der Rückstand durch Schmelzen mit Alkali nicht weiter aufgeschlossen ward; es leuchtet indeß ein, daß sich, wenn nicht der ganze, doch bei weitem der größte Theil des Kalk- und Bittererdengehaltes in der salzsauren Auflösung finden mußte. Diese enthält aber nur Eisenoxydul-Oxyd mit einem großen Ueberschuß von Oxydul, etwas Thonerde, nur eine Spur von Bittererde und Manganoxyd, und etwa so viel Kalkerde, daß der ganze Kalkerdengehalt der Gebirgsart 0,6 Prozent betragen mögte. Diese Gebirgsart ist also ein Gemenge von Eisenoxyd haltendem Kieselthon mit kohlensaurem Eisenoxydul, und kann über die Entstehung des Dolomit in den Steinkohlenklüften keinen Aufschluß geben.

V. Die Steinkohlen-Niederlage an der Worm.

Die sogenannte Pannesheider, Herzogenrather oder Bardenberger Steinkohlen Ablagerung, nördlich und nordöstlich von Achen, deren Hauptstreichen von Südwesten nach Nordosten gerichtet ist, bildet eine für sich abgeschlossene Mulde im Uebergangsgebirge, von welcher indeß nur die westliche Hälfte vorhanden, die östliche aber, wenn sie überhaupt, — wie jedoch kaum zu bezweifeln, — ausgebildet seyn sollte, durch einen, die Mulde von Nord-Nordwest nach Süd-Südost durchschneidenden Rücken (dort Feldbiß genannt) unter einer mächtigen Bedeckung von jüngerem Gebirge, abgetrennt worden ist. Jene Ablagerung bildet also einen Theil einer Mulde, die gegen Westen ganz geschlossen ist und deren Flügel sich gegen Osten an dem Feldbiß endigen. Außer dem speciellen Fallen der beiden Hauptflügel der Mulde nach entgegengesetzten Weltgegenden, senkt sich auch die ganze Mulde in der Hauptrichtung von Westen nach Osten ein, so daß die liegendsten Flötze sich gegen Westen ungleich früher ausheben als die hangenderen, dem Feldbiß näher liegenden Mulden. Dies Verhalten und die gänzliche Unbekanntschaft mit dem tiefer liegenden östlichen Theil der Mulde, machen es sehr zweifelhaft, ob die bekannten hangendsten Flötze der Mulde, nicht vielleicht noch ziemlich liegende Flötze der ganzen Mulde in ihrem ursprünglichen Zustande gewesen seyn mögen. Das eigenthümliche Verhalten der Südflügel der Mulde beweißt es eben so sehr, wie der Feldbiß selbst, daß Kräfte, für deren Größe der Maaßstab fehlt, wirksam gewesen seyn müssen, die Kohlenflötze aus ihrer ursprünglichen Lage zu verrücken.

Man will den das Steinkohlengebirge abschneidenden Feldbiß aus älteren Versuchen kennen und ihn bis 80 Lachter Teufe unter Tage getroffen haben. Er ist aber eben so wenig durchfahren als man das Steinkohlengebirge jenseits desselben wieder gefunden hat. Man hütet sich sehr, die Strecken ganz in seine Nähe zu bringen, um die Gruben der Gefahr des Ersaufens nicht auszusetzen. Deshalb läßt sich auch über den tiefer liegenden östlichen Theil der Mulde keine Vermuthung aufstellen, die auf mehr als höchstens auf Wahrscheinlichkeit Anspruch machen könnte. Das Hauptstreichen des Steinkohlengebirges ist ziemlich übereinstimmend mit dem des dasselbe umschließenden Grauwackengebirges, nämlich von Südwest nach Nordost. Das Einfallen der Südflügel der Mulde ist zwar im Allgemeinen nördlich, und das der Nordflügel südlich; allein das südliche Einfallen scheint das vorwaltende zu seyn, so daß die tiefste Muldenlinie, oder die tiefste Einsenkung der ganzen Ablagerung, nicht in die Mitte der größten Verbreitung der Mulde (in der Richtung von Nord-Nordwest nach Süd-Südost) sondern mehr nach Süden zu trifft. Außerdem ergiebt sich für die Südflügel der Mulde das höchst merkwürdige Verhalten, daß sie nicht allein sehr steil, — unter Winkeln von 60 bis 90 Graden, — gegen Norden einfallen, sondern daß sie auch, nachdem sie sich in stehenden Flügeln am Grundgebirge ausgehoben haben, in flachen Flügeln wieder gegen Norden (also mit südlichem Einfallen) ansteigen, sich dann wieder als stehende Flügel stürzen, und diesen Wechsel oft funfzehn mal wiederhohlen, bis sie das Tiefste der Mulde erreichen und sich mit den gegen Süden fallenden Nordflügeln vereinigen. Man nennt diese stehenden südlichen Flügel, deren Haupteinfallen gegen Norden gerichtet ist, in jener Gegend die Rechten und man würde sie sich am besten in einem fecherartig zusammengebogenen Zustande denken können. Die gegen Süden fallenden Nordflügel der Mulde haben ein Einfallen von 25 bis 36 Graden und heißen Platte. Die Platten und die Rechten eines und desselben Südflügels eines Flötzes, stoßen in der

Regel unter spitzen Winkeln zusammen und sind in den Special-Sattel und Muldenlinien zuweilen durch schmale Rücken getrennt, auch wohl übereinander geschoben. Ob auf den Südflügeln der hangendsten und der liegendsten Flötze, dieselbe Anzahl von Wechseln der Platten mit den Rechten vorkommt, oder ob bei den hangenden Flötzen in geringerer Zahl als bei den liegenden, ist noch nicht näher zu bestimmen.

Die ganze Mulde fällt im Durchschnitt unter einem Winkel von 10 Grad gegen Nordost, oder gegen den Feldbiß. Ihre Ausdehnung nach der streichenden Richtung von Südwesten nach Nordosten, oder von dem Orte Hasenwald bis an den Feldbiß, in einer auf das Streichen des letzteren senkrecht gezogenen Linie, beträgt etwa 2000 Lachter, und die von Südost nach Nordwest, welche man zugleich als die querschlägige Entfernung der Nord- nnd Südflügel des liegendsten bekannten Flötzes ansehen kann, 2780 Lachter. Wahrscheinlich befindet sich der bei weitem größere östliche Theil der Mulde unter der Bedeckung des jüngeren Gebirges.

Es sind 34 Flötze bekannt, von denen das schwächste 8 Zoll, und das stärkste (Groß Athwerk) 60 Zoll mächtig ist. Das liegendste Flötz dieser ganzen Ablagerung, oder das Flötz Steinknipp, hat eine Mächtigkeit von 36 Zollen. Die seigere Entfernung vom hangendsten bis zum liegendsten Flötz beträgt 287 Lachter, und alle 34 Flötze zusammen haben nur eine Kohlenmächtigkeit von 865½ Zollen, so daß sich die Masse des ganzen Steinkohlen führenden Gebirges, zu der der Steinkohlenflötze in demselben, etwa wie 26 zu 1 verhält.

Bei der Angabe des darstellbaren Kohlengehaltes und des Aschengehaltes der hier folgenden Steinkohlen, ist die Folgeordnung vom Hangenden ins Liegende beobachtet, so daß die zuerst aufgeführten Kohlen von den hangenderen Flötzen u. s. f. genommen sind.

Die Kohlen von den sämmtlichen Flötzen dieser Ablagerung haben einerlei Zusammensetzung, welche mit der, der Kohle No. VIII übereinstimmt. Sie sind hart und zugleich fest, so daß sie in der Grube sehr häufig durch Bohren und Schießen gewonnen werden müssen. Die Kohlen haben einen starken Glanz, der jedoch weniger Pech- als Glasglanz ist. Die Kohlenmasse ist in der Regel sehr gleichartig, und die auf der Schichtungsebene fast senkrechten Kluftflächen, zeigen sich nur als feine Risse auf dem Querbruch. Lagen von Faserkohle sind selten, und wo sie vorkommen, mit der Kohlenmasse verwachsen. Die glänzende und weniger glänzende Art der Kohle, lassen sich bei diesen Steinkohlen kaum anders als durch Streifung, parallel mit der Ebene der Schichtung, erkennen, wodurch die Kohlen häufig das Ansehen von Schieferkohle erhalten. Diejenigen Kohlen bei welchen die Streifung weniger deutlich zu bemerken ist, würden Blätterkohlen genannt werden, und wo bei der Gleichartigkeit der Kohlenmasse auch zugleich ein Mangel an Zerklüftung eintritt, haben die Steinkohlen einen ebenen, flachmuschlichen Bruch, so daß man sie, wenn der Glanz weniger stark wäre, unbedenklich Kennelkohle nennen würde.

Unter den mir zugesandten Probestücken, befand sich eine Kohle von der Grube Neue Vockart, Flötz Merl, welche sich durch die völlige Gleichartigkeit und durch die ebenen Bruchflächen auszeichnet.

Die Kohlen erfordern zum Verbrennen einen starken Luftzug, geben dabei aber eine starke und anhaltende Hitze, obgleich sie zur Hervorbringung von starker und schneller Hitze in Flammöfen, für sich allein wohl nicht anwendbar seyn dürften, desto mehr aber in Verbindung mit andern, leichter brennbaren Kohlen. Zum Verkoaken würden sie sich, wegen der Reinheit und des Zusammenhaltes der Kohlenmasse, wohl eignen, wenn sie nicht durch die zum

Verkoaken erforderliche sehr starke Hitze, bei dem sehr geringen Verhältniß des Sauer- und Wasserstoffs, von der hinzutretenden atmosphärischen Luft zu sehr angegriffen würden und daher wahrscheinlich zum großen Theil verbrennen müßten, um sich durch ihre ganze Masse in Koaks umzuändern.

1) Grube Neu Langenberg. Flötz Langenberg oder Ath, etwa 58 Zoll mächtig. Aus dem Pfeilerabbau vom Rechten (stehenden Flügel) etwa 335 Lachter östlich des Hauptförderschachtes, 130 Lachter seiger unter dessen Hängebank. Spec. Gew. 1,3213. Darstellbarer Kohlengehalt 93,6 Prozent Koaks, worin sich 92,8 Kohle und 0,8 Asche befinden.

2) Grube Langenberg, Flötz Meister. Das durchschnittlich 30 Zoll mächtige Flötz liefert sehr reine Kohlen. Das Probestück ist in einer Abbaustrecke auf dem Platten, 80 Lachter östlich des Förderschachtes Theresia, 75 Lachter seiger unter dessen Hängebank genommen. Spec. Gewicht 1,3317. Darstellbarer Kohlengehalt 94,2 Prozent Koaks, worin sich 92,3 Kohle und 1,9 Asche befinden.

3) Grube Hoheneich. Flötz Fürth. Von dem 40 Zoll mächtigen Platten, vor Ort einer Abbaustrecke, welche etwa 80 Lachter vom Förderschacht entfernt, 50 Lachter seiger unter dessen Hängebank liegt. Spec. Gewicht 1,3296. Darstellbarer Kohlengehalt 94,8 Prozent Koaks, worin sich 93,6 Kohle und 1,2 Asche befinden.

4) Grube Fürth. Flötz Fürth. Das nämliche Flötz wie No. 3 aber etwa 112 Lachter seiger unter Tage, und 220 Lachter östlich des Hauptförderschachts, vom Streckenbetrieb im Platten. Spec. Gewicht 1,339. Darstellbarer Kohlengehalt 95 Prozent Koaks, worin sich 94,3 Kohle und 0,7 Asche befinden.

5) Grube Sichelscheid. Flötz Rauschenwerk. Das Flötz ist durchschnittlich 46 Zoll mächtig. Das Probestück

ist, weil das Flötz gegenwärtig nicht bearbeitet wird, und für diesen Augenblick unzugänglich ist, von der Halde genommen, wo es schon etwas über 1 Jahr im Freien gelegen hat, und etwa 80 Lachter östlich des Förderschachtes, in einer Seigerteufe von 61 Lachter aus dem Platten genommen. Spec. Gew. 1,3293. Darstellbarer Kohlengehalt 95,3 Prozent Koaks, worin sich 94,95 Kohle und 0,35 Asche befinden.

6) Grube Sichelscheid. Flötz Groß Athwerk. Aus dem 58 Zoll mächtigen Platten, 82 Lachter seiger unter Tage und 75 Lachter östlich des Förderschachtes. Spec. Gew. 1,3487. Darstellbarer Kohlengehalt 95,6 Prozent Koaks, worin sich 92,45 Kohle nnd 3,15 Asche befinden. Die Asche ist roth und der größere Verlust bei der trocknen Destillation, in Rücksicht des wirklichen Kohlengehalts aus den erhaltenen Koaks, ist nur scheinbar und rührt von der fremdartigen Beimengung der Kohle her, wie weiter unten gezeigt werden soll.

7) Grube Abgunst. Flötz Groß Athwerk. Vom Rechten eines südlich von Sichelscheid liegenden Sattels des Flötzes Groß Athwerk; aus einer Seigerteufe von 50 Lachter, 40 Lachter östlich vom Hauptförderschacht. Spec. Gew. 1,3548. Darstellbarer Kohlengehalt 96,4 Prozent Koaks, worin sich 94,65 Kohle und 1,75 Asche befinden.

8) Grube Neue Bockart. Flötz Merl. Aus dem 48 Zoll mächtigen Platten, vom Ort einer Abbaustrecke, etwa 30 Lachter westlich vom Förderschacht, 95 Lachter seiger unter Tage. Spec. Gew. 1,3781. Darstellbarer Kohlengehalt 96,5 Prozent Koaks, worin sich 94,8 Kohle und 1,7 Asche befinden.

9) Grube Vieslapp. Flötz Groß Mühlenbach. Die Kohle dieses 48 Zoll mächtigen Flötzes ist ungemein zerklüftet, zerfällt daher leicht, wenn sie lange an der Luft liegt, zerspringt aus demselben Grunde im Feuer zu rhom-

boëdrischen Stücken und wird dadurch weniger brauchbar als die übrigen Kohlen, ist auch außerdem durch Erden mehr verunreinigt. Spec. Gew. 1,35145. Darstellbarer Kohlengehalt 96,2 Prozent Koaks, worin sich 94,05 Kohle und 2,15 Asche befinden.

10) Grube Spaenbruch. Flötz Steinknipp. Aus dem 36 Zoll mächtigen Platten, 30 Lachter westlich des Förderschachtes, aus einer Seigerteufe von etwa 48 Lachter. Spec. Gew. 1,3538. Darstellbarer Kohlengehalt 95,5 Prozent Koaks, worin sich 94,75 Kohle und 0,75 Asche befinden.

Es läßt sich also keine wesentliche Verschiedenartigkeit in der Zusammensetzung der Kohle von dem liegendsten und von dem am mehrsten hangenden Flötz bemerken, wie sich dies bei einer Mulde, von welcher wahrscheinlich nur die liegendsten Flötze bis jetzt zu unserer Kenntniß gelangt sind, wohl erwarten läßt. Zwar scheint der Kohlengehalt in den Steinkohlen der liegendsten Flötze etwas größer zu seyn, indeß ist die Differenz so unbedeutend, daß sie auch zufällig und in der Beschaffenheit der zur Untersuchung gerade erhaltenen Probestücken ihren Grund haben kann, ohne daß sich die Kohlenmasse des ganzen Flötzes durchaus so verhielte. Die Kohlen gehören zu denjenigen, bei welchen das Verhältniß des Kohlenstoffs sehr groß und dabei das des Wasserstoffs zum Sauerstoff sehr geringe ist.

Die Asche enthält keine Spur von Mangan. In 100 Theilen derselben fand ich:

45,1	Kieselerde
42,2	Thonerde
8,4	Eisenoxyd
1,3	Kalkerde
1,9	Bittererde.

Also auch die Asche von diesen Steinkohlen enthält wenig Kalk- und Bittererde, ohne daß sich Ausfüllungen von Do-

somit auf den Klüften der Kohle, auch nur als Anflug zeigten.

Von dem Flötz Merl der Grube Neue Bockart kam mir ein Probestück zu, von welchem bemerkt ward: „Auf dem Flötz Merl kommen hier und dort Nester eines kohlenstoffhaltigen Fossils vor, welches durch sein Verhalten im Feuer als Kohlenblende bezeichnet wird; allein seine äußeren Kennzeichen sind so abweichend von denen der Kohlenblende, daß es wohl als ein eigenthümliches Vorkommen zu betrachten seyn mögte.“ Diese Kohle ist durch ihren Glanz, Härte und Festigkeit von den übrigen Kohlenarten dieser Ablagerung gar nicht verschieden, allein die Kohlenmasse scheint aus lauter Schuppen und Blättern zusammengesetzt zu seyn, welche sich jedoch bald als dicht verwachsene Kluftflächen, fast senkrecht auf der Schichtungsebene, zu erkennen geben. Das specifische Gewicht dieser Kohle beträgt 1,4869 bis 1,7326 von den verschiedenen Stellen des Probestücks.

Diese Verschiedenartigkeit läßt schon auf mechanische Verunreinigung schließen. Unter der Muffel verhält sich die Kohle eben so wie die übrigen dieser Ablagerung, d. h. sie brennt mit schwacher Flamme. Bei der trocknen Destillation bleiben 91 Prozent Koaks zurück, worin sich nur 80,3 Kohle und 10,7 Asche befinden. Dieser geringe Kohlengehalt hätte auf eine leichtere Verbrennlichkeit der Kohle schließen lassen, statt daß sie sich bei den gewöhnlichen Feuerungen fast als unverbrennlich zeigt. Die Asche bestand größtentheils aus Eisenoxyd mit einem sehr geringen Gehalt von Kieselthon, welcher etwa 5 Prozent betragen konnte. Bei der trocknen Destillation entwickelt sich aus dieser Kohle sehr viel kohlensaures Gas, statt daß die übrigen Kohlen von dieser Ablagerung fast nur Kohlenoxydgas geben. Daß das Eisenoxyd als solches mit der Kohle verbunden sey und bei der trocknen Destillation zur Entstehung des kohlensauren Gases Veranlassung geben sollte, war ganz unwahrscheinlich, und eben so wenig ließ sich, aus dem übrigen Verhalten der Kohle, auf einen starken Sauerstoffgehalt der Kohlensubstanz selbst schließen.

Die Kohle ward daher in mäßiger Digerirwärme mit Salzsäure behandelt und ein pneumatischer Apparat dabei angewendet. So wie die Säure nach und nach einwirkte, entband sich eine Menge Gas, welches sich als kohlensaures Gas zu erkennen gab, so daß die bezeichnete Kohle nichts anders ist, als eine gewöhnliche Kohle dieser Ablagerung, deren feinen Klüfte mit kohlensaurem Eisenoxydul ausgefüllt sind. Durch diese Ausfüllung wird das Verbrennen dieser Kohle erschwert und zugleich zum Zerspringen im Feuer zu ganz kleinen Stücken Veranlassung gegeben, wodurch dann der Luftzug gehemmt und das weitere Verbrennen verhindert wird. Der Kohlensäuregehalt des Eisenoxyduls bewirkt auch zugleich den großen Verlust, den die Steinkohle bei der trocknen Destillation in der Glühhitze erleidet.

VI. Die Steinkohlen-Niederlage an der Inde.

Diese Steinkohlen Ablagerung, südöstlich von der vorigen, an der Inde bei Eschweiler, weshalb sie auch gewöhnlich die Eschweiler Mulde genannt wird, hat mit der an der Worm das gemein, daß sie in dem Uebergangsgebirge eingeschlossen und mit demselben gleichförmig gelagert, daß also ihr Hauptstreichen ebenfalls von Südwesten nach Nordosten gerichtet ist; daß sie sich in dieser streichenden Richtung nach und nach unter einem Winkel von 10 Graden gegen Nordosten einsenkt; daß die nördlich einfallenden Südflügel der Mulde ein stärkeres Einfallen haben als die südlich einfallende Nordflügel, und daß dasselbe Uebergangsgebirge den bekannten Theil dieser Mulde einschließt. Abweichend ist das Verhalten der nördlich einfallenden Südflügel,

flügel, welche sich, so weit sie bekannt sind, nicht wieder heben und senken, sondern unter einem Winkel von durchschnittlich 60 Graden dem Tiefsten der Mulde zufallen und sich dort mit den, im Durchschnitt unter 45 Grad gegen Süden einfallenden Nordflügeln der Mulde vereinigen. Das Einsenken der Mulde gegen Osten bewirkt, daß sich die liegendsten Flötze ungleich früher gegen Westen zu Tage ausheben als die hangenden Flötze, und daß noch hangendere Flötze, wenn sie vorhanden sind, gegen Osten aufgesucht werden müssen, ein Verhalten welches diese Mulde durchaus mit der vorigen gemein hat. Die Muldenflügel der hangenderen Flötze, sind gegen Westen ganz geschlossen; die der liegenderen Flötze werden aber gegen Westen durch einen von Süd-Südost nach Nord-Nordwest streichenden, 15 Lachter mächtigen Rücken, — dort die Münstergewand genannt, — in ihrem Streichen unterbrochen, so daß man noch nicht weiß, wo sich die beiden Muldenflügel der liegenderen Flötze gegen Westen vereinigen und dort die Mulde schließen. Gegen Osten werden die, nach jener Weltgegend hin immer mehr divergirenden Muldenflügel durch einen, ebenfalls von Süd-Südost nach Nord-Nordwest streichenden Rücken, — dort unter dem Namen Sandgewand bekannt, — von unbekannter Mächtigkeit, in ihrem regelmäßigen Fortstreichen aufgehalten, ohne jedoch eine so große Veränderung im Niveau zu erleiden, wie wahrscheinlich die Bardenberger Flötze durch den Feldbiß. Es ist nämlich bekannt, daß die Eschweiler Kohlenniederlage durch die beiden, die Mulde scheinbar gegen Westen und Osten begränzenden Rücken, nicht ganz abgeschnitten wird, sondern daß sie sowohl gegen Südwesten, jenseits der Münstergewand, als gegen Nordosten, jenseits des Sandgewand, noch fortsetzen. Nach der ersten Weltgegend können aber, wie aus den Lagerungsverhältnissen der Mulde hervorgeht, nur die äußersten, gegen Westen sich schließenden Muldenflügel der liegenden Flötze verfolgt werden, welche keinen lohnenden Bergbau versprechen, weshalb nach jener Weltgegend keine Versuche von Erheblichkeit weiter gemacht worden sind. Dagegen wird gegen Nordosten, oder jenseits der Sandgewand, in der Folge ein wichtiger Kohlenbergbau rege werden können, indem das Vorhandenseyn der Flötze nach jener Weltgegend bereits erwiesen ist und man sogar die Hoffnung hegen kann, vielleicht noch hangendere als die jetzt bekannten Flötze aufzufinden.

Die Ausdehnung der Mulde, nach der Richtung des Streichens der Flötze, oder von der Münstergewand bis zur Sandgewand, beträgt 2600 Lachter und in querschlägiger Richtung 1300 Lachter. Man kennt in der Mulde 46 Flötze, welche, nach dem Einfallen der Muldenflügel zu urtheilen, in eine weit größere Teufe niedersetzen, als die Flötze in der Bardenberger Mulde. Unter jenen 46 Flötzen giebt es einige, die nur 6 Zoll mächtig sind und deshalb nicht gebaut werden. Das mächtigste Flötz, welches zugleich für das beste gehalten wird, ist das Flötz Großekohl von 50 bis 70 Zoll Mächtigkeit. Alle 46 Flötze haben zusammen eine Mächtigkeit von 558 bis 720 Zollen, wobei die seigere Entfernung vom hangendsten bis zum liegendsten Flötz 693½ Lachter beträgt. Die Masse des ganzen, Steinkohlen führenden Gebirges, verhält sich daher zu der der Steinkohlenflötze in demselben, etwa wie 80 bis 100 zu 1. Die beiden äußersten oder liegendsten Flötze (Große Krebs, 9 — 12 Zoll, und Trauf, ebenfalls 9 — 12 Zoll mächtig) sind durch ein Steinkohlenleeres Zwischenmittel von 96 Lachtern von dem nächsten hangenden getrennt. Sie sind früher in oberen Teufen abgebaut, aber jetzt, wegen ihrer geringen Mächtigkeit nicht im Betrieb. Ob sich daher die Kohle von diesen Flötzen, von der Kohle der in ihrem Hangenden befindlichen nächsten Flötze, in der Zusammensetzung unterscheidet, habe ich nicht ausmitteln können, obgleich es sehr interessant gewesen wäre, das Verhalten zu kennen. Auch von den nächst folgenden fünf liegenden Flötzen, welche durch ein Kohlenleeres Zwischenmittel von 57 Lachtern, von der dritten, mehr im Hangenden befindlichen Flötzpartie geschieden sind, und auf deren Südflügeln noch jetzt die Gruben Birkengang und Münster Kohlberg, so wie auf den Nordflügeln die Gruben Ichenberg, Aue, Probstey und Atsch (die drei letzteren jedoch nicht mehr) bauen, sind mir keine Proben zugekommen. Die nun folgenden vier Flötze, also vom Liegenden zum Hangenden gerechnet, die Flötze 8, 9, 10 und 11. (Breitgang, Leimberg, Huppenbruch, Langenberg) sind wegen ihrer geringen Mächtigkeit gar nicht im Betrieb. Diese vier Flötze sind durch ein leeres Zwischenmittel von 153 Lachtern, von dem nächsten hangenden Flötz No. 12 (Padtkohl) getrennt, und dieses Flötz bildet, mit den folgenden 34 hangenderen Flötzen, das Feld der so genannten Binnenwerke, oder der Grube Centrum, welche zum Bau auf den 35 hangenden Flötzen berechtigt ist. Die Flügel aller dieser 35 Flötze schließen sich vollständig gegen Westen, weil sich die Mulden schon früher ausheben, und daher von der Münstergewand gar nicht mehr getroffen werden. Gegen Osten wird der Bau auf diesen Flötzen, so wie auf allen liegenderen, durch die Sandgewand begränzt.

Die von der Eschweiller Ablagerung erhaltenen Steinkohlenproben sind, vom Hangenden ins Liegende gerechnet, von den Flötzen 18, 20, 22, 24, 26, 27, 28, 29 und 30, und sollen in der Folgeordnung auch aufgeführt werden.

Das Verhalten dieser Kohle ist von dem der Kohlen aus der Bardenberger Mulde ungemein verschieden. Die Kohle hat eine ungleich dunklere schwarze Farbe, ohne dabei einen eigentlichen Pechglanz zu besitzen. Wo sie nicht zerklüftet ist, wird der Glanz glasartig, sonst seidenartig. Außer der dunkelschwarzen Farbe, die bei den Bardenberger Kohlen stets ungleich lichter ist, unterscheiden sie sich von diesen besonders durch die sehr geringe Festigkeit und durch die weit geringere Härte. Die Kohlenmasse selbst ist durchaus gleichartig, und dabei ganz ungemein zerklüftet. Nur selten theilen die Kluftflächen Rhomboeder von etwa ¼ Kubikzoll räumlichen Inhalt ab; in der Regel ist die ganze Masse so sehr zerstückelt, daß sie bei schwachen Stößen in Gruß zerfällt. Dabei wird die Kohlenmasse sehr häufig durch Lagen von Faserkohle, die zuweilen die Stärke einer halben Linie erreichen, in Bänke von ¼ bis zu mehreren Zollen Höhe abgetheilt; so daß die Kohle, wenn sie eine Sandkohle, oder auch nur eine Sinterkohle wäre, zu sehr wenigen Zwecken anwendbar seyn würde. Aber die vortreffliche backende Eigenschaft dieser Kohlen, erhebt sie, bei ihrem gleichzeitig sehr großen Kohlengehalt, zu der vorzüglichsten Kohlenart in der Preußischen Monarchie. Alle Kohlen stimmen nämlich in der Zusammensetzung mehr oder weniger mit der der Kohlen No. VI oder No. XI überein, so daß ihr Gehalt an Kohlenstoff von 88 bis über 90 Prozent steigt, wobei zugleich das Verhältniß des Wasserstoffs zum Sauerstoff in einem so günstigen Verhältniß steht, daß auch die kleinen Kohlen welche in der Grube fallen, ungeachtet des großen Kohlenstoffgehaltes, vortrefflich zum Verkoaken geeignet sind. Die Koaks würden jedoch, — wenigstens nicht von allen Kohlen, — für hohe Schachtöfen zum Verschmelzen von Eisenerzen geeignet seyn; weil sie, wegen ihrer zu großen Lockerheit, zu sehr zerdrückt werden würden. Desto mehr sind sie aber in niedrigen Schachtöfen zum Verschmelzen der Blei- und Kupfererze u. s. f. anwendbar, und die Steinkohlen selbst, wegen ihres großen Kohlengehaltes, zu allen Flammenfeuerungen sehr gut zu gebrauchen. Nur zur Hervorbringung einer sehr starken Schmelzhitze, würden die Kohlen wahrscheinlich, für sich allein angewendet, nicht ganz geeignet seyn, weil sie bei ihrem starken Aufblähen, den Rost gleichsam wie ein Gewölbe bedecken, und dadurch den Luftzug verhindern.

1) Flötz Große Hupp. Die Mächtigkeit der reinen Kohle des Flötzes beträgt etwa 20 Zoll. Es wird auf dem Schachte Neue Große Kohl bebaut. Das Probestück ist etwa 70 Lachter seiger tief, unter der Hängebank östlich des Schachtes genommen. Spec. Gew. 1,3202. Darstellbarer Kohlengehalt 84,5 Prozent Koaks, worin sich 81,25 Kohle und 3,25 Asche befinden.

2) Flötz Schlemmerich. Es wird auf dem Schachte Neue Große Kohl, etwa 70 Lachter unter Tage bebaut, in welcher Teufe das Probestück östlich des genannten Schachtes genommen worden. Die Mächtigkeit des Flötzes ist sehr verschieden, und wechselt in kurzen Entfernungen von 2 bis 10 Fuß. Spec. Gew. 1,2946. Darstellbarer Kohlengehalt 84,6 Prozent Koaks, worin sich 81,1 Kohle und 3,5 Asche befinden.

3) Flötz Kirschbaum. Dies 15 Zoll reine Kohle führende Flötz, wird gegenwärtig nicht bebaut. Das Probestück ist aus dem Schachte Alte Große Kohl, aus der Sohle dicht unter der Reserve, aus einer Teufe von 50 Lachtern. Spec. Gew. 1,3102. Darstellbarer Kohlengehalt 83,6 Prozent Koaks, worin sich 78,8 Kohle und 4,8 Asche befinden.

4) Flötz Fornagel. Es hat eine Mächtigkeit von 18 Zollen. Das Probestück ist östlich des Schachtes Neue Große Kohl, in einer Teufe von etwa 60 Lachter unter Tage genommen. Spec. Gew. 1,2997. Darstellbarer Kohlengehalt 80 Prozent Koaks, worin sich 78,7 Kohle und 1,3 Asche befinden.

5) Flötz Große Kohl. Die Mächtigkeit beträgt durchschnittlich 45 Zoll. Das Probestück ist westlich des Förderschachtes Alte Große Kohl, 60 Lachter unter Tage genommen. Spec. Gew. 1,3187. Darstellbarer Kohlengehalt 80,8

Prozent Koaks, worin sich 77,2 Kohle und 3,6 Asche befinden.

6) Flötz Kessel. Die Mächtigkeit beträgt durchschnittlich 15 bis 17 Zoll. Das Flötz wird auf dem Christinenschacht, etwa 55 Lachter seiger unter Tage bebaut, von wo das Probestück östlich des Schachtes genommen ist. Spec. Gew. 1,2936. Darstellbarer Kohlengehalt 80,2 Prozent Koaks, worin sich 78,5 Kohle und 1,7 Asche befinden.

7) Flötz Hartekohl. Es ist 24 Zoll reine Kohle mächtig, und wird im Christinenschacht bebaut. Das Probestück kommt aus einer Teufe von 55 Lachtern, östlich des genannten Schachtes. Spec. Gew. 1,3045. Darstellbarer Kohlengehalt 81,3 Prozent Koaks, worin sich 79,55 Koaks und 1,75 Asche befinden.

8) Flötz Kaiser. Auf diesem Flötz findet kein Bau statt. Es wird wegen seines festen Hangenden und Liegenden zur Haupt-Wasserstrecke benutzt. Es ist etwa 12 Zoll mächtig, und das Probestück östlich vom Christinenschacht, 50 Lachter seiger tief unter Tage genommen. Spec. Gew. 1,30647. Darstellbarer Kohlengehalt 83,6 Prozent Koaks, worin sich 79,8 Kohle und 3,8 Asche befinden.

9) Flötz Gyr. Die reine Mächtigkeit des Flötzes beträgt durchschnittlich 24 bis 30 Zoll. Das Probestück kommt aus 50 Lachter Seigerteufe östlich des Christinenschachtes, wo das Flötz gegenwärtig im Betriebe steht. Spec. Gew. 1,3005. Darstellbarer Kohlengehalt 81,5 Prozent Koaks, worin sich 80,33 Kohle und 1,7 Asche befinden.

Eine wesentliche Verschiedenheit in der Beschaffenheit der Kohle, findet bei allen zur Grube Centrum gehörenden Flötzen nicht statt. Von den Kohlen aus der ganz nahe liegenden Bardenberger Mulde unterscheiden sich die Eschweiler Kohlen aber durch den etwas geringeren Gehalt an Kohlenstoff, und durch das außerordentlich viel größere Verhältniß des Wasserstoffs zum Sauerstoff. Dagegen ist aber der Aschengehalt der Eschweiler Kohlen im Allgemeinen viel größer. Die Bestandtheile der Asche sind indeß wenig verschieden, indem die Asche von den Eschweiler Kohlen in 100 Theilen enthält:

39,7 Kieselerde
47,2 Thonerde
9,1 Eisenoxyd
1,4 Kalkerde
2,1 Bittererde.

Ueber den Zusammenhang beider Mulden, zu der Zeit wie sie gebildet wurden, läßt sich bis jetzt kaum eine wahrscheinliche Vermuthung aufstellen.

VII. Die Steinkohlen-Niederlage in der Grafschaft Mark.

Diese Steinkohlen Niederlage, von bedeutend größerem Umfange wie die beiden vorigen, wird aus drei, fast in der Richtung von Westen gegen Osten neben einander gelagerten Mulden gebildet, deren Hauptstreichen parallel von Südwesten nach Nordosten gerichtet ist. Alle drei Mulden heben sich gegen Südwesten aus, und sind nach dieser Weltgegend völlig geschlossen. Gegen Nordosten öffnen sie sich immer mehr, indem die Muldenflügel der liegendsten Flötze einer jeden Mulde, in ihrem weiteren Fortstreichen gegen Nordosten, sich immer weiter von einander entfernen. Obgleich es aus diesem Verhalten nicht unwahrscheinlich wird, daß sie sich, weil der Rücken oder der Sattel zwischen den Nordwest- und Südostflügeln von je zwei neben einander liegenden Hauptmulden, gegen Nordosten an querschlägiger Ausdehnung stets abnimmt, in ihrem weiteren Fortstreichen gegen Nordosten mit einander vereinigen, und eine einzige große Mulde bilden werden; so läßt sich darüber mit Zuverlässigkeit doch nichts bestimmen, weil alle drei Mulden gegen Norden vom Mergelgebirge bedeckt werden, welches die Auffindung der Flötze weiter gegen Nordosten verhindert. Gewiß ist es aber, daß dies aufgelagerte Mergelgebirge die Flötzzüge keinesweges abschneidet, sondern daß sie unter demselben fortsetzen. Mehrere Gruben bauen bereits unter der Auflagerung des Mergels, und Bohrversuche (in den Salzschächten von Unna) haben ergeben, daß noch weiter gegen Norden, wohin sich der Steinkohlenbergbau noch nicht ausgedehnt hat, die Flötze wirklich vorhanden sind, obgleich sie, weil alle Mulden sich gegen Nordosten etwa unter einem Winkel von 3 bis 5 Graden einsenken, je weiter gegen Nordosten, desto tiefer unter dem Mergelgebirge gesucht werden müssen. Daher ist es auch mehr als wahrscheinlich, daß sich die reichsten Steinkohlenschätze der Grafschaft Mark unter dem Mergelgebirge befinden, und daß die drei Hauptmulden nur die liegendsten, oder die äußeren Flötze von der großen Mulde enthalten, welche das aufgelagerte Mergelgebirge verbirgt.

Weil das Mergelgebirge ziemlich genau in der Richtung von Westen nach Osten auf dem Steinkohlengebirge gelagert ist, und weil sich die westliche Mulde ungleich früher als die zweite, oder die mittlere, und diese wieder früher als die dritte, oder die östliche Mulde, gegen Südwesten aushebt, so erhält die letztere Mulde die größte, und die erstere die geringste Ausdehnung, sowohl in der streichenden Erstreckung, als in der querschlägigen Entfernung der Muldenflügel der äußersten liegenden Flötze in jeder Mulde.

Die allgemeinen Lagerungsverhältnisse dieser drei Mulden, sind von denen der beiden vorigen Steinkohlenablagerungen an der Worm und an der Inde, in sofern verschieden, daß sie nicht zunächst vom Uebergangsgebirge eingeschlossen werden, und unmittelbar darin eingelagert erscheinen, sondern daß sie von demselben durch ein Steinkohlenleeres Sandsteingebirge, welches das unmittelbare Hangende des Uebergangsgebirges und das unmittelbare Liegende des

Steinkohlen führenden Gebirges ausmacht, und welches eine sehr bedeutende, obgleich nicht überall gleich große Mächtigkeit besitzt, getrennt werden. In geognostischer Hinsicht ist auf dieses abweichende Verhalten kein Werth zu legen, weil keine Verschiedenheit in der Bildungsperiode dadurch bezeichnet wird; nur für den Bergmann ist es wichtig, die Gränze zu kennen, bis zu welcher der Sandstein noch bauwürdige Kohlenflötze enthält. Auch die Rücken oder die Sattel zwischen je zwei und zwei von diesen drei Hauptmulden, bestehen aus Steinkohlenleerem Sandstein.

Obgleich sich im Allgemeinen bei den Südflügeln der Muldenflötze ein stärkeres Fallen als bei den Nordflügeln bemerken läßt; so ist dies Verhalten doch keinesweges als Regel anzunehmen.

Aber dies ist nicht der einzige Unterschied, welcher sich in den Lagerungsverhältnissen dieser drei Mulden, zwischen denen der beiden vorigen Ablagerungen offenbart. In jeder von diesen drei Mulden (in der westlichsten, oder in der Mühlheimer Essenschen wegen ihrer geringen Ausdehnung am wenigsten) sind Special-Mulden und Sattel bekannt, welche über die Reihenfolge in welcher die Flötze abgelagert sind, eine solche Ungewißheit verbreiten, daß man nur höchst wenige Flötze mit einiger Zuverlässigkeit in ihrer streichenden Erstreckung kennt, und von dem Zusammenhang der Nord- und Südflügel eines Flötzes in einer und derselben Hauptmulde, fast gar nicht unterrichtet ist. Die vielen Mulden- und Sattelwendungen würden noch weniger den Zusammenhang der Flötze aufzufinden verhindern, wenn nicht Verwerfungen in großer Menge, welche sowohl die Streichungs- als die Fallungs-Ebenen der Flötze unter sehr verschiedenen Winkeln durchschneiden, eine noch größere Dunkelheit in der Beurtheilung der Schichtenfolge der Flötze herbei führten. In der östlichen, oder in der Sprockhöfel-Hördeschen Hauptmulde sind, an der Gränze des Steinkohlenleeren Sandsteins, nicht weniger als 11 muldenförmige und 10 sattelförmige Wendungen bekannt; bei den beiden andern Hauptmulden steigt die Zahl der muldenförmigen Wendungen auf 15, und die der sattelförmigen auf 14.

1) Westliche, oder Mühlheimer Essensche Mulde.

Von den liegenden und den mittleren Flötzen aus dieser kleinen Mulde sind mir keine Steinkohlenproben zugekommen. Man nimmt es aber als eine durch die Erfahrung überall in dieser Ablagerung bestätigte Regel an, daß die liegendsten Flötze durchaus nur Sandkohlen, die mittleren Flötze Sinterkohlen, und die hangendsten Flötze Backkohlen liefern. Auf den liegenden Flötzen findet wenig Bergbau statt. Alle Kohlen aus dieser Mulde haben einen sehr großen Gehalt an Kohlenstoff. Daß die Kohlen von den liegendsten Flötzen, in ihrer Zusammensetzung, mit der Kohle No. VIII, und die von den mittleren Flötzen mit der Kohle No. VII übereinstimmen, ist sehr wahrscheinlich. Die Grube Sälzer und Neue Ack ist die Hauptgrube in dieser Mulde. Sie baut auf hangenden Flötzen, welche zugleich die südlichsten und die östlichsten in der Hauptmulde sind, so daß sie schon unter dem Kreidemergellager abgebaut werden. Die beiden Muldenflügel der Flötze worauf die Grube baut, sind stehend. Die gegen Südost einfallenden Nordflügel werden nördlich durch einen flachen Sattel begränzt. Es gehören zu dieser Grube zwei Flötze, von denen das Flötz Röttchersbank (54 Zoll mächtig) das hangende, und Herrenbank (40 Zoll mächtig) das liegende ist. Beide liefern Backkohlen.

1) Röttchersbank; von der Oberbank aus 35 Lachter Teufe. Zusammensetzung Kohle No. VI. Spec. Gew. 1,2757. Darstellbarer Kohlengehalt 78,6 Prozent Koaks, worin sich 78,5 Kohle und 0,1 Asche befinden.

2) Herrenbank. Die Zusammensetzung, von der vorigen unwesentlich verschieden. Spec. Gew. 1,28819. Dar-

stellbarer Kohlengehalt 82,3 Prozent Koaks, worin sich 81,6 Kohle und 0,7 Asche befinden.

2) Mittlere, oder Werden-Bockumer Mulde.

Wegen der Special-Mulden und Sättel welche sich in dieser Hauptmulde befinden, und sehr häufig durch Verwerfungen in ihren Lagerungsverhältnissen gestört werden, ist es noch nicht möglich, die Folgeordnung der Flötze vom Liegenden zum Hangenden genau anzugeben. Mit einiger Wahrscheinlichkeit hält man dafür, daß die Flötze von welchen die hier folgenden Kohlen genommen sind, etwa in folgender Ordnung auf einander folgen: Hundsnocken, Urbanus, Nottekampsbank, Sieben Planeten, Glücksburg, Schwarzer Junge, Friederica, General, Besser Glück, Geitling, Himmelsfürster Erbstollen, Mühlheimer Glück, Hasenwinkel und Sonnenschein, und zwar vom Liegenden ins Hangende gerechnet.

A. Backkohlen.

1) Urbanus. Flötz No. 3 aus 18 Lachter Seigerteufe. Im östlichen Theil der Hauptmulde, wo die Flötze dieser Grube sich im äußersten Liegenden der Mulde befinden, und zugleich die erste südliche Specialmulde bilden. Die Südflügel fallen mit 60 bis 80 Grad ein. Ein im Liegenden, oder im Steinkohlenleeren Sandstein angesetzter Stollen, hat zuerst vier schmale und unbauwürdige Flötze überfahren, und dann das erste liegendste bauwürdige Flötz (Langebank) getroffen. Das Flötz No. 3 ist davon ein hangendes (36 Zoll mächtig). Die Kohle von diesem hangenden Flötz hat ein spec. Gew. von 1,2865. Darstellbarer Kohlengehalt 81,6 Prozent Koaks, worin sich 80,05 Kohle und 1,55 Asche befinden. Die Zusammensetzung der Kohle stimmt mit der von No. VI wohl fast genau überein.

2) Glücksburg. Flötz Schmale Hoffnung. 30 Zoll mächtig, aus 20 Lachter Seigerteufe. Im östlichen

Theil der Hauptmulde, den südlichen Flügel der sogenannten Dannenbaumer Mulde bildend, die auf dieser Grube einen kleinen Sattel und Mulde bildet. Spec. Gew. 1,2934. Darstellbarer Kohlengehalt 84,3 Prozent Koaks, worin sich 83,2 Kohle und 1,1 Asche befinden. Von der Kohle No. VI weicht sie in der Zusammensetzung wahrscheinlich durch ein etwas größeres Verhältniß des Kohlenstoffs zum Sauer- und Wasserstoff ab.

3) Friederika. No. XII. Im östlichen Theil der Hauptmulde, der Mergelbedeckung ziemlich nahe. Auf Friederica bildet das Flötz einen sehr breiten und flachen Sattel, gegen Westen sanft einsenkend. (Auf der Südseite des Friederikaer-Sattels liegt die tiefste Mulde des östlichen Reviers der Hauptmulde, die Dannenbaumer, in welcher, nach einem Ueberschlage, gegen 74 Flötze, unter denen einige 50 bauwürdig sind, und vielleicht noch mehr vorkommen. Diese Mulde öffnet sich gegen Osten). Spec. Gew. der Kohle 1,29276. Darstellbarer Kohlengehalt 82,1 Prozent Koaks, worin sich 81,3 Kohle und 0,8 Asche befinden. Der Wasserstoffgehalt dieser Kohle ist im Verhältniß zum Sauerstoff wahrscheinlich etwas geringer wie bei der Kohle No. VI.

4) Mühlheimer Glück. Diese Grube baut in einer stehenden Mulde, welche unter dem Namen der Heisinger Hauptmulde bekannt ist, gegen Westen einsinkt und die sechste Mulde von der südlichen Begränzung der Hauptmulden an gerechnet, bildet. Diese Specialmulde ist die tiefste und vielleicht die mächtigste in der Hauptmulde. Spec. Gew. 1,3095. Darstellbarer Kohlengehalt 84,5 Prozent Koaks, worin sich 80,8 Kohle und 3,7 Asche befinden. Von der Kohle No. VI in der Zusammensetzung nicht verschieden.

5) Hasenwinkel und Sonnenschein. Muldenflötz, 30 Zoll mächtig, aus 20 Lachter Seigerteufe. Liegt in dem mittleren Theil der Hauptmulde, unmittelbar östlich

der grossen Hauptgebirgsstörung, welche die Flötze so weit verwirft, daß die zusammen gehörigen Flötzstücken noch nicht aufgefunden sind. Spec. Gew. 1,2804. Darstellbarer Kohlengehalt 79,1 Prozent Koaks, worin sich 77,85 Kohle und 1,2 Asche befinden. Von der Kohle No. VI in der Zusammensetzung nicht verschieden.

B. Backkohlen welche in Sinterkohlen übergehen.

1) Urbanus. Flötz Langebank. Spec. Gew. 1,287. Darstellbarer Kohlengehalt 81,5 Prozent Koaks, worin sich 80,7 Kohle und 0,8 Asche befinden. Die Kohle weicht von der Kohle No. VI in der Zusammensetzung durch ein geringeres Verhältniß des Wasserstoffs zum Sauerstoff ab, und muß als eine ganz vorzügliche Kohle angesehen werden.

2) General. Flötz No. VI (soll mit Flötz Friederika No. XII übereinstimmen). Spec. Gew. 1,3277. Darstellbarer Kohlengehalt 89,1 Prozent Koaks, worin sich 88,4 Kohle und 0,7 Asche befinden. Diese Kohle macht in der Zusammensetzung den Uebergang aus der Kohle No. VI in VII, und ist für eine ganz vorzügliche Kohle zu halten.

3) Himmelsfürster Erbstollen. Flötz Schmierfuß, 30 Zoll mächtig, aus 30 Lachter Seigerteufe auf dem Nordflügel der Heisinger Mulde. Spec. Gew. 1,2995. Darstellbarer Kohlengehalt 86,2 Prozent Koaks, worin sich 85,71 Kohle und 0,49 Asche befinden. Auch diese vortreffliche Kohle steht in ihrer Zusammensetzung zwischen den Kohlen No. VI und VII in der Mitte, nähert sich aber mehr der Kohle No. VI.

C. Sinterkohlen.

1) Nottekampsbank. Im westlichen Theil der Hauptmulde. Ein liegendes Flötz in der Heisinger Specialmulde bildend. Spec. Gew. 1,3065. Darstellbarer Kohlengehalt 88,5 Prozent Koaks, worin sich 87,5 Kohle und 1 Asche befinden. Zusammensetzung Kohle No. VII. Wegen

ihrer starken Zerklüftung ist die Kohle zum Verkoaken in Stücken wohl kaum geeignet.

D. Sinterkohlen welche in Sandkohlen übergehen.

1) Sieben Planeten. Flötz No. 74. Mit Einschluß von 24 Zoll Bergen, 54 Zoll mächtig; aus 11 Lachter Seigerteufe. Im östlichen Theil der Hauptmulde; baut dicht am Mergel, und bildet die Nordflügel des ersten Special-Sattels, von der südlichen Begränzung der Hauptmulde an gerechnet. Spec. Gew. 1,3272. Darstellbarer Kohlengehalt 88,5 Prozent Koaks, worin sich 85,1 Kohle und 2,7 Asche befinden. Von der Kohle No. VII in der Zusammensetzung nur durch ein etwas geringeres Verhältniß des Kohlen- und Wasserstoffs zum Sauerstoff verschieden.

2) Himmelsfürster Erbstollen. Flötz Sandbank; 100 Zoll mächtig, aus 14 Lachter Seigerteufe. Das Flötz ist das 3te oder 4te liegende vom Flötz Schmiersuß. Spec. Gew. 1,3269. Darstellbarer Kohlengehalt 89 Prozent Koaks, worin sich 87,85 Kohle und 1,15 Asche befinden. Zum Verkoaken in Stücken wird sich diese Kohle wahrscheinlich noch gut eignen.

3) Besser Glück. Im mittleren Theil der Hauptmulde, dem Streichenden nach. Die Grube baut in der 4ten Mulde, von der südlichen Begränzung der Hauptmulde an gerechnet, auf stehenden Mulden- und Sattelflügeln. Die Kohle von dieser Grube zeichnet sich ganz besonders dadurch aus, daß sie in keilförmige Bruchstücke beim Zerschlagen zerspringt, welche durch stängliche und die Schichtungsebene unter mehr oder weniger schiefen Winkeln durchschneidende Ablosungsflächen gebildet werden. Es sind von dieser Grube drei Probestücke untersucht worden, mit einem spec. Gew. 1,3225, 1,3257 und 1,3421. Darstellbarer Kohlengehalt 91,5 88,8 und 88,9 Prozent Koaks, worin sich 90,5, 87,4 und 87,3 Kohle, und 1, ferner 1,4 und 1,6 Asche befinden. Die Kohle

nähert sich in der Zusammensetzung zwar der Kohle No. VII, unterscheidet sich von derselben aber durch das etwas geringere Verhältniß des Wasserstoffs zum Sauerstoff. Der Kohlenstoffgehalt wird hingegen ziemlich genau derselbe seyn.

4) Geitling. Im mittleren Theil der Hauptmulde. Baut auf dem Südflügel einer ganz isolirten, völlig geschlossenen Specialmulde, die unter dem Namen der Altendorfer bekannt ist, und unmittelbar südlich von der Heisinger Hauptmulde liegt. Die Kohle ist in ihrer Zusammensetzung von der vorigen nicht verschieden. Es sind zwei Probestücke untersucht worden, mit einem spec. Gew. von 1,3587 und 1,384. Darstellbarer Kohlengehalt 89,65 und 92 Prozent Koaks, worin sich 88,5 und 81,6 Kohle und 1,15 und 10,4 Asche befinden.

E. Sandkohlen.

1) Hundsnocken. Bildet einen gegen Osten einsinkenden Sattel, welcher der erste nördlich der Heisinger Hauptmulde ist. Spec. Gew. 1,3376. Darstellbarer Kohlengehalt 92,8 Prozent Koaks, worin sich 92,2 Kohle und 0,6 Asche befinden. Zusammensetzung, Kohle No. VIII.

2) Schwarzer Junge. Im mittleren Theil der Hauptmulde, der streichenden Erstreckung nach gerechnet. Das Flötz bildet auf dieser Grube einen gegen Westen einsinkenden Sattel. Die Kohle ist wenig zerklüftet, und könnte sich daher zum Verkoaken in Stücken eignen, besonders weil das Verhältniß des Wasserstoffs zum Sauerstoff etwas größer ist als bei der Kohle No. VIII. Es sind zwei Probestücken von dieser Grube untersucht mit einem spec. Gew. von 1,3107 und 1,31253. Darstellbarer Kohlengehalt 88 und 91,9 Prozent Koaks, worin sich 86,4 und 90,8 Kohle, und 1,6 und 1,1 Asche befinden. Das Verhältniß des Kohlenstoffs zum Sauer- und Wasserstoff ist bei dieser Kohle etwas geringer als bei der Kohle No. VIII.

3) Himmelsfürster Erbstollen. Flötz Sandbank. Spec. Gew. 1,34093. Darstellbarer Kohlengehalt 93,5 Prozent Koaks, worin sich 93,1 Kohle und 0,4 Asche befinden. Die Kohle ist an einer andern Stelle des Flötzes, seiner streichenden Erstreckung nach, als die Kohle D, No. 2 (oben) genommen.

Obgleich ungleich mehr Kohlen aus dieser Hauptmulde untersucht werden müßten, als es geschehen ist, um über die Ab- und Zunahme des Kohlen- und Wasserstoffgehaltes der Steinkohlen, nach dem Einfallen und nach der streichenden Erstreckung der Flötze, einige zuverlässigere Aufschlüsse zu erhalten; so zeigt doch das Verhalten der wenigen untersuchten Kohlen schon genügend, daß diese Verhältnisse sich nicht genau nach dem Fallen und Streichen der Flötze zu richten scheinen.

3) Oestliche, oder Sprockhöfel-Hoerbesche Mulde.

Auch bei dieser größten von den drei Hauptmulden, ist die Lagerungsfolge der Flötze vom Liegenden ins Hangende, in den mehrsten Fällen schwer zu ermitteln. Mit einiger Wahrscheinlichkeit läßt sich annehmen, daß die Flötze von denen die folgenden Kohlen genommen sind, etwa in dieser Folgeordnung vom Liegenden ins Hangende gelagert sind. St. Georg, Trappe, Adler, St. Johann Erbstollen, Turteltaube, Verlorner Posten, Franziska, Hamburg, Buschbank, Hütterbank, Knappschaft und Vogelsang, Alter Hase, Vereinigte Wildenberg und Vogelbruch, Vereinigte Kuhlenbergsbank, Haberbank, Sperling, Frosch, Stock- und Scherenberg, Niederhofen, St. Martin, Glückauf und Louisen-Erbstollen.

A. Backkohlen.

1) Verlorner Posten. Das Flötz bildet unter diesem Namen einen Sattel, und zwar von der südlichen Gränze der Hauptmulde an gerechnet, den vierten, von der nördlichen

chen an gerechnet den zweiten, ziemlich in der Mitte der streichenden Erstreckung der Hauptmulde. Spec. Gewicht 1,30573. Darstellbarer Kohlengehalt 87,5 Prozent Koaks, worin sich 85 Kohle und 2,5 Asche befinden. Die Kohle unterscheidet sich in ihrer Zusammensetzung von der Kohle No. VI durch den größeren Gehalt an Kohlenstoff, und durch ein etwas geringeres Verhältniß des Wasserstoffs zum Sauerstoff. Sie ist für eine ganz vorzüglich gute Kohle zu halten, und die Koaks aus derselben für überaus anwendbar in Schachtöfen.

2) Franziska. Flötz Franziska, 72 Zoll mächtig, Oberbank. Unmittelbar hangendes Flötz des Nordflügels vom verlorenen Posten, mit 45 Grad gegen Nordwesten einfallend. Die Kohle ist fast genau so, wie die Kohle No. XI zusammengesetzt. Spec. Gew. 1,3024. Darstellbarer Kohlengehalt 84 5 Prozent Koaks, worin sich 82,45 Kohle und 2,15 Asche befinden.

3) Eben daher. Unterbank. Von der vorigen gar nicht verschieden, und in der Zusammensetzung mit der Kohle No. XI noch mehr übereinstimmend. Spec. Gew. 1,2897. Darstellbarer Kohlengehalt 83,8 Prozent Koaks, worin sich 83,61 Kohle und 0,19 Asche befinden. Die Koaks sind nur für niedrige Schachtöfen und bei geringem Druck der Schmelzmasse anwendbar.

4) Hütterbank. Südwestliche Specialmulde, nahe an der Gränze des Kohlengebirges. Spec. Gew. 1,2905. Darstellbarer Kohlengehalt 86,3 Prozent Koaks, worin sich 85,3 Kohle und 1 Asche befinden. Von der Kohle No. VI unterscheidet sie sich durch das größere Verhältniß des Kohlengehalts, und durch ein etwas geringeres Verhältniß des Wasserstoffs zum Sauerstoff. Die Kohle muß für eine ganz vorzügliche, sowohl für die Flammenfeuerung als zum Verkoaken betrachtet werden.

5) Haberbank. Flötz Haberbank, 48 Zoll mächtig, aus 40 Lachter Seigerteufe. Bildet den Nordflügel, mit 40 Grad Einfallen, einer ganz isolirten, gegen Osten einsinkenden Mulde, und zwar, von Süden an gerechnet, die dritte isolirte Mulde, aber nach den Wendungen der liegenden Flötze gezählt, die fünfte. Spec. Gew. 1,2908. Darstellbarer Kohlengehalt 83,5 Prozent Koaks, worin sich 82,55 Kohle und 0,95 Asche befinden. In der Zusammensetzung weicht diese Kohle von der vorigen sehr wenig ab.

6) Stöcker Hauptgrube. Flötz Eggerbank, 120 Zoll mächtig, mit Einschluß von 60 Zoll Bergen; aus 42 Lachter Seigerteufe. Die Flötze dieser Gruben bilden zwei stehende Flügel, oder die erste südliche isolirte Specialmulde, und hängen mit keinen anderen Flötzen unmittelbar zusammen. In der Zusammensetzung unterscheidet sich diese Kohle von der Kohle No. VI wahrscheinlich nur durch ein etwas größeres Verhältniß des Wasserstoffs zum Sauerstoff. Spec. Gew. 1,3045. Darstellbarer Kohlengehalt 78,1 Prozent Koaks, worin sich 73,8 Kohle und 4,3 Asche befinden.

7) Eben daher, von einer andern Stelle des Flötzes in streichender Richtung. Spec. Gew. 1,2818. Darstellbarer Kohlengehalt 80,1 Prozent Koaks, worin sich 79,45 Kohle und 0,65 Asche befinden. Die Kohle ist in ihrer Zusammensetzung von der Kohle No. VI wahrscheinlich nicht verschieden.

8) Niederhofen. Flötz Blauer Geist, 36 Zoll mächtig, aus 20 Lachter Seigerteufe. Die Grube liegt im östlichen Theil der Hauptmulde, und baut eine enge Specialmulde, deren Südflügel 80 Grad und die Nordflügel 50 Grad einfallen. In ihrer Zusammensetzung stimmt die Kohle am mehrsten mit der Kohle No. XI. überein. Spec. Gewicht 1,2893. Darstellbarer Kohlengehalt 83,5 Prozent Koaks, worin sich 81,45 Kohle und 1,05 Asche befinden.

9) St. Martin. Flötz No. 1, von 14 Zoll Mächtigkeit, aus 34 Lachter Seigerteufe. Im östlichen Theil der Hauptmulde, baut auf einem Sattel der flach gegen Osten einsinkt und unmittelbar nördlich sich an die Niederhofener Mulde anschließt. Die Kohle unterscheidet sich in ihrer Zusammensetzung von der Kohle No. VI vorzüglich durch das etwas geringere Verhältniß des Wasserstoffs zum Sauerstoff und vereinigt in sich alle Eigenschaften einer zur Flammenfeurung und zum Verkoaken ganz ausgezeichnet geeigneten Kohle. Spec. Gewicht 1,2994. Darstellbarer Kohlengehalt 84,5 Prozent Koaks, worin sich 83,2 Kohle und 1,3 Asche befinden.

10) Glückauf. Flötz Gottvertraut. 36 Zoll mächtig, aus 9 Lachter Seigerteufe. Bildet einen Südflügel in der flachen Louisen Erbstollenmulde, zu deren Flötzen dies Flötz wahrscheinlich auch gehört, indem der Zusammenhang im Streichenden durch eine große Stöhrung (Verwerfung) aufgehoben ist. Die Kohlen von diesem Flötz nähern sich in ihrer Zusammensetzung in Hinsicht des Verhältnisses des Kohlenstoffs zum Sauer- und Wasserstoff mehr der Kohle No. V, und in Hinsicht des Verhältnisses des Wasserstoffs zum Sauerstoff der Kohle No. VI. Spec. Gewicht 1,2899. Darstellbarer Kohlengehalt 75 Prozent Koaks, worin sich 74,2 Kohle und 0,8 Asche befinden. Eine vortreffliche Kohle.

11) Louisen Erbstollen. Die Flötze dieser Grube bilden die erste Specialmulde am nördlichen Rande der Hauptmulde, im östlichen Theil. Die Mulde sinkt (vermuthlich wegen eines noch unbekannten Sattelverhältnisses) gegen Westen ein. Die Grube hat 17 Flötze, von denen das erste das Liegendste und das 17te das Hangendste ist. Kohle vom Flötz No. 10. Diese Kohle steht, sowohl in Hinsicht des Verhältnisses zum Sauer- und Wasserstoff, als des Verhältnisses des Wasserstoffs zum Sauerstoff fast ge-

nau in der Mitte zwischen den Kohlen No. V und VI und gehört daher zu den ausgezeichnet guten und zu allen Zwecken anwendbaren Kohlen. Spec. Gew. 1,2836. Darstellbarer Kohlengehalt 74,5 Prozent Koaks, worin sich 73,3 Kohle und 1,2 Asche befinden.

12) Eben daher. Flötz No. 13. Diese Kohle nähert sich in ihrer Zusammensetzung der Kohle V noch mehr als die vorige. Spec. Gew. 1,29616. Darstellbarer Kohlengehalt 73,8 Prozent Koaks, worin sich 72,1 Kohle und 1,7 Asche befinden.

B. Backkohlen die in Sinterkohlen übergehen.

1) Trappe. Flötz Trappe. 60 Zoll mächtig, aus 80 Lachter Seigerteufe. Das Flötz bildet einen mit 5 Grad gegen Westen einfallenden Sattel. Diese Kohle sowohl als die folgenden, unterscheiden sich in der Zusammensetzung von der Kohle No. VI vorzüglich durch das geringere Verhältniß des Wasserstoffs zum Sauerstoff, vielleicht auch durch ein etwas größeres Verhältniß des Kohlenstoffs zum Sauerstoff. Spec. Gew. 1,3205. Darstellbarer Kohlengehalt 85,3 Prozent Koaks, worin sich 82,4 Kohle und 2,9 Asche befinden. Eine vortreffliche Kohle zur Flammenfeurung, und vielleicht auch noch zum Verkoaken in Stücken geeignet, obgleich sie mit Lagen von Faserkohle sehr durchzogen ist. Die Koaks selbst, wenn sie nicht zu klein ausfallen, würden zu jeder Anwendung sehr brauchbar seyn.

2) St. Johann Erbstollen. Flötz Hazard. Unmittelbar das westliche Fortstreichen des Südflügels vom verlornen Posten. Von dieser Kohle gilt dasselbe, was bei der vorigen gesagt worden ist. Spec. Gew. 1,30706. Darstellbarer Kohlengehalt 85,5 Prozent Koaks, worin sich 84 Kohle und 1,5 Asche befinden.

C. Sinterkohlen.

1) Turteltaube. Das Flötz gehört zu den Hardensteiner Flötzen, nämlich zu denen, worauf Franziska und verlorner Posten bauen. Das Verhältniß des Wasserstoffs zum Sauerstoff bei dieser Kohle ist mit dem bei der Kohle No. VII übereinstimmend, aber das Verhältniß des Kohlenstoffs zum Sauer- und Wasserstoff mag etwas geringer seyn. Spec. Gew. 1,3321. Darstellbarer Kohlengehalt 86,8 Prozent Koaks, worin sich 84,4 Kohle und 2,4 Asche befinden.

2) Hamburg. Zu demselben Complexus von Flötzen wie die vorigen, gehörend, in weiterer östlicher Erstreckung. Die Kohle weicht in ihrer Zusammensetzung von der Kohle No. VII wahrscheinlich sehr unbedeutend ab. Spec. Gew. 1,3232. Darstellbarer Kohlengehalt 89,1 Prozent Koaks, worin sich 88,2 Kohle und 0,9 Asche befinden.

3) Buschbank. Mit der Kohle No. 1 in der Zusammensetzung ganz übereinstimmend. Spec. Gew. 1,32186. Darstellbarer Kohlengehalt 87 Prozent Koaks, worin sich 81,7 Kohle und 5,3 Asche befinden.

4) Sperling. Ein hangendes Flötz von Haberbank. Auch diese Kohle weicht von der Kohle 1 nur durch ein geringeres Verhältniß des Kohlenstoffs zum Sauer- und Wasserstoff ab. Spec. Gew. 1,3307. Darstellbarer Kohlengehalt 85,5 Prozent Koaks, worin sich 82 Kohle und 3,5 Asche befinden.

5) Frosch. Ein 24 Zoll mächtiges Flötz, mit Einschluß von 6 Zoll Bergen; aus 13 Lachter Seigerteufe. Das liegendste Flötz einer engen, völlig geschlossenen isolirten Mulde. Die Südflügel fallen 80, die Nordflügel 20 Grad; bildet die zweite isolirte Specialmulde, von der südlichen Begränzung der Hauptmulde an gerechnet, nach den Wendungen der Flötze aber die vierte. Unterscheidet sich in der Zusammensetzung von der Kohle No. VII wohl höchst

unbedeutend. Spec. Gew. 1,3212. Darstellbarer Kohlengehalt 87 Prozent Koaks, worin sich 86,5 Kohle und 0,5 Asche befinden.

Die hier angeführten Sinterkohlen haben sämmtlich einen großen Gehalt an Kohlenstoff und sind aus einer fast ganz gleichartigen Kohlenmasse zusammengesetzt, wenigstens nähern sich die Kohlen der glänzenden und der matten Art so sehr, daß keine in die Augen fallende Verschiedenheit in einem ausgezeichneten Grade zu bemerken ist. Die Anwendbarkeit aller dieser Kohlen, welche zu Flammenfeurungen ganz vorzüglich geeignet sind, zum Verkoaken in Stücken, hängt bloß von ihrem Zerklüftungszustande und von dem Umstande ab, ob sie von Lagen von Faserkohle mehr oder weniger durchzogen sind.

6) Louisen Erbstollen. Flötz No. 2. Diese Kohle besteht schon aus deutlich getrennten, obgleich völlig mit einander verwachsenen Schichten von Kohlen der glänzenden und der weniger glänzenden Art, von welcher die erste stark zerklüftet ist. Deshalb, und wegen der häufigen Lagen von Faserkohle ist die Steinkohle zum Verkoaken unbrauchbar. In ihrer Zusammensetzung steht diese Kohle zwischen den Kohlen No. IV und VII in der Mitte. Spec. Gewicht 1,31195. Darstellbarer Kohlengehalt 80,5 Prozent Koaks, worin sich 78,8 Kohle und 1,7 Asche befinden.

7) Eben daher. Flötz No. 17 oder das hangendste dieser Parthie. Die Kohle nähert sich in der Zusammensetzung der Kohle No. IV ungleich mehr wie die vorige. Sie ist aus den vorhin angegebenen Gründen zum Verkoaken ebenfalls unbrauchbar. Spec. Gew. 1,29149. Darstellbarer Kohlengehalt 72,8 Prozent Koaks, worin sich 71,4 Kohle und 1,4 Asche befinden.

D. Sinterkohlen welche in Sandkohlen übergehen:

1) Adler. Südlicher Muldenflügel der ersten Specialmulde, von Süden an gerechnet. Fällt 40 bis 50 Grad gegen Norden und ist wahrscheinlich dasselbe Flötz mit Trappe. Die Kohle steht in der Zusammensetzung zwischen den Kohlen VII und VIII in der Mitte. Spec. Gewicht 1,31687. Darstellbarer Kohlengehalt 89,1 Prozent Koaks, worin sich 87,95 Kohle und 1,06 Asche befinden.

2) Knappschaft und Vogelsang. Das Flötz bildet den Nordflügel der zweiten Specialmulde, von der südlichen Begränzung an gerechnet, und fällt durchschnittlich 30 Grad gegen Süden; es liegt in dem westlichen Theil der Erstreckung der Hauptmulde. In der Zusammensetzung steht die Kohle von diesem Flötz der Kohle No. VIII näher als der Kohle No. VII. Spec. Gew. 1,30978. Darstellbarer Kohlengehalt 90,2 Prozent Koaks, worin sich 87,72 Kohle und 2,48 Asche befinden.

E. Sandkohlen.

1) St. Georg. 18 Zoll mächtig, aus 4 Lachter Seigerteufe. Ist ein liegendes Flötz von Knappschaft und Vogelsang. Die Kohle würde in der Mitte stehen zwischen den Kohlen No. IV und VIII in Hinsicht des Verhältnisses des Wasserstoffs zum Sauerstoff; aber das Verhältniß des Kohlenstoffs zum Sauer- und Wasserstoff ist von der Art, daß die Kohle sich der No. VIII mehr annähert. Spec. Gewicht 1,3243. Darstellbarer Kohlengehalt 87,2 Prozent Koaks, worin sich 83,8 Kohle und 3,4 Asche befinden. Zum Verkoaken in Stücken ist diese Kohle dann noch geeignet, wenn sie nicht sehr zerklüftet ist.

2) Alter Hase. Baut auf einem gegen Osten einsinkenden Sattel und zwar dem 5ten Special Sattel von der südlichen Begränzung der Hauptmulde an gerechnet,

an deren westlichen Begränzung die Grube liegt. In der Zusammensetzung stimmt diese Kohle ganz mit der No. VIII überein. Spec. Gewicht 1,3346. Darstellbarer Kohlengehalt 92,5 Prozent Koaks, worin sich 90,8 Kohle und 1,7 Asche befinden.

3) Vereinigte Wildenberg und Vogelbruch. Flötz Wildenberg, 32 Zoll mächtig, aus 32 Lachter Seigerteufe. Liegt an der westlichen Begränzung der Hauptmulde. Ganz mit der vorigen übereinstimmend. Spec. Gew. 1,3297. Darstellbarer Kohlengehalt 91,8 Prozent Koaks, worin sich 90,85 Kohle und 0,95 Asche befinden.

4) Vereinigte Kuhlenbergsbank. Flötz Kuhlenbergsbank, 30 Zoll mächtig aus 30 Lachter Seigerteufe. Ebenfalls an der westlichen Begränzung der Hauptmulde. Zusammengesetzt wie die beiden vorigen. Spec. Gew. 1,3345. Darstellbarer Kohlengehalt 93,9 Prozent Koaks, worin sich 91,55 Kohle und 2,35 Asche befinden.

Die Verkoakbarkeit dieser Sandkohlen in Stücken, hängt auch nur von ihrem Zerklüftungszustande und von der mehr oder weniger häufigen Beimengung von Lagen von Faserkohle ab. Für Flammenfeurungen, bei welchen eine sehr starke Hitze hervorgebracht werden soll, ist der Wasserstoffgehalt dieser Kohle zu geringe.

Auch bei den Kohlen aus dieser Mulde, läßt sich kein bestimmtes Gesetz der Zunahme des Kohlenstoffverhältnisses nachweisen. Noch schwankender ist das Verhältniß des Wasserstoffs zum Sauerstoff, sowohl nach der Richtung des Fallens, als des Streichens der Flötze. Die Ursache warum ein solches Gesetz weniger deutlich zu erkennen ist, kann vielleicht darin liegen, daß man, selbst bei der größten von diesen drei Hauptmulden, ohne Zweifel nur mit einem sehr kleinen, westlichen Theil der Mulde zu thun hat, und daß der bei weitem größere Theil der Mulde, welcher alle drei zu einer vereinigt, und durch deren Kenntniß erst das Verhalten des Kohlenstoffgehalts nach der Richtung des Einfallens klar werden würde, unter der Mergelbedeckung befindlich ist. Sehr zu beachten ist das Verhalten der Kohlen in der dritten und größten Hauptmulde, welche am weitesten gegen Osten liegen, also ohne Zweifel schon von hangenderen Flötzen der unbekannten Mulde herrühren. Diese Kohlen enthalten den Kohlenstoff in einem bedeutend geringeren Verhältniß, als alle übrigen Kohlen aus den drei Mulden, so daß sie sich in ihrer Zusammensetzung, was das Verhältniß des Kohlenstoffs zu den übrigen beiden Bestandtheilen betrift, schon den Kohlen aus den Niederschlesischen und Saarbrücker Steinkohlen-Niederlagen sehr nähern. Die Kohlen von der Grube Louisen Erbstollen, welche vielleicht auf den hangendsten bekannten Flötzen baut, zeigen diese Verminderung des Kohlenstoffgehaltes ganz augenscheinlich.

Die Asche von den Kohlen aus den drei verschiedenen Mulden habe ich nicht besonders untersucht, weil keine Abweichungen in der Zusammensetzung, die von einem besonderen Interesse gewesen wären, zu erwarten waren. Die Märkischen Steinkohlen enthalten überhaupt wenig Asche, in welchen aber viel Eisenoxyd gefunden wird, welches nur von der zufälligen Verunreinigung durch Schwefelkies herrührt, wie schon die sehr verschiedene Färbung der Asche beweißt. Im Durchschnitt bestanden 100 Theile Asche von den Märkischen Steinkohlen aus:

22,5 Kieselerde
24,3 Thonerde
47,1 Eisenoxyd
3,1 Kalkerde
2,3 Bittererde.

VIII. Die Steinkohlen-Niederlage im Tecklenburg-Lingenschen.

In der Gegend von Ibbenbühren tritt das Steinkohlen führende ältere Sandsteingebirge noch einmal unter der Bedeckung von jüngeren Gebirgsarten hervor.

Es setzen darin, nördlich von Ibbenbühren, mehrere Steinkohlenflötze auf, deren Lagerungsverhältnisse indeß noch nicht vollständig bekannt sind. Dasjenige Flötz, welches für das liegendste dieser Ablagerung gehalten wird und auf welchem die Gruben Glücksburg im Westen, und Schafberg im Osten seiner streichenden Erstreckung bauen, ist 34 bis 36 Zoll mächtig, streicht in der Hauptrichtung von Westen nach Osten und fällt gegen Norden mit 12, 18, 20 und 25 Graden ein. Dies Flötz glaubt man, in der Richtung seines Streichens, auf eine Erstreckung von etwa 6000 Lachtern zu kennen. Es wird im Liegenden von einem schmalen Flötz, (der **Bentingsbank**) welches nicht bebaut wird, begleitet. In einer querschlägigen Entfernung von etwa 1400 Lachtern im Hangenden des Glücksburg-Schafberger Flötzes, ist ein anderes Flötz bekannt, welches dort, wo die Grube Buchholz darauf bauet, ebenfalls in der Hauptrichtung von Westen nach Osten streicht und mit 3,4 auch 5 Graden gegen Norden einfällt. Das Flötz ist 59 bis 67 Zoll mächtig und wird als ein hangendes des Glücksburg-Schafberger Flötzes angesehen. Schurf- und Bohrversuche sollen indeß ergeben haben, daß das Buchholzer Flötz gegen Westen die Richtung seines Streichens ändert, daß sich nämlich die streichende Richtung aus Nordosten gegen Südwesten umändert und daß das Flötz dabei gegen Nordwesten einfällt. Im Liegenden des Buchholzer Flötzes, und zwar da, wo dasselbe die zuletzt erwähnte Veränderung in der Streichungslinie erfahren hat, kennt man ein drittes Flötz, welches jedoch dort wo das Buchholzer Flötz in Bau genommen worden ist, noch nicht hat aufgefunden werden können, so daß es zweifelhaft ist, ob dies dritte Flöz, oder das Dikkeberger Flöz, denselben Veränderungen in der streichenden Richtung wie das hangende Bucholzer unterworfen ist. Wo man das Dickeberger Flöz kennt, streicht es von Nordost gegen Südwest und fällt unter 6, 7, 8, 9 und 10 Graden gegen Nordwest. Man hält es für ein liegendes Flöz vom Bucholzer und zugleich für ein hangendes vom Glücksburg-Schafberger. Die Mächtigkeit des Flözes ist 18 Zoll.

Das ganze Lagerungsverhältniß dieser drei Flöze ist jedoch äußerst räthselbaft und es wird darüber schwerlich eher ein befriedigender Aufschluß erhalten werden können, als bis das Verhalten der Gebirgsschichten im Hangenden des Glücksburg-Schafberger Flözes näher erforscht seyn wird.

A. Backende Kohle.

1) **Glücksburg-Schafberger Flöz.** Grube **Glücksburg. Amalienschacht**; oberste Bank von 4½ Zoll Mächtigkeit aus 56 Lachter donnlägiger oder 12 Lachter seiger Teufe. Lagen von Faserkohle, die oft die Mächtigkeit von einem Zoll erreichen, bewirken bei diesem Flöze natürliche Ablosungen nach der Richtung der Schichtungsebene. Das Flöz wird dadurch zuweilen in zwei, drei, vier und mehrere Bänke getheilt; zuweilen läßt sich auch keine auffallende Bankabtheilung bemerken. Auf dem Punkt wo die Probestücken genommen wurden, befinden sich vier Bänke, von 4½, 18, 7½ und 6 Zoll Mächtigkeit. Außer diesen stärkeren Lagen kommen aber noch sehr viele schwächere Lagen von Faserkohle vor, welche die Kohlenmasse trennen, ohne deutliche Bankabtheilungen zu machen. Die Kohle selbst ist durchaus gleichartig, besteht bloß aus der glänzenden Art und ist sehr zerklüftet. Sie würde, wenn sie nicht backend wäre, vielleicht ganz unbrauchbar seyn, ist aber jetzt, eben so wie die Kohle aus der Eschweiler Mulde,

zu den vorzüglicheren zu rechnen. Die Koaks, welche auch wohl für den Eisenhohenofenbetrieb geeignet seyn würden, sind in niedrigen Schachtöfen vorzüglich gut anwendbar. In der Zusammensetzung steht diese Kohle, was das Verhältniß des Kohlenstoffs betrift, der Kohle No. XI am nächsten, und in Beziehung auf das Verhältniß des Wasserstoffs zum Sauerstoff, steht sie zwischen den Kohlen No. V und VI in der Mitte. Die Kohle ist sehr mürbe, oder sehr wenig fest und zugleich weich. Spec. Gew. 1,2970. Darstellbarer Kohlengehalt 86,7 Prozent Koaks, worin sich 83,6 Kohle und 3,1 Asche befinden.

2) Glücksburg-Schafberger Flötz. Von derselben Grube und demselben Schacht. Vierte, oder unterste Bank, 6 Zoll mächtig. Mit der vorigen übereinstimmend. Spec. Gew. 1,2870. Darstellbarer Kohlengehalt 84,8 Prozent Koaks, worin sich 82,3 Kohle und 2,5 Asche befinden.

3) Glücksburg-Schafberger Flötz. Von derselben Grube und von demselben Schacht. Zweite, 18 Zoll mächtige Bank. Spec. Gew. 1,32405. Darstellbarer Kohlengehalt 84 Prozent Koaks, worin sich 82,1 Kohle und 1,9 Asche befinden.

4) Glücksburg-Schafberger Flötz. Grube Glücksburg. Carlschacht. 110 Lachter östlich vom Amalienschacht, aus 20 Lachter Seigerteufe. Das Flötz ist hier ohne alle Ablosungen. Die Kohle ist von der vorigen im äußeren Ansehen wenig verschieden, nur etwas weniger zerklüftet. Das Verhältniß des Wasserstoffs zum Sauerstoff scheint indeß etwas zugenommen zu haben, denn die Kohlen blähen sich beim Verkoaken stärker auf. Spec. Gew. 1,2963. Darstellbarer Kohlengehalt 80,7 Prozent Koaks, worin sich 79,8 Kohle und 0,9 Asche befinden. Diese Kohle, so wie die beiden folgenden, werden in der Zusammensetzung mit der Kohle No. VI ziemlich genau übereinstimmen.

5) Glücksburg-Schafberger Flötz. Grube Schafberg. Aus dem Friedrich Wilhelm Schacht in 27

Lachter Seigerteufe. Das Flötz wird hier durch Lagen von Faserkohle in drei Bänke von 5, 9 und 20 Zoll Mächtigkeit getheilt. Kohle von der ersten oder obersten Bank 5 Zoll mächtig. Spec. Gew. 1,3049. Darstellbarer Kohlengehalt 80,9 Prozent Koaks, worin sich 79,4 Kohle und 1,5 Asche befinden.

6) Eben daher, dritte, oder unterste Bank 20 Zoll mächtig. Spec. Gew. 1,2834. Darstellbarer Kohlengehalt 80,4 Prozent Koaks, worin sich 79,5 Kohle und 0,9 Asche befinden.

B. Sandkohlen die in Sinterkohlen übergehen.

Alle die hier folgenden Kohlen würden, was das Verhältniß des Kohlenstoffs zum Sauer- und Wasserstoff betrift, der Kohle No. VII am nächsten stehen, aber in Rücksicht des Verhältnisses des Wasserstoffs zum Sauerstoff, zwischen den Kohlen No. IV und VIII gestellt werden müssen. Ihre mehrere oder mindere Brauchbarkeit hängt vom Zerklüftungszustande ab.

1) Glücksburg-Schafberger Flötz. Grube Glücksburg. Maschinenschacht, westlich vom Amalienschacht. Das Flötz ist hier durch einen 22¾ Lachter tiefen Kunstschacht gelößt, und wird hier, durch zwei Lagen von Faserkohle, in drei Bänke von 8, 9 und 18 Zoll Mächtigkeit getheilt. Kohle von der obersten 8 Zoll mächtigen Bank. Dem äußeren Ansehen nach ist diese Kohle von der vom Amalienschacht fast gar nicht verschieden, nur ist der Glanz etwas stärker und die Kohle selbst etwas fester und härter. Zum Verkoaken ist sie, wegen ihrer Zerklüftung und der vielen Lagen von Faserkohle durchaus unbrauchbar, aber zu gewöhnlichen Feuerungen noch gut zu gebrauchen, auch würde sie in Flammöfen füglich anzuwenden seyn, indem sie eine starke Hitze entwickelt. Spec. Gew. 1,2995. Darstellbarer Kohlengehalt 90 Prozent Koaks, worin sich 88,5 Kohle und 1,5 Asche befinden.

2) Eben daher, zweite 9 Zoll mächtige Bank. Spec. Gew. 1,3489. Darstellbarer Kohlengehalt 90,4 Prozent Koaks, worin sich 87,9 Kohle und 2,5 Asche befinden.*)

3) Dickeberger Flötz. Leberecht Schacht, aus 21 Lachter Seigerteufe. Die durch Faserkohle bewirkten Ablösungen im Flötz sind unregelmäßig, und, wenn sie vorkommen, nicht immer in gleicher Anzahl vorhanden, weshalb das Flötz zuweilen in 2, 3 und 4 Bänke getheilt wird. Auf dem Punkt wo die Probestufen gesammelt wurden, war das Flötz in drei Bänke von 9½, 5½ und 3 Zoll Mächtigkeit getheilt. Zwischen dem Hangenden und dem eigentlichen Flötze, findet sich eine Lage weichen Schieferthons, welcher mehr oder weniger mit Kohlenstreifen durchzogen ist. Diese

*) Die sehr bedeutende Verschiedenheit in der Zusammensetzung der Kohlen vom Amalienschacht und von dem, in geringer westlicher Entfernung befindlichen Maschinenschacht, macht es zweifelhaft, ob beide Schächte wirklich, wie allgemein angenommen wird, auf demselben Flötze bauen. Ein offener Durchschlag kann darüber nicht mit völliger Zuverläßigkeit entscheiden, weil der Maschinenschacht auf der Westseite eines Hauptsprunges liegt, welcher den Theil des Glücksburger Flötzes worauf die Amalie baut, ins Hangende wirft. Sollten die künftigen Aufschlüsse wirklich die Annahme bestätigen, daß beide Schächte auf einem und demselben Flötz, und nur östlich und westlich von einem dasselbe verwerfenden Sprunge bauen; so würde das Glücksburger Flötz das erste, mir bekannt gewordene Beispiel liefern, daß sich die Beschaffenheit der Steinkohle von einem und demselben Flötz, in einer sehr geringen streichenden Erstreckung bedeutend verändert. Sprungverhältnisse allein, können eine solche Verschiedenheit in der Zusammensetzung der Steinkohle wohl nicht erklärbar machen, wenigstens zeigt sich davon auf anderen Flötzen nichts ähnliches, indem sich die Beschaffenheit der Kohle diesseits und jenseits eines Sprunges niemals so bedeutend verändert.

Lage ist 12 bis 14 Zoll mächtig, und unter dem Namen Dachberge, so wie die darin sparsam befindlichen und untauglichen Kohlen unter dem Namen der Dachkohlen bekannt. Die unterste Lage dieser Dachberge besteht aus einer 2 bis 4 Zoll mächtigen, ganz untauglichen Kohle, in welcher der Schram geführt wird. Die Kohle aus der mittleren Bank des Flötzes hat ein spec. Gewicht von 1,3448. Darstellbarer Kohlengehalt 91,2 Prozent Koaks, worin sich 85,5 Kohle und 5,7 Asche befinden.

C. Sandkohlen.

Diese kommen nur auf dem Bucholzer Flötze vor. Sie sind noch etwas fester, härter und glänzender als die vorigen, und kommen in ihrer Zusammensetzung der Kohle No. VIII ziemlich nahe, unterscheiden sich aber von derselben durch ein etwas geringeres Verhältniß des Kohlenstoffs zum Sauer- und Wasserstoff. Die Kohle ist, selbst zum Hausbrande, nur sehr wenig geeignet.

1) Buchholzer Flötz. Louisenschacht; aus 10 Lachter Seigerteufe. Lagen von Schieferthon theilen das Flötz in 8 Bänke, von 8¾, 2¼, 8, 9¼, 6½, 10¼, 10 und 4 Zoll Mächtigkeit. Zwischen den Bänken 7 und 8 befindet sich noch eine ganz weiche Kohlenlage von ½ bis 3 Zoll Mächtigkeit, in welcher der Schram geführt wird. Das spec. Gewicht der Kohle von der obersten oder ersten Bank beträgt 1,3657. Darstellbarer Kohlengehalt 94,7 Prozent Koaks, worin sich 89,3 Kohle und 5,4 Asche befinden.

2) Eben daher. Vierte 9¼ Zoll mächtige Bank. Spec. Gew. 1,3933. Darstellbarer Kohlengehalt 94,9 Prozent Koaks, worin sich 85,7 Kohle und 9,2 Asche befinden.

3) Eben daher. Siebente, 10 Zoll mächtige Bank. Spec. Gew. 1,3717. Darstellbarer Kohlengehalt 93,8 Prozent Koaks, worin sich 87,4 Kohle und 6,4 Asche befinden.

Die Steinkohlen von der Tecklenburg-Lingenschen Ablagerung, zeichnen sich also nicht sowohl durch ihren großen Gehalt an Kohlenstoff, als vielmehr dadurch aus, daß das Verhältniß des Wasserstoffs zum Sauerstoff so bedeutend verschieden ist, und sogar in der streichenden Erstreckung eines und desselben Flötzes ganz ungemein abweicht. Auf dem Glücksburg Schafberger Flötze sind die Kohlen vom Maschinen-Schacht, wie bereits erwähnt, fast reine Sandkohlen, und auf dem Amalienschacht ist das Verhältniß des Wasserstoffs schon so groß, daß die Kohlen Backkohlen sind. Das Verhältniß des Wasserstoffs zum Sauerstoff nimmt weiter gegen Osten, bis zum Carlsschacht, noch etwas zu, scheint dann aber konstant zu bleiben, indem bei den Kohlen von der Grube Schafberg, noch mehr gegen Osten, keine wesentliche Verschiedenheit von den Kohlen aus dem Carlsschacht zu bemerken ist.

IX. Die Steinkohlen-Niederlage bei Minden.

Diese Steinkohlenablagerung, von welcher sich vielleicht der beste und bauwürdigste Theil östlich von der Preußischen Gränze, im Schaumburgschen befindet, unterscheidet sich von allen vorhergehenden geognostisch sehr wesentlich dadurch, daß sie nicht im älteren Sandsteingebirge vorkommt. Fast parallel mit dem Teutoburger Walde und nördlich von demselben, zieht sich, im Süden und Westen von Minden, ein Gebirgsrücken fort, welcher unter dem Namen des Wiehen-Gebirges bekannt ist. Dies Gebirge, so wie alle die hangenden und gegen Norden einfallenden Schichten, nördlich vom Teutoburger Walde, sind auf Muschelkalk gelagert, und bilden die Formationen des Keupers und des Gryphitenkalkes. Das Wiehen-Gebirge gehört dieser letzten Bildung an, indem es aus Gryphitenschiefer besteht, in welchem ein quarziger Sandstein eingelagert ist. Im Hangenden dieses Gebirgsrückens setzen im Gryphitenschiefer

mehrere

mehrere Kohlenflötze auf, deren Hauptstreichen von Westen gegen Osten, und deren Hauptfallen gegen Norden gerichtet ist. Das Hauptflötz, welches den Gegenstand des Bergbaues ausmacht, ist 24 Zoll mächtig, jedoch ist diese Mächtigkeit nicht auf allen Punkten gleich. Im Schaumburgischen ist das Flötz sanfter als im Preußischen gelagert. Die Grube Bölhorst bei Minden ist zwar jetzt nicht mehr im Betriebe, indeß läßt sich erwarten, daß nächstens wieder eine Aufnahme des Baues erfolgen wird. Ueber das Fortstreichen der Flötze gegen Westen sind noch keine vollständigen Aufschlüsse vorhanden; aus mehreren Versucharbeiten geht indeß hervor, daß sich vielleicht im Liegenden, ganz gewiß aber im Hangenden der bebauten Flötze, noch mehrere Flötze befinden, welche derselben Formation angehören. So hat man z. B. bei Frotheim und Fappenstädt, in einer querschlägigen Entfernung von etwa 2 Meilen von dem Hauptflötz, mehrere hangende Flötze mit Nordfallen aufgefunden.

Die Kohlen von dieser Ablagerung, welche ich untersucht habe, sind von dem Hauptflötz, und zwar vom Preußischen Gebiete, von zwei Punkten, nämlich von der Preußischen Klus südlich von Minden, unfern der Weser, und von Haddenhausen, westlich von der Klus, genommen worden. Diese Kohle hat fast genau einerlei Zusammensetzung mit der Kohle No. VI, nur scheint das Verhältniß des Wasserstoffs zum Sauerstoff noch größer zu seyn, und mit demjenigen übereinzustimmen, wie es bei der Kohle No. XI statt findet. Die Steinkohle wird daher zu allen Zwecken, zu welchen sich eine Backkohle mit großem Kohlengehalt anwenden läßt, sehr gut zu gebrauchen seyn. Auch die Koaks von dieser Kohle werden in niedrigen Schachtöfen und überall da, wo sie durch zu starke Belastung nicht gedrückt werden, ganz vorzügliche Dienste leisten, aber zum Verschmelzen von Eisenerzen in Hohenöfen, schwerlich geeignet seyn. Lagen von Faserkohle durchschneiden die Kohlenmasse sehr häufig, auch ist diese stark zerklüftet, so daß sich von ihr, wenn sie nicht eine Backkohle wäre, kaum eine Anwendung machen lassen würde.

1) Von der Preußischen Klus. Spec. Gew. 1,3605. Darstellbarer Kohlengehalt 83,5 Prozent Koaks, worin sich 75,7 Kohle und 7,8 Asche befinden.

2) Von Haddenhausen. Spec. Gew. 1,3254. Darstellbarer Kohlengehalt 83,6 Prozent Koaks, worin sich 77 Kohle und 6,6 Asche befinden. Ein großer Kalkerdengehalt der Asche von diesen Kohlen ließ sich im voraus erwarten, und zeigte sich bei der Untersuchung auch wirklich. Vorzüglich zeichnet sich diese Kohle aber durch die Beimengung von Gips aus, womit die Kohlenmasse verunreinigt ist. In den Koaks welche durch die trockene Destillation der Kohle erhalten werden, befindet sich nur noch etwas Schwefel, der durch Kochen mit Königswasser gesäuert, und dann durch salzsaure Baryterde als Schwerspath niedergeschlagen werden kann. In der Glühhitze wird der Gips nämlich in Schwefelkalcium umgeändert, und der größte Theil des Schwefels entweicht, in Verbindung mit dem Sauerstoff und Wasserstoff der Kohle, als schwefligtsaures und als Wasserstoffgas. Ein anderer Theil Sauerstoff scheint das Kalcium dabei in Kalkerde umzuändern, so daß der zurück bleibende Schwefel an Kohle und nicht an Kalcium gebunden ist. Wegen dieser Beimengung von Gips verbreiten die Steinkohlen beim Verbrennen einen sehr unangenehmen Geruch. Wird die Steinkohle mit Salzsäure digerirt, so löst sich der Gips größtentheils darin auf, und läßt sich durch salzsaure Baryterde zerlegen.

Sehr viel auffallender wird aber diese Beimengung von Gips bei den Kohlen, welche auf den hangenden Flötzen vorkommen, die zu Frotheim und Fappenstädt aufgefunden worden sind. Die Kohlen von diesen Flötzen stimmen in der Zusammensetzung ziemlich mit der Kohle No.

VIII überein. Wegen des sehr geringen Gehaltes an Sauerstoff und Wasserstoff würden sich beim Verbrennen nur wenige ölartige Produkte bilden können, welche den eigentlichen sogenannten Steinkohlengeruch bezeichnen. Diese Bildung wird aber durch die Beimengung von Gips gänzlich aufgehoben, weil durch die Umwandlung des Gipses in Schwefelkalcium, fast der ganze Sauer- und Wasserstoffgehalt der Kohle dazu verwendet wird, das entstandene Schwefelkalcium wieder zu zersetzen, und Kalkerde, schwefligtsaures Gas und etwas Schwefelwasserstoffgas zu bilden. Die Kohlen verbreiten daher, sowohl bei der trockenen Destillation, als beim Verbrennen, einen höchst unangenehmen Geruch, und würden schon deshalb zur Anwendung wenig geeignet seyn, wenn sie nicht schon durch den geringen Gehalt an Sauer- und Wasserstoff sehr schwer verbrennlich wären, und durch den gleich zu erwähnenden Umstand durchaus unbrauchbar würden.

1) Kohle von der Versucharbeit zu Frotheim. Vom 13zölligen Flötz; in ganz rein ausgesuchten Stücken. Spec. Gew. 1,5167. Darstellbarer Kohlengehalt 91,7 Prozent Koaks, worin sich 84,5 Kohle und 7,2 Asche befinden. Die Kohle brennt unter der Muffel mit einer ganz schwachen bläulichen Flamme. Die Asche enthält viel Kalkerde und die Koaks etwas Schwefel. Die Kohle hat einen eigenthümlichen Glanz, der sich dem halbmetallischen nähert.

2) Kohle von der Versucharbeit zu Fappenstädt. Vom 8zölligen Flötz, ebenfalls in ausgesucht reinen Stükken. Spec. Gew. 1,4251. Darstellbarer Kohlengehalt 92 Prozent Koaks, worin sich 87 Kohle und 5 Asche befinden. Die Koaks und die Asche daraus verhalten sich wie bei der vorigen und der folgenden Kohle.

3) Eben daher. Vom 13zölligen Flötz; in ausgesucht reinen Stücken. Spec. Gew. 1,5839. Darstellbarer Kohlen

gehalt 89 Prozent Koaks, worin sich 75 Kohle und 14 Asche befinden.

Der Anwendbarkeit dieser Kohlen ist nicht bloß ihre Zusammensetzung, sondern der Umstand vorzüglich hinderlich, daß die Kohle ganz ungemein zerklüftet ist, und daß alle Kluftflächen mit einem krystallinischen weißen Mineral ausgefüllt sind. Diese Ausfüllung beschränkt sich nicht bloß auf die Kluftflächen, welche die Schichtungsebene durchschneiden, sondern die Kohlenmasse ist auch nach der Richtung der Schichtung, durch jene weiße Substanz getrennt, so daß sich fast kubische, von allen Seiten durch jene weiße Substanz geschlossene Räume bilden, in welchen die Kohle eingeschlossen ist. Diese Trennung der Kohlenmasse ist so groß, daß es kaum möglich ist, ein Stück reine Kohle von dem Inhalt eines viertel Kubikzolles zu erhalten. Die Wände in welchen sich die Kohle auf diese Weise eingeschlossen befindet, sind bald ¼ bald 1½ Linie dick. Die weiße krystallinische Substanz wird häufig durch Eisenoxyd verunreinigt. In ausgesucht reinen Stücken besteht sie aber in 100 Theilen aus:

54,10 kohlensaurer Kalkerde
39,05 kohlensaurem Eisenoxydul
4,00 kohlensaurer Bittererde
1,50 kohlensaurem Manganoxydul.

Es läßt sich wohl annehmen, daß beide Kohlenflötze wenigstens zum dritten Theil aus dieser Substanz bestehen, und die eigenthümliche Zusammensetzung derselben verdient daher Aufmerksamkeit.

Vergleicht man nun noch einmal das Verhalten der Steinkohlen aus den verschiedenen Ablagerungen in der Preußischen Monarchie, in Rücksicht der Menge und der Beschaffenheit der aus ihnen durch die trockne Destillation darstellbaren Koaks; so darf man wohl kaum behaupten, daß ihre, aus diesem Verhalten zu folgernde Zusammensetzung, so genau von der Art wäre, daß eine völlige Uebereinstimmung mit der einen oder der anderen von den Kohlen statt fände, deren Bestandtheile durch die Analyse nachgewiesen sind. Es ergiebt sich aber auch bei einer solchen Vergleichung, daß es, wenigstens in der Preußischen Monarchie, keine Steinkohle giebt, die sich in ihrer Zusammensetzung nicht dieser oder jener von den analysirten Steinkohlen näherte, oder wenigstens als ein Uebergang aus der einen in die andere angesehen werden könnte. Es ist daher auch kaum zu glauben, daß es Steinkohlen geben sollte, die von den untersuchten in ihrer Zusammensetzung so wesentlich abweichend wären, daß sie sich nicht füglich zu der einen oder der andern Steinkohlenart rechnen lassen könnten. Wenn eine solche Annäherung nicht genügend erscheint, so würde die Nothwendigkeit eintreten, die Bestandtheile einer jeden Steinkohle speciell durch die Analyse zu bestimmen, weil, strenge genommen, vielleicht keine einzige Steinkohle genau eben so zusammengesetzt ist, wie die andere. Bei Substanzen deren Bestandtheile so veränderlich sind, daß der Kohlenstoffgehalt von 75 bis 93, der Sauerstoffgehalt von 3 bis 21, und der Wasserstoffgehalt von 0,5 bis beinahe 5,5 Prozent abweichen können, und welche dennoch sämmtlich den unverkennbaren Charakter der Steinkohle an sich tragen, — bei solchen Substanzen würde die völlige Uebereinstimmung der Bestandtheile zweier Individuen, mehr der Erfolg eines Zufalls seyn, als daß sich darin das Gesetz der Nothwendigkeit erkennen ließe.

Aber ungeachtet dieser Veränderlichkeit in der Zusammensetzung, ist doch eine gewisse Uebereinstimmung in dem Verhalten, folglich auch in der Zusammensetzung der Steinkohlen von den verschiedenen Ablagerungen nicht zu verkennen. Noch ist, — mit Ausnahme der Faserkohle, welche ihren eigenen Gang bei der Ausbildung genommen zu haben scheint, — kein Fall bekannt, daß Steinkohlen von großem und von geringem Gehalt an Kohlenstoff, in der Mächtigkeit eines und desselben Flötzes, mit einander wechselten, oder daß das Verhältniß des Wasserstoffs zum Sauerstoff sich so veränderlich zeigte, daß in der Mächtigkeit eines Flötzes, Backkohlen und Sandkohlen gleichzeitig gefunden würden. Bei großen streichenden Entfernungen ändert sich zwar zuweilen die Beschaffenheit der Steinkohlen, aber diese Veränderung scheint mehr auf das Verhältniß des Wasserstoffs zum Sauerstoff, als auf das dieser beiden Bestandtheile zum Kohlenstoff Bezug zu haben. Es würde indeß zu früh und zu voreilig seyn, aus den wenigen Aufschlüssen, welche sich aus der Untersuchung der Steinkohlen von den verschiedenen Ablagerungen der Preußischen Monarchie ergeben haben, eine bestimmte Beziehung in der Zusammensetzung der Steinkohlen zu ihren Lagerungsverhältnissen auffinden zu wollen. Weder das Verhältniß des Wasserstoffs zum Sauerstoff in der Steinkohle, noch das des Kohlenstoffs zu beiden, lassen sich mit den allgemeinen geognostischen Verhältnissen in irgend einen unverkennbaren Zusammenhang bringen. Scheint es auch bei den Steinkohlenablagerungen in Schlesien, Saarbrücken, und zum Theil in der Grafschaft Mark, daß die liegenderen, — also die offenbar relativ älteren, — Flötze, eine an Kohlenstoff reichere Steinkohle enthalten, als die hangenderen Flötze; so findet sich von diesem scheinbaren Gesetz sogleich eine Ausnahme bei der Steinkohlenniederlage bei Ibbenbühren. Eben so wenig ist das Verhältniß des Wasserstoffs zum Sauerstoff für die Schichten- und Altersfolge entscheidend. In Saarbrücken, und wahrscheinlich auch in Oberschlesien, ist bei den Kohlen von den liegenden Flötzen das Verhältniß des Wasserstoffs zum Sauerstoff größer, als bei den Kohlen von den hangenden Flötzen. In Niederschlesien ist dies Verhalten so bestimmt nicht mehr nachzuweisen, und in der Grafschaft

Mark wird sogar das umgekehrte Verhältniß fast zur Regel. Bei den Steinkohlen in der Gryphiten-Kalksteinformation bei Minden, welche nach aller Wahrscheinlichkeit als die jüngsten Steinkohlenbildungen im Flötzgebirge betrachtet werden müssen, ist nicht allein das Verhältniß des Kohlenstoffs zum Sauer- und Wasserstoff, sondern zum Theil auch das des Wasserstoffs zum Sauerstoff, ungleich größer als bei den Steinkohlen aus dem ältesten Flötzgebirge in Saarbrücken, Schlesien, und zum Theil sogar in der Grafschaft Mark. Es müssen also der Natur wohl Mittel zu Gebote gestanden haben, die Umänderung der Pflanzenfaser in Steinkohle, das eine mal schneller als das andere mal herbeizuführen, und diese Umänderung einmal mehr auf Unkosten des Wasserstoffs, und ein anderes mal mehr auf Unkosten des Sauerstoffs der Pflanzenfaser zu bewirken. Wären diese Mittel immer dieselben gewesen, so würde der Kohlenstoffgehalt einen Maaßstab zur Beurtheilung des relativen Alters der Steinkohlen abgegeben haben; aber die Zeit, oder die Dauer des Prozesses, läßt sich nun leider auf einem so einfachen Wege aus ihren eigenen Wirkungen nicht mehr erkennen.

Wenn man zugeben muß, daß die Umänderung der Pflanzenfaser in Steinkohle nicht plötzlich, sondern vielleicht, oder wohl sogar sehr wahrscheinlich, durch einen sehr langsam fortschreitenden Prozeß erfolgte, wenn man damit die noch immer sehr große Verschiedenartigkeit der Steinkohlenmasse von einer und derselben Stelle eines Flötzes in Verbindung bringt, und wenn sich ferner nicht verkennen läßt, daß das Bestreben der Natur auf eine immer mehr zunehmende Verminderung des Sauer- und Wasserstoffgehaltes in den Steinkohlen gerichtet ist; so wird es mehr als wahrscheinlich, daß noch jetzt eine Veränderung in der Steinkohlenmasse vorgeht, oder daß der natürliche Verkohlungsprozeß noch nicht abgeschlossen ist. Die Entwickelung von brennbaren Gasarten an solchen Stellen des Flötzes, welche vorher noch gar nicht durch Strecken aufgeschlossen waren, deuten auf solche Veränderungen in der Kohlenmasse, welche sich künstlich, nämlich durch den Zutritt von atmosphärischer Luft, noch schneller herbeiführen lassen. Daß diese Veränderungen durch Verminderung des Wasserstoffgehaltes bewirkt werden, ist eine Erfahrung die sich täglich auf allen Steinkohlengruben wiederholt. Man vermeidet es, ein Flötz durch Strecken zu sehr aufzuschließen, und in zu viele Pfeiler abzutheilen, welche der Einwirkung der atmosphärischen Luft von allen Seiten ausgesetzt seyn würden, weil man weiß, daß die Kohle, besonders wenn sie zum Verkoaken bestimmt ist, schlechter wird, indem sie an der backenden Eigenschaft verliert.

Selbstentzündungen in der Grube und auf den Halden sind kein seltenes Ereigniß, und eine Steinkohle die Jahre lang an der Luft gelegen hat, verändert ihre Natur um so mehr, je geringer das Verhältniß des Kohlenstoffs zum Sauer- und Wasserstoff gewesen ist. So wenig der Erfolg, nämlich die Veränderung der Kohlenmasse durch Verminderung des Wasserstoffgehaltes, bezweifelt werden kann, so sehr fehlt es noch an einer genügenden Erklärung des Prozesses. Es ist indeß gar nicht wahrscheinlich, daß die Veränderungen, welche wir jetzt in der Steinkohlenmasse, durch den Zutritt der atmosphärischen Luft, der Feuchtigkeit und des Lichtes, — denn dieses scheint sehr zur Beschleunigung des Prozesses beizutragen, — vorgehen sehen, sich in ähnlicher Art auch bei der Umänderung der Pflanzenfaser in Steinkohle zugetragen hätten. Ueberall in dem Ausgehenden der Flötze, oder da, wo die Steinkohlen mit so schwachen Gebirgsschichten bedeckt sind, daß Luft und Feuchtigkeit jene schwachen Schichten durchdringen können, erleidet die Steinkohle dieselben Veränderungen', welchen sie in dem von ihrer Geburtsstätte getrennten Zustande an der Luft unterworfen ist. Man nennt die Steinkohlen vom Ausgehenden solcher schwach bedeckten Flötze: taube Kohlen, weil sie mehr ohne Hitzentwickelung glimmen, als mit lebhafter Flamme brennen. Untersucht man diese Kohlen, so findet es sich daß sie Sandkohlen sind, die oft ungleich weniger Asche hinterlassen, als die vorzüglichsten Steinkohlen. Der Mangel an Brennbarkeit ist also eine Folge des vergrößerten Verhältnisses des Sauerstoffs zum Wasserstoff, und nicht, wie man gewöhnlich annimmt, des großen Gehaltes an Asche. Also weit entfernt, daß der Zutritt von atmosphärischer Luft die Steinkohlenbildung begünstige, scheint es vielmehr, daß derselbe auf die schon gebildete Kohle zerstöhrend einwirkt, und daß die Natur, wenigstens bei der Bildung der Back- und Sinterkohlen, sich eines ganz anderen Mittels bediente, die Pflanzenfaser in Kohle umzuwandeln, ohne das Verhältniß des Wasserstoffs zum Sauerstoff so sehr zu vermindern, als es bei dem Zutritt von Sauerstoffgas geschehen seyn würde.

Wenn die Veränderungen welche ein Körper in seinen Mischungsverhältnissen erlitten hat, durch Versuche nicht mehr mit solcher Zuverlässigkeit nachgewiesen werden können, daß daraus der Vorgang des Prozesses klar wird, und wenn die chemische Analyse höchstens von dem ursprünglichen Mischungsverhältniß der unveränderten Substanz, — wenn man die jetzige Pflanzenfaser als eine mit jener, die das Material zu den Steinkohlen hergab, ziemlich übereinstimmende gelten lassen will, — so wie von dem Mischungsverhältniß des umgebildeten Körpers Rechenschaft zu geben vermag; so bleibt, wenn man den Ursachen der Mischungsveränderung nachspüren will, nichts übrig, als den sicheren Weg der Erfahrung zu verlassen. Die früher aufgestellten Hypothesen einer ursprünglichen Steinkohlenbildung, so wie die einer Umbildung der Pflanzensubstanz durch Feuer und Hitze, können jetzt keine Anhänger mehr finden. Aber Hatchett's Versuche über die Wirkung der Schwefelsäure auf die Holzfaser, haben der Ansicht: daß die Steinkohle ein durch Schwefelsäure aufgelößter und veränderter Pflanzenkörper sey, eine größere Wahrscheinlichkeit gegeben. Die ganze Textur der Steinkohlenmasse und ihr Zerklüftungszustand lassen es nicht bezweifeln, daß sich die ganze Masse einmal in einem erweichten Zustande befunden haben müsse. Ist es aber weniger wahrscheinlich, daß dieser Zustand durch eine freiwillige Veränderung des Mischungsverhältnisses, vielleicht durch eine Art von Gährung, als durch ein Auflösungsmittel hervorgebracht worden sey, von welchem sich jetzt auch keine Spur mehr findet? Wo wäre, darf man wohl fragen, die ungeheure Menge von Schwefelsäure geblieben, welche erforderlich gewesen seyn würde, um die Pflanzensubstanz in Hunderten von über einander gelagerten Flötzen, auf eine Erstreckung von vielen Meilen, in Steinkohle zu verwandeln? Vergebens würde man sich bemühen, die Spuren davon in dem Schwefelkies zu finden, welcher zwar in den Steinkohlen vielleicht niemals fehlt, dessen geringe Menge aber gegen die der Steinkohlenmasse völlig verschwindet. Ließe sich indeß die Schwierigkeit, welche einer solchen Annahme entgegen steht, auch auf irgend eine, jetzt noch nicht begreifliche Art heben; so würde schon die große Verschiedenartigkeit der Steinkohlen von der kohlenartigen Substanz, welche sich durch Schwefelsäure aus der Pflanzenfaser hervorbeingen läßt, sehr gegründete Zweifel gegen die Wahrscheinlichkeit dieser Hypothese zu erregen im Stande seyn. Die Schwefelsäure wirkt auf die Pflanzenfaser wie die Hitze; sie vermindert das Verhältniß des Wasserstoffs und des Sauerstoffs zum Kohlenstoff immer auf gleiche Weise, ohne das eine mal den Sauerstoff, das andere mal den Wasserstoff in einem größeren Verhältniß abzuscheiden. Aber jedes andere Auflösungsmittel würde sich auf ähnliche Weise verhalten, und seine Wirkung auf die

Pflanzenfaser würde keinen Aufschluß über die Verschiedenartigkeit des aus dieser Einwirkung hervorgegangenen Produkts geben können. Nur die aus der Entmischung des Körpers selbst bewirkten Veränderungen, bedingt und abgeändert durch den Grad der Feuchtigkeit, des Drukkes, des mehr oder weniger gehemmten Luftzutrittes, und vielleicht sogar der verschiedenartigen Beschaffenheit der ihn umgebenden und einschließenden Gebirgsschichten, können es erklärbar machen, warum das Produkt der Zersetzung nicht immer dasselbe seyn konnte. Wird es noch nöthig seyn daran zu erinnern, daß animalische Substanzen, unter gewissen, noch nicht genau bekannten Umständen, nicht verwesen, sondern sich in Fettmassen, also in Substanzen mit vorwaltendem Wasserstoff umändern? Ist dieser Erfolg jemals der Einwirkung eines Auflösungsmittels zugeschrieben worden, und hat man darin nicht immer die Wirkung einer eigenthümlichen, freiwilligen Entmischung erkannt, bei welcher ein gänzlicher Ausschluß der atmosphärischen Luft sehr wahrscheinlich nothwendig ist?

Daß sich die Pflanzenfaser bei ihrem nach und nach erfolgten Uebergange in Steinkohle, in einem erweichten Zustande befunden habe, ist kaum zu bezweifeln. Jede andere Masse würde beim Austrocknen, oder bei dem Uebergange aus einem weichen in den starren Zustand, sich eben so verhalten. Risse und Spalten nach verschiedenen Richtungen, unter denen jedoch eine gewöhnlich vorwaltet, alle aber senkrecht auf der Fläche stehen, auf welcher die Pflanzenfaser sich gelagert hatte, bezeugen es, daß die jetzt starre Masse es einst nicht war. Und wenn sich bei den späteren Veränderungen, welche die Lagerstätte der Steinkohlen erlitt, in vielen Fällen deutlich nachweisen läßt, wie sich die Schichten gebogen haben, nachgebend der ungeheuren Kraft, durch welche sie aus der ursprünglichen in ihre jetzige Lage gebracht wurden; so begreift man leicht, daß ein starrer Körper sich so nicht habe verhalten können, sondern daß ein erweichter Zustand durchaus erforderlich war, um eine so gewaltsame Verrückung aus der ursprünglichen Lage, ohne Trennung der Masse, erleiden zu können. Aber selbst da, wo diese Trennungen wirklich statt finden und wo daher die Voraussetzung erlaubt ist, daß sich die Steinkohle, zu der Zeit als die Veränderung in der Lage mit ihr vorging, schon in einem dem starren sehr nahen Zustande befunden haben müsse, deuten alle Erscheinungen darauf hin, daß diese Trennung nicht plötzlich erfolgte, wie es bei starren Körpern der Fall seyn würde, sondern daß sich die Masse nach der von der pressenden Kraft vorgeschriebenen Richtung ausdehnte, wodurch sich die Mächtigkeit der übereinander liegenden Schichten immer mehr verminderte, bis endlich der Zusammenhang in manchen Fällen ganz aufgehoben ward.

Wenn sich aber auch aus dem Gefüge der Steinkohlenmasse und aus der Art wie sie einer mechanisch wirkenden Kraft Widerstand leistete, fast mit Gewißheit schließen läßt, daß sie sich einst in einem erweichten Zustande befunden habe; so scheint dieser Zustand von dem einer wirklichen Auflösung doch sehr verschieden gewesen zu seyn. Eine wirkliche Auflösung würde eine völlige Gleichartigkeit der Masse zur Folge gehabt haben, und dann ließe sich nicht einsehen, warum eine ganz gleichartige Masse, durch Mischungsveränderungen die aus ihr selbst hervorgingen, nicht gleichartig verändert worden seyn sollte. Die Lagen von Faserkohle, welche die übrige Steinkohlenmasse fast jederzeit in einem mehr oder weniger ausgezeichneten Grade trennen, und die Steinkohlenflötze nicht selten in verschiedene Bänke abtheilen, so daß sich die Kluftspalten der Steinkohlenmasse an diesen Lagen abschneiden, beweisen schon unwidersprechlich, daß ein eigentlich flüssiger Zustand der Masse niemals statt gefunden haben könne. Die Verschiedenartigkeit der Steinkohlenmasse selbst widerlegt ferner die Annahme, daß die Pflanzenfaser jemals eine homogene breiartige Masse gewesen sey, weil diese Gleichartigkeit der ursprünglichen Masse, mit der Ungleichartigkeit des daraus hervorgegangenen Products nicht verträglich ist.

Es läßt sich daher in dem früheren erweichten Zustande der Kohlensubstanz nichts anders als die gewöhnliche Wirkung der Feuchtigkeit auf die Pflanzenfaser erkennen. Aber ein solcher Zustand ist auch vollkommen hinreichend, die Veränderungen im Mischungsverhältniß möglich zu finden und sich daraus zugleich den Erfolg zu erklären, daß die neu gebildete Masse keine durchaus gleichartige seyn konnte, oder es wenigstens nicht nothwendig seyn mußte. Wie aber diese Veränderungen erfolgen konnten und warum sie bald so, bald anders eintraten, warum nämlich das eine mal das Verhältniß des Wasserstoffs, das andere mal das des Sauerstoffs mehr vermindert ward, davon läßt sich eine genügende Erklärung eben so wenig geben, als es überhaupt bis jetzt gelungen ist, den Grund von den sogenannten freiwilligen Entmischungen organischer Körper in vielen Fällen aufzufinden. Für jetzt man es genügen, in der Verwandlung der Pflanzenfaser in Steinkohle, keinen Widerspruch gegen die Gesetze zu finden, denen alle organischen Körper bei ihren freiwilligen Entmischungen unterworfen sind.

Daß sich bei der Erzeugung der Steinkohlen aus der Pflanzenfaser, Wasser gebildet habe, ist fast als gewiß anzunehmen, weil sich durch die Wasserbildung das Verhältniß des Kohlenstoffs zu den übrigen Bestandtheilen, ohne Verlust von Kohlenstoff, auf dem einfachsten und kräftigsten Wege erhöhen konnte. Es scheint aber auch eine Entwickelung von kohlensaurem Gas statt gefunden zu haben, wenigstens ist es wohl nicht zu gewagt, die Bildung des mit Kieselthon verbundenen kohlensauren Eisenoxyduls, oder der Sphärosiderite, welche in dem Steinkohlengebirge so häufig vorkommen, von dieser Quelle abzuleiten. Die verschiedenen Verhältnisse der Wasserbildung zu der Menge des erzeugten und entwickelten kohlensauren Gases, würden aber völlig zureichend seyn, die Entstehung der backendsten und der sandigsten Steinkohlen aus der Pflanzenfaser zu erklären. Je mehr die Bildung der Kohlensäure durch die Wasserbildung unterdrückt ward, desto mehr Wasserstoff mußte im Verhältniß zum Sauerstoff abgeschieden werden, und umgekehrt. Im ersten Fall ändert sich die Pflanzenfaser in Sandkohle, im letzten Fall in Backkohle um. Und es ist in der That kein Grund zu einem Zweifel vorhanden, daß die Natur nicht wirklich diesen höchst einfachen Weg zur Umänderung der Pflanzenfaser befolgt habe. Diese enthält, nach der Analyse der Hrn. Gay-Lussac und Thenard etwa 51 Prozent Kohlenstoff und 49 Prozent Sauer- und Wasserstoff, fast genau in den zur Wasserbildung erforderlichen Verhältnissen. Diese Zusammensetzung macht es einleuchtend, daß sich die Pflanzenfaser, nach Umständen, in fast ganz reine Kohle, oder in Kohle mit mehr oder weniger Sauerstoff und Wasserstoff umändern konnte, je nachdem die Verhältnisse der Wasserbildung, oder der Bildung des kohlensauren Gases günstiger waren. Ist gleich diese Ansicht nur eine Hypothese, so ist sie doch gewiß schon deshalb eine sehr wahrscheinliche, weil wir wissen, daß jeder Gährungsprozeß sich mehr oder weniger auf die Bildung von Wasser und Kohlensäure zurück führen läßt. Die Verhältnisse unter welchen bald die Wasserbildung, bald die Bildung der Kohlensäure vorzugsweise begünstigt ward, werden sich auch vielleicht einmal ausmitteln lassen, wenn man die Beschaffenheit der die Steinkohlenflötze unmittelbar bedeckenden Gebirgsschichten, näher zu prüfen bemüht seyn wird.

Aus der Untersuchung der Steinkohlen und ihrer Asche geht hervor, daß sie weder salzsaure Salze noch Jodeverbindungen enthalten. Es läßt sich daraus zwar nicht der Schluß ziehen, daß in der Pflanzensubstanz, aus deren Entmischung die Steinkohlen entstanden sind, jene Verbindungen ebenfalls nicht befindlich gewesen wären, denn es könnte wohl seyn, daß das Wasser sie aufgelößt und fortgeführt hätte. Die Beschaffenheit der Asche aus den Braunkohlen, worin sich keine Spur von Alkali mehr findet, obgleich dasselbe doch in dem unveränderten Holz sehr wahrscheinlich nicht gefehlt haben wird, macht es sogar nicht unwahrscheinlich, daß das Wasser wirklich die darin auflösbaren Salze ausgezogen und entfernt haben mag. Wenn also auch dieser Mangel an Chlor- und Jodgehalt der Steinkohlen, nicht als ein Beweis dafür angesehen werden kann, daß sich die Steinkohlen nicht im Meere gebildet haben; oder vielmehr, daß das Meerwasser zur Umänderung der Pflanzenfaser in Steinkohle keine nothwendige Bedingung gewesen sey; so läßt sich doch aus mehreren anderen Verhältnissen mit der größten Wahrscheinlichkeit schließen, daß der ganze Prozeß der Steinkohlenbildung nur eine freiwillige Entmischung der Pflanzenfaser, unter einer später erfolgten Bedeckung von Gebirgsschichten war, durch welche der Zutritt der atmosphärischen Luft vielleicht gänzlich, aber die Verbindung mit der Atmosphäre ohne Zweifel nur unvollständig aufgehoben ward. Wahrscheinlich ist in dieser, durch die bedeckenden Gebirgsschichten mehr oder weniger unvollständig aufgehobenen Verbindung mit der Atmosphäre, der vorzüglichste Grund zu suchen, weshalb die Pflanzenfaser bei ihrer freiwilligen Entmischung bald mehr Sauerstaff, bald mehr Wasserstoff verlohr. Deshalb erlitten auch alle Theile der Pflanzensubstanz auf einer und derselben Stelle eines Flötzes, dieselbe Veränderung, wenn gleich einige Pflanzentheille in dieser Umbildung rascher als andere fortschreiten mogtert, wovon besonders die Faserkohle, welche sehr wahrscheinlich aus einer eigenthümlichen Pflanzensubstanz oder aus besonderen Theilen der Pflanze entstanden ist, ein Beispiel giebt. So ungleichartig die Kohlenmasse auch auf jeder einzelnen Stelle eines Flötzes seyn mag, so bezieht sich diese Ungleichartigkeit doch immer nur auf das Verhältniß des Kohlenstoffs zum Sauer- und Wasserstoff, aber nicht auf das Verhältniß des Sauerstoffs zum Wasserstoff, zum Beweise daß der Entmischungsprozeß nach einerlei Gesetz erfolgte und daß er nur bei einzelnen Pflauzen oder deren Theilen schnellere oder langsamere Fortschritte machte.

Es ist hin und wieder wohl die Ansicht aufgestellt worden, daß das Material zu den Steinkohlen durch das Meer, von verschiedenen Punkten der damaligen Erdoberfläche, zusammengeschwemmt und in den Busen abgelagert worden sey, wo es demnächst die Umänderung in Steinkohlen erfahren habe. Eine solche Ansicht stimmt nicht mit den Verhältnissen, unter welchen die Bildung des Steinkohlengebirges erfolgte. Kein einziger Umstand spricht dafür, daß zu der Zeit als sich das Steinkohlengebirge bildete, ein stürmisch bewegtes und mit Massen von Holz oder Pflanzen beladenes Meer, seine von anderen Gegenden der Erdoberfläche zusammengebrachte Beute, in einzelnen Busen durch Ueberfluthung abgelagert, sich dann wieder zurück gezogen, sich das Material zu den Schieferthon- und Sandsteinschichten verschafft, diese über die Holz und Pflanzenschichten ausgebreitet und einen solchen Wechsel von Schichtenabsätzen oft mehr als hundert mal wiederholt habe. Verhielte es sich wirklich so, so würden die höchste Regelmäßigkeit und Ordnung, mit welcher die Schichten sich absetzten und ausbreiteten, ein ewig unerklärbares Räthsel bleiben, wenn man auch nicht fragen wollte, wo die Gegenden der damaligen Erdoberfläche gewesen sind, welche die Massen von Holz und Pflanzen geliefert haben. Alle Umstände bei der Bildung des Steinkohlengebirges deuten vielmehr auf die höchste Ruhe, mit welcher sie erfolgte. Pflanzen, mit un-

seren

seren jetzigen Holzarten nicht vergleichbar, bedeckten die großen, söhligen Ebenen des Meeresstrandes, dessen weit ausgedehnten Busen durch Ur- oder Uebergangsgebirge begränzt wurden. Sie fanden ihr Grab unter den Wellen des langsam sich erhebenden Meeres, welches den mit sich führenden Sand auf die damaligen üppigen Wiesen absetzte, bis ein Stillstand im Steigen des Meeresspiegels erfolgte, Dünen sich bildeten welche eine neue Vegetation auf dem erhöheten Boden des Meeresstrandes gestatteten, — eine Vegetation, die abermals durch ein Steigen des Meeres ihren Untergang fand, worauf ein neuer Stillstand im Steigen des Meeres eintrat, wieder eine neue Vegetation erschien und wieder überfluthet ward, bis dieser Wechsel von Stillstand und von langsamen Steigen des Meeresspiegels, der sich im Verlauf von Jahrtausenden oft wiederhohlt zu haben scheint, durch Ereignisse unterbrochen ward, welche die Oberfläche der Erde neu gestaltete und durch welche sich eine neuere Schöpfung aus den Trümmern der alten erhob.

Der bewundernswürdig vollkommene Parallelismus der Flötze, der fast gänzliche Mangel an Thierversteinerungen im Steinkohlengebirge, hohle Pflanzenstämme die durch mehrere Schichten von Schieferthon und Sandstein hindurchgehen und inwendig mit derselben Gebirgsmasse ausgefüllt sind wie diejenige ist, welche sie äußerlich umgiebt, die wohl erhaltenen Abdrücke der feinsten Pflanzentheilchen, die jedes Steinkohlengebirge aufzuweisen hat; diese Umstände sind unverkennbare und unwiderlegliche Zeugen von der großen Ruhe, mit welcher der Meeresspiegel sich erhob und den Sand anspülte, welcher das jetzige Kohlensandsteingebirge bildet.

Nur ein Problem giebt es hierbei zu lösen, nämlich die Frage: wodurch ward damals das ruhige und von Zeit zu Zeit gänzlich unterbrochene Steigen des Meeresspiegels veranlaßt? Die nächste Ursache giebt sich aus ihrer Wirkung] zu erkennen; es war die Sandbildung, welche sich aus dem Meere absetzte und deren Aufnahme das Steigen unmittelbar bewirkt hatte. Aber durch welches Ereigniß wurden dem Meere diese Trümmer von zermalmten Gebirgen, welche den Spiegel des Meeres erhöheten, in wiederkehrenden Zeitfolgen zugeführt? Sollten es nicht dieselben Ereignisse gewesen seyn, durch welche die Erdoberfläche sich neu gestaltete und welche in einigen Gegenden der Erde früher als in anderen eintraten?

Wollte man ein Steigen des Meeresspiegels nicht zugeben, so würde man, um sich die Bildung des Steinkohlengebirges erklären zu können, ein Niedersinken der Erdrinde, oder eines Theils derselben gestatten müssen, und dieses Sinken hätte langsam und in Intervallen geschehen müssen, damit neue Schichten sich über denen bilden konnten, welche unter das Niveau des Meeresspiegels gekommen waren. Hat aber das Sinken der Erdrinde eine größere Wahrscheinlichkeit für sich als die Erhebung des Meeresspiegels? Und sollte eine solche Annahme mit der Ruhe, Regelmäßigkeit und Ordnung verträglich seyn, welche in der Schichtenfolge des Steinkohlengebirges niemals zu verkennen sind?

Die Periode der Bildung des älteren Steinkohlengebirges fällt also wohl mehr als wahrscheinlich in den großen Zeitabschnitt, mit welchem die Erhebung unserer jetzigen Kontinente auf anderen Punkten der Erdoberfläche begann, und sie ward unterbrochen durch dieselben Ereignisse, durch welche sie herbeigeführt ward. Die Durchschnitte von allen, genauer bekannt gewordenen Steinkohlengebirgen, setzen es ganz außer Zweifel, daß die Hauptveränderungen in der Lage und Richtung der Schichten des Kohlengebirges, sich auch auf das Grundgebirge erstrecken; daß nämlich eine Kraft, für deren Größe wir zwar kein Maaß haben, die sich aber in ihren Wirkungen unverkennbar offenbart, ganze Erdstriche erhob und sich nicht auf einzelne Gebirgsschichten beschränkte.

Die schönen Profile, welche die Steinkohlenablagerungen in der Grafschaft Mark, bei Eschweiler, im Bardenbergischen, bei Lüttich, Mons und Valencienne darbieten*) und die von den Hrn. Buckland und Conybeare erst kürzlich**) zur näheren Kenntniß gebrachten Durchschnitte von dem südwestlichen Steinkohlen-District in England, bekunden es unwidersprechlich, daß Ereignisse, die nach der Bildung des Steinkohlengebirges eintraten, eine große, auf die ganze Erdrinde sich erstreckende Veränderung in der Lage der Gebirgsschichten hervorbrachten; Ereignisse, deren Ursache und Folgen Hr. v. Buch so scharfsinnig erkannte und mit so überraschender Uebereinstimmung der Wirkungen mit den Ursachen entwickelte, daß dadurch für die Kenntniß der Bildung der Erdoberfläche ein neuer Abschnitt begonnen hat.

Außer dieser tief eingreifenden und allgemeinen Veränderung in der vormaligen und in der jetzigen Lage des Steinkohlengebirges, welche dasselbe mit seinem Grundgebirge gemein hat, lassen sich noch andere Veränderungen in der Lage und Richtung der Schichten nicht verkennen, welche sich indeß nur auf das Steinkohlengebirge und zum Theil auf dessen jüngeren Bedeckungen beziehen, und welche auf das Grundgebirge von geringem, zum Theil von gar keinem bemerkbaren Einfluß gewesen sind. Ich meine die Veränderungen welche die Schichten des Kohlengebirges durch den neueren Porphyr und durch den Basalt erlitten haben.

Man könnte diese Veränderungen Wiederholungen der früheren nennen, wenn es erlaubt wäre, Ereignisse die wahrscheinlich ungleich später, und nur auf einzelne Gebirgsschichten einwirkend sich zutrugen, mit denen zu vergleichen, die

*) v. Oeynhausen und v. Dechen: Bemerkungen über den Steinkohlenbergbau in den Niederlanden u. s. f. Archiv für Bergbau und Hüttenweseu. Bd. X. S. 107—247.

**) Transactions of the Geological Soc. Second. Ser. Vol. I, Part. 2, 210—316.

sich auf die ganze Erdrinde beziehen. Der jüngere Porphyr und der Basalt durchbrechen die Schichten des Steinkohlengebirges, und mit diesem Durchbrechen ist allerdings mehr oder weniger ein Heben der Schichten verbunden; allein diese Stöhrungen sind nur auf einen kleinen Raum beschränkt, und finden in der Begränzung des Porphyrgebirges ihre eigene. Die Stöhrungen durch den Basalt sind von noch geringerer Erheblichkeit, weil der flüssigere Zustand der Masse, nicht mit gleicher Kraft den Widerstand der Gebirgeschichten zu überwinden vermogte.

Daß Steinkohlenflötze, die unter einem Winkel von 30 bis gegen 90 Grad gelagert sind, sich nicht in ihrer ursprünglichen Lage befinden können, hat man schon längst gefühlt, — ich will nicht sagen eingesehen. Sollte man aber das Vorhandenseyn von Kräften, die sich in den mehrsten Fällen freilich nur durch ihre Wirkungen erkennen lassen, noch bezweifeln wollen, und in der jetzigen Schichtenneigung der Kohlenflötze eine ursprüngliche erkennen können, so würde schon die Textur der Steinkohlenmasse selbst, von diesem Irrthum zurück zu führen im Stande seyn.

Alle Kluftflächen der Steinkohlenmasse stehen senkrecht, oder fast senkrecht auf der Schichtungsebene und neigen sich daher fast unter dem Ergänzungswinkel zu einem rechten gegen den Horizont, mit demjenigen Winkel unter welchem das Kohlenflötz einfällt. Bei senkrecht einfallenden Flötzen müssen diese Kluftflächen daher, wie es auch wirklich der Fall ist, fast genau in der Ebene des Horizontes liegen. Diese Erscheinung, so einfach sie auch ist, giebt den lehrreichen doppelten Aufschluß: daß die Kohlenflötze aus ihrer ursprüglichen söhligen, oder fast horizontalen Lage, in eine gegen den Horizont geneigte gebracht worden sind, und daß diese Veränderung erst eintrat, als sich die Steinkohlenmasse schon gebildet hatte.

FSC
www.fsc.org
MIX
Papier | Fördert
gute Waldnutzung
FSC® C083411

Kolibri 360 GmbH
Ferdinand-Jühlke-Straße 7
99095 Erfurt, Deutschland
produktsicherheit@kolibri360.de